"十四五"职业教育国家规划教材

（RHEL 8 / CentOS 8）

Linux 网络操作系统配置与管理

（第四版）

新世纪高职高专教材编审委员会 组 编

夏笠芹 主 编

陆 燕 李智勇 吴芬芬 副主编

LINUX WANGLUO CAOZUO XITONG
PEIZHI YU GUANLI

U0245201

大连理工大学出版社

图书在版编目(CIP)数据

Linux 网络操作系统配置与管理 / 夏笠芹主编 . --
4 版 . -- 大连 : 大连理工大学出版社，2022.1（2024.12 重印）
新世纪高职高专计算机网络技术专业系列规划教材
ISBN 978-7-5685-3686-8

Ⅰ . ① L… Ⅱ . ① 夏… Ⅲ . ① Linux 操作系统—高等职
业教育—教材 Ⅳ . ① TP316.89

中国版本图书馆 CIP 数据核字 (2022) 第 021583 号

大连理工大学出版社出版

地址：大连市软件园路 80 号　　邮政编码：116023
发行：0411-84708842　　邮购：0411-84708943　　传真：0411-84701466
E-mail：dutp@dutp.cn　　URL：https://www.dutp.cn
大连天骄彩色印刷有限公司印刷　　　　大连理工大学出版社发行

幅面尺寸：185mm×260mm　　　印张：19.5　　　字数：524 千字
2013 年 4 月第 1 版　　　　　　　　　　2022 年 1 月第 4 版
2024 年 12 月第 7 次印刷

责任编辑：马　双　　　　　　　　　　　　责任校对：李　红
封面设计：对岸书影

ISBN 978-7-5685-3686-8　　　　　　　　　　定　价：59.80 元

本书如有印装质量问题，请与我社发行部联系更换。

前　言

　　《Linux 网络操作系统配置与管理》（第四版）是"十四五"职业教育国家规划教材、"十三五"职业教育国家规划教材、"十二五"职业教育国家规划教材，也是新世纪高职高专教材编审委员会组编的计算机网络技术专业系列规划教材之一。

　　党的二十大报告指出，必须坚持科技是第一生产力、人才是第一资源、创新是第一动力。大国工匠和高技能人才作为人才强国战略的重要组成部分，在现代化国家建设中起着重要的作用。网络强国是国家的发展战略。要做到网络强国，不但要在网络技术上领先和创新，而且要确保网络不受国内外敌对势力的攻击，保障重大应用系统正常运营。因此，网络技能型人才的培养显得尤为重要。

　　Linux 操作系统具有可操作性、可管理性、可扩展性、高可靠性和高安全性等特点，能满足企业组建网络的需求。因此，了解并掌握 Linux 平台下各种网络服务的搭建、配置与管理，就成为所有网络管理员应该重点了解和掌握的实用技术。

　　本版教材以目前流行的 RedHat 公司的 Red Hat Enterprise Linux 8（简记为 RHEL 8）为例，全面系统地介绍了 Linux 服务器的管理与部署知识和技术。全书共 15 个教学项目，分为 4 个教学情境：系统初步使用、系统运行管理、网络服务配置、综合实训项目。教学情境 1 包括：RHEL 8 的安装、登录和图形与字符界面初步使用。教学情境 2 包括：文件和目录的管理、用户与文件权限的管理、基本磁盘和逻辑卷的管理、软件包管理、服务和进程的管理、网络配置与 Firewalld 防火墙的管理。教学情境 3 包括：NFS、Samba、DHCP、DNS、Web、MySQL、FTP、Postfix 等常用服务器的搭建。教学情境 4 通过一个真实的综合案例介绍如何在一台物理机（台式机/笔记本）上用 VMware Workstation 和 RHEL 8 搭建一个具有 4 个子网、6 台虚拟机及 12 个服务业务的校园网。

　　本教材是在领会教育部《高职高专规划教材编写的指导思想、原则和特色》文件精神的基础上，从中小型企事业单位网络管理及服务器的部署角度出发，遵循高等职业教育"理论够用、注重实践"的原则，按照"教、学、做合一"教学模式的要求，采用"项目导向、任务驱动"的编写方式，以培养技术应用能力为主线，依据学生的学习与认知规律构建教材内容体系。

本教材的编写特点如下：

1. 本教材以一个中小型规模的校园网建设为背景，以根据网络工程实际工作过程所需要的知识和技能所提炼的 14 个实际工程项目、72 个典型工作任务和一个实际的综合案例为内容载体，力求体现"以企业需求为导向，注重学生技能的培养"，使学生学习完本教材内容后，能构建中小型企事业单位网络或校园网的网络应用环境。

2. 本教材以工程实践为基础，将理论知识与实际操作融为一体，以"项目描述→项目知识准备→项目实施→项目实训→项目习作"为线索，充分体现"教、学、做合一"的内容组织与安排。

3. 本教材配套丰富的数字化教学资源。主要包括微课视频、课程标准（多学时的教学大纲）、教学设计方案（教案）、PPT 课件、项目习作参考答案、配套软件清单及下载地址、模拟试卷及评分标准和参考答案（4 套）、网络管理员职责、IT 相关认证考试介绍与往年试卷、高等职业学院专业技能竞赛相关资料及样题、知识拓展资料、经典工程案例与解决方案。上述资料可登录出版社数字化服务平台下载（地址为：https://www.dutp.cn/sve/book/detail.html?id=2349）

4. 力求语言精练，浅显易懂，书中采用图文并茂的方式，以完整、清晰的操作过程，配以大量演示图例对知识内容进行讲解，读者对照正文内容即可上机实践。

5. 本教材最后给出了一套完整的综合项目施工任务书，是校企双方人员在实际网络工程实践和长期教学过程中积累下来的。它对于综合本课程所学的知识和提高学生实际工作能力具有很大的益处，也为本课程的综合项目实训提供了实用模板。

本教材是由从事多年教学工作的老师与企业工程师共同策划编写的一本工学结合教材。作者均长期工作在网络教学和网络管理第一线，积累了较为深厚的理论知识和丰富的实践经验，本教材是这些理论和经验的一次总结与升华。本教材由湖南网络工程职业学院夏笠芹任主编，湖南网络工程职业学院陆燕、李智勇，河南交通职业技术学院吴芬芬任副主编，湖南铁道职业技术学院谢树新、湖南省邮电规划设计院焦鹏翔参与编写。编写分工如下：夏笠芹负责本教材大纲、项目 6～项目 10 的编写及全书统稿和修订，陆燕负责项目 4、项目 5 的编写，李智勇负责项目 1～项目 3 的编写，吴芬芬负责项目 12、项目 14 的编写，谢树新负责项目 11、项目 13 的编写，焦鹏翔负责项目 15 的编写。

本书可作为高等职业院校（专科、本科）、应用型本科院校有关网络、信息安全、软件、大数据、云计算、物联网、区块链、人工智能等专业的教材，也可作为 Linux 爱好者的自学读本。

由于编者的水平有限，书中难免还有疏漏之处，恳请读者批评指正，不吝赐教。

编　者

所有意见和建议请发往：dutpgz@163.com

欢迎访问职教数字化服务平台：https://www.dutp.cn/sve/

联系电话：0411-84707492　84706671

教学情境 2 系统运行管理

教学情境 3　网络服务设置

教学情境 4 综合实训项目

本书微课资源列表

教学情境 1
系统初步使用

国产操作系统展台

中国第一个物联网操作系统——HarmonyOS

HarmonyOS（鸿蒙操作系统）是华为公司开发的一款基于微内核、面向 5G 物联网和全场景的分布式操作系统。鸿蒙的英文名是 HarmonyOS，意为和谐。这个新的操作系统将打通手机、电脑、平板、电视、手表、工业自动化控制、无人驾驶、车机设备、智能穿戴、VR、音箱、智能家居等统一成一个操作系统，并且该系统是面向下一代技术而设计的，能兼容安卓的所有 Web 应用且运行性能提升超过 60%。

HarmonyOS 的发展历程：

2012 年，华为开始规划自有操作系统"鸿蒙"。

2019 年 8 月 9 日，华为在开发者大会 HDC.2019 上正式发布鸿蒙系统。

2020 年 9 月 10 日，鸿蒙系统升级至 2.0 版本，即 HarmonyOS 2.0。

2021 年 2 月 22 日，华为正式宣布 HarmonyOS 于 4 月上线，华为 Mate X2 首批升级。

2021 年 9 月 23 日，鸿蒙系统升级用户突破 1.2 亿，平均每天超 100 万用户升级鸿蒙系统，成为全球用户增长速度最快的移动操作系统。

2021 年 12 月 23 日，搭载鸿蒙 HarmonyOS 的设备数突破 2.2 亿。

目前已有超过 1000 家硬件生态厂商加入 HarmonyOS Connect（鸿蒙智联）品牌，超过 300 家应用和服务伙伴已开发 HarmonyOS 应用和服务，HarmonyOS 开发者数量超过 130 万。

据悉，华为 2022 年的目标是覆盖 3 亿个鸿蒙设备，其中 2 亿台华为自有设备，1 亿台外部设备，鸿蒙生态的整体市场份额达到 16%。

项目1 认识与安装 Linux操作系统

1.1 项目描述

　　Linux 是一种应用广泛的操作系统，它不仅安装在通用计算机中，还大量嵌入智能手机、平板电脑、机顶盒、智能电视机、路由器、防火墙、导航系统和游戏机等各种物联网的智能设备中，Linux 已成为全球各类网络终端设备中装有量和用户数量最多的操作系统。

　　德雅职业学校是一所中等职业学校，几年前，已经构建了自己的校园网，如图 1-1 所示。基于 Linux 特有的高可靠性、高稳定性和高安全性等特点及服务器的运行效率和建设成本等因素的考虑，学校选择了 Linux 作为网络服务器的操作系统。

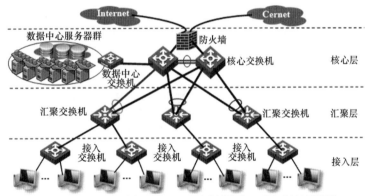

图1-1　德雅职业学校校园网拓扑图

　　如何从众多的 Linux 中选择一款适合的产品，以及正确地安装 Linux 服务器，并能实现从本地或异地主机实施本地或远程登录 Linux 服务器，是校园网的网络管理员首先遇到和必须解决的问题。

1.2 项目知识准备

1.2.1　Linux的诞生与特点

1.Linux的诞生

Linux 在外表和性能上都与 UNIX 非常接近，要讲 Linux 的产生，不能不提到 UNIX 和

Minix。UNIX 是由美国贝尔实验室的 Ken L.Thompson 和 Dennis M.Ritchie 在 1969—1973 年设计的多用户、多任务分时操作系统，UNIX 操作系统相当可靠并运行稳定，至今仍广泛应用于银行、航空、保险、金融等领域的大中型计算机和高端服务器中。UNIX 的早期版本源代码是免费开放的，但是从 1979 年发行的版本 7 开始，AT&T 公司为了其商业利益，明确提出了 "不可对学生提供源代码" 的严格限制，致使操作系统的课程只讲理论。由于操作系统的理论繁杂、算法众多，所以学生只学理论并不清楚实际的操作系统是如何运作的。为了扭转这种局面，荷兰著名计算机科学家 Andrew S.Tanenbaum 教授在 1984—1986 年编写了一个开放源代码且与 UNIX 完全兼容、有全新内核架构的操作系统（大约 1.2 万行代码），并以小型 UNIX（mini-UNIX）之意，将其命名为 Minix。Minix 主要面向教师教学研究和学生学习操作系统原理所使用。由于 Andrew S.Tanenbaum 教授坚持保持 Minix 的小型化，以便学生能在一个学期内学完课程，所以没有接纳众人对 Minix 扩展的要求，最终导致 Linux 的诞生。

1990 年，芬兰赫尔辛基大学学生 Linus Torvalds（林纳斯·托瓦兹）为完成自己操作系统课程的作业，开始基于 Minix 编写一些程序，最后他惊奇地发现这些程序已经足够实现一个操作系统的基本功能，他将这个操作系统命名为 Linux，也就是 Linus's UNIX 的意思，并且以可爱的胖企鹅作为其标志。1991 年 10 月 5 日，Linus Torvalds 宣布了 Linux 系统的第一个正式版本，其版本号为 0.02。

Linus Torvalds 是一个完全的理想主义者，他希望 Linux 是一个完全免费的操作系统，并在 GNU 的 GPL（General Public License，通用公共许可证）原则下发行。所谓 GNU（GNU 是 GNU is Not UNIX 的递归缩写）是一个自由软件计划，最初由美国麻省理工学院的研究员 Richard M.Stallman 倡导，以研究和开发自由软件为目的，以 "开放、共享、自由" 为宗旨。GNU 的软件可以自由使用和修改，但是用户在发布 GNU 软件时，必须让下一个用户有获得源代码的权利并且必须告知他这一点。这一规定是为防止某些别有用心的人或公司将 GNU 软件稍加修改去申请版权，把它说成是自己的产品，其目的是让 GNU 永远是免费和公开的，这就是 GPL 原则。

Linus Torvalds 把 Linux 源代码发布在 Internet 上，就引起了大家的广泛关注，许多程序员自愿对它进行改进并为它开发程序，使得 Linux 迅猛发展，到 1994 年 3 月 14 日，Linux 1.0 终于诞生（代码量 176 350 行），这时它已经是一个功能完备的操作系统了，其内核写得紧凑高效，可以充分发挥硬件的性能，在 4 MB 内存的 80386 机器上表现得非常好。所以说，Linux 是许多人努力的成果，世界上有成千上万的开发人员对 Linux 做出过贡献，为其增加新功能、修改错误，而且仍不断地改进，Linux 的版本也因此得以不断地更新发展。

2.Linux的特点

Linux 操作系统在短短的三十年之内得到了非常迅猛的发展，这与 Linux 具有的良好特性是分不开的。Linux 继承了 UNIX 的各种优点，其主要特点如下：

●源代码开放

Linux 是开放源代码的自由软件的代表，可以从互联网上很方便地免费下载，且由于可以得到 Linux 的源代码，所有操作系统的内部逻辑可见，这样就可以准确地查明故障原因，及时采取相应对策，也使得遍及全球的开发人员都能够在 Linux 内核的基础上加以改良，从而使 Linux 能够不断茁壮成长。

●真正的多用户、多任务

Linux 支持多个用户从相同或不同的终端上同时使用同一台计算机，系统资源可以由多个用户拥有并共享使用，各个用户间互不影响。Linux 允许多个程序同时并独立地执行，还可以给紧急任务以较高的优先级。

●完全兼容 POSIX 标准

Linux 完全符合 POSIX（Portable Operating System Interface of UNIX，面向 UNIX 的可移植操作系统）标准，该标准定义了应用程序和操作系统之间的接口标准，其目的是提高应用程序的可移植性，即用于保证编制的应用程序的源代码可以在重新编译以后移植到任何符合 POSIX 标准的其他操作系统上运行。

●强大的硬件平台可移植性

硬件平台可移植性是指只需修改操作系统底层的少量代码，便可从一种硬件平台转移到另一种硬件平台后仍然按其自身方式运行的能力。Linux 不仅能在掌上电脑、笔记本电脑、PC、工作站或巨型机等各种通用计算机上运行，而且能运行于智能手机、智能电视机、网络通信设备和物联网终端等各种智能设备，Linux 是迄今为止运行硬件平台最多的操作系统。

●丰富的网络功能

Linux 在通信和网络功能方面优于其他操作系统，为用户提供了完善的、强大的网络功能。Linux 不仅能够作为网络工作站使用，还可以作为各类服务器实现各种网络服务，如基于 IP 包过滤的防火墙、路由器、代理服务器、文件服务器、打印服务器、Web、FTP、DNS、DHCP、E-mail 服务器等。

●良好的用户界面

Linux 提供了字符和图形两种用户界面。在字符界面下，用户通过键盘输入相应的指令进行操作，字符界面占用的系统资源较少，运行速度和性能较高。图形界面是用户利用鼠标和键盘对图形化的菜单、窗口、对话框等元素进行操作来完成相应作业，Linux 给用户提供了一个类似于 Windows 系统的直观、易操作、交互性强的友好的图形化界面。

●可靠的系统安全

Linux 采取了许多安全技术措施，包括对读/写进行权限控制、带保护的子系统、审计跟踪、核心授权、细力度或者基于角色的安全访问控制、文件级或文件系统级加密功能、与 TPM 等硬件安全技术的结合、桌面级个人防火墙、集成电子签名、电子印章等功能，这为网络多用户环境中的用户提供了必要的安全保障。

●高度的稳定性

Linux 承袭了 UNIX 的优良特性，具有健壮的基础架构。Linux 的基础架构由相互无关的层组成，每层都有特定的功能和严格的权限许可，从而保证最大限度上的稳定运行，可以连续运行数月、数年而无须重新启动。

1.2.2 Linux的应用领域

目前，Linux 技术已经成为 IT 技术发展的热点，投身于 Linux 技术研究的社区、研究机构和软件企业越来越多，支持 Linux 的软件、硬件制造商和解决方案提供商也迅速增加，Linux 在信息化建设中的应用范围也越来越广，Linux 产业链已形成，并正得以到持续地完善。其应用领域主要包括以下几个方面：

●服务器领域

服务器是网络中为其他客户机（PC、智能手机等）提供计算或应用服务的计算机。在服务器上安装的操作系统主要有 Linux、UNIX、Windows，历经 30 年的发展，Linux 后来者居上，不仅在整个服务器市场份额中占据霸主地位（Linux 占 80% 左右，Windows 占 12.8%，UNIX 占 6.2%），还成功取代了 UNIX，成为最受超级计算机青睐的操作系统。

●桌面应用领域

随着 Linux 技术，特别是 X Windows 领域技术的发展，Linux 在界面美观、使用便捷等方面都有了长足的进步，Linux 作为桌面应用（在个人办公、上网、娱乐等方面的应用）的操作系统逐渐被用户接受。目前能在 Windows 或 Mac OS 上进行的桌面应用大都可以在 Linux 平台上找到相应的应用软件。

●嵌入式系统

由于 Linux 内核小，源代码开放，所以被广泛应用于多种电子产品的嵌入式系统。所谓嵌入式系统，是一种完全嵌入受控器件内部，为特定应用而设计的专用计算机系统。我们身边触手可及的电子产品，小到智能手机、机顶盒、平板电脑、MP3、PDA、可穿戴设备等数字化产品，大到智能家电、车载电子设备、自动柜员机（ATM）、网络通信设备（交换机、路由器、防火墙、负载均衡器）、无人机或机器人等设备都采用嵌入式系统，各种各样的嵌入式系统设备在应用数量上已经远远超过通用计算机。2017 年 3 月，由谷歌公司开发的基于 Linux 的 Android（安卓）系统首次超越 Windows，成为市场份额第一的操作系统，根据世界最大的电子消费市场调研机构 NetMarketShare 最新（2021 年 12 月）发布的数据显示，Android 系统已占据全球智能手机操作系统市场份额的 71.24%。

●架设集群、虚拟化、云计算、大数据等平台的基石

所谓集群计算机，就是利用高速的计算机网络将多台计算机连接起来，并加入相应的集群软件所形成的具有超强可靠性和计算能力的计算机。随着 Linux 操作系统不断走向成熟，Linux 已成为构建集群计算机的主要操作系统之一。Linux 平台不仅成了越来越多企业运行关键性业务的新选择，还为企业大数据、云计算等新兴工作负载注入了强大生命力。Hadoop、OpenStack、CloudStack、NoSQL、Kettle、Python、Spark、Storm 和 Postgresql 等大数据和云计算管理平台软件，无一不是架构在开源的 Linux 基础之上的。

1.2.3 Linux系统的组成

Linux 系统由四个部分组成：Linux 内核、Linux 文件系统、Linux Shell 和 Linux 应用程序，如图 1-2 所示。

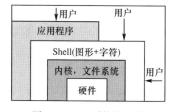

图1-2 Linux系统的组成

1.Linux内核

内核（kernel）是 Linux 最核心的部分，是系统的"心脏"，管理着整个计算机系统的软硬件资源和所有应用程序的执行。内核的主要模块有：CPU 和进程管理、文件信息管理、存储管理、设备管理和驱动、网络通信、系统初始化（引导）和系统调用等。

2.Linux文件系统

文件系统是操作系统中负责存取和管理信息的模块。Linux 文件系统是文件存放在磁盘等存储设备上的组织方法，主要体现在对文件和目录的组织上。Linux 支持多种文件系统，如 xfs、ext4、ReiserFS、JFS、ISO 9660、FAT 32、NFS 等，通过安装 ntfs-3g 驱动程序，Linux 也能支持对 NTFS 文件系统的读写操作。

Linux 系统的组成

3.Linux Shell

Linux 的内核并不能直接接受来自终端的用户命令，即不能直接与用户进行交互操作，而是需要 Shell（外壳）来充当用户和内核之间的桥梁。Shell 是系统的用户界面，提供了用户与内核

进行交互操作的一种接口，它接收用户输入的命令并把它送入内核去执行。Shell 分为以下两类：

●图形界面 Shell：提供一个图形使用者接口（GUI）。目前，应用最为广泛的图形界面是 Windows Explorer（微软的 Windows 系列制作系统），还有广为人知的 Linux Shell，其中 Linux Shell 包括 X Window manager（BlackBox 和 FluxBox），以及功能更强大的 CDE、GNOME、KDE、XFCE 等图形桌面环境。

●字符界面 Shell：字符界面 Shell 不仅是一个命令解释程序，而且还是一种程序设计语言，它允许用户编写由 Shell 命令组成的程序。用这种编程语言编写的 Shell 程序与其他应用程序具有同样的效果。基于字符界面的 Shell 主要有 Bourne Again Shell、C Shell 等。

内核、文件系统和 Shell 一起形成了基本的操作系统结构，它们使用户可以运行程序、管理文件以及使用系统。

4.Linux应用程序

标准的 Linux 操作系统还有许多应用程序，辅助用户完成一些特定的任务，例如：文本编辑器、编程语言、基于 X Window 架构的图形桌面系统、办公软件、网络工具、多媒体软件、绘图软件以及数据库等。

1.2.4 Linux的内核版本和发行版本

Linux 有狭义和广义两层含义，狭义的 Linux 是指 Linux 内核（kernel），它具有内存调度、进程管理、设备驱动等操作系统的基本功能，但不包括应用程序。广义的 Linux 是指以 Linux 内核为基础，包含应用程序和相关的系统设置与管理工具的完整的操作系统。任何一个软件都有版本号，Linux 也不例外。Linux 的版本分为两部分：内核版本和发行版本。

Linux 的内核版本
和发行版本

1.内核版本

Linux 的内核版本指的是 Linus Torvalds 领导的开发小组开发的系统内核的版本号。从 1991 年 10 月 Linus Torvalds 向世界公开发布的内核 0.0.2 版本开始，经过不断扩充完善，已升级到 2021 年 12 月 1 日的 5.15.16 版本（内核最新版本及源代码可以在官方网站 https://www.kernel.org 查阅并下载）。

Linux 内核版本号经历了三个不同的命名方案：

● 1.0～2.6 版本：其版本号的格式为 A.B.C，其中：A 代表有大幅度变动的主版本号，B 是指有一些重大修改的次版本号，C 是指有轻微修订的修正号，当在内核中增加了安全补丁、修复 bug、实现新的特性或者驱动程序时都会改变修正号的大小。其中，C 为奇数时表示开发版，为偶数时表示稳定版。

● 2.6.0.0～2.6.39.4 版本：其版本号格式为 A.B.C.D，A 和 B 依次固定为 2 和 6，C 是内核的版本号，D 是安全补丁修正号。

● 3.0 开始的版本：其版本号格式为 X.A.B，其中，X 是主版本号，目前有 3、4 或 5，A 是内核的版本号，B 是安全补丁号。从本版本号开始不再使用奇数代表开发版，偶数代表稳定版这样的命名方式，而是用 mainline 代表主线版本（目前主力在做的版本，或开发版），stable 代表适合生产环境使用的稳定版，longterm 代表长期支持版，EOL（End of Life）代表已停止技术支持的旧版本。

2.发行（distribution）版本

工欲善其事，必先利其器，一套优秀的操作系统核心，若没有强大的应用软件是无法发挥其功能的，为此，许多公司或社团将 Linux 系统内核与应用软件及文档包装在一起，并提供一些安装界面和系统设定与管理工具，这样一套完整的软件组合便称为 Linux 发行版本。现在，全球有近 400 种各具特色的发行版本供人们选择使用。Linux 发行版本的版本号根据发布者的不同而不同，与系统内核的版本号是相对独立的。目前，流行的 Linux 发行版本（最新关注度排名参见 http://distrowatch.com 网站）见表 1-1。

表1-1 流行的Linux发行版本

系列产品	简介	网址
RHEL Fedora CentOS	由美国 Red Hat 公司于 1994 年首次发布，2003 年 9 月分化为 Red Hat Enterprise Linux 企业版和 Fedora 社区版，其中 CentOS 是企业版的派生版本	www.redhat.com fedoraproject.org www.centos.org
Ubuntu Mint	Ubuntu 由英国 Canonical 公司于 2004 年 10 月 20 日首次发布，Mint 是一个基于 Ubuntu 的发行版（关注度全球排名第一）	www.ubuntu.com linuxmint.com
Mandriva Mageia	Mandriva 是由 Gaël Duval 在 1998 年 7 月首次发布，Mageia 是 Mandriva 于 2010 年 9 月形成的由社区维护的分支	www.mandriva.com www.mageia.org
Debian	由美国普渡大学学生 Ian Murdock 于 1993 年 8 月 16 日首次发布，由志愿者社区维护	www.debian.org
Open SUSE	由德国 SUSE Linux AG 公司于 1992 年首次发布，2003 年 11 月被 Novell 公司收购	www.opensuse.org
PCLinuxOS	2003 年由 BillReynolds 首次发布，由社区维护	www.pclinuxos.com
Arch Manjaro	Arch 源于加拿大的一份致力于使用简单、系统轻量、软件更新速度快的 Linux，2002 年 3 月 11 日首发。Manjaro 是面向桌面的、用户友好的、基于 Arch 的 Linux 的发行版	www.archlinux.org manjaro.org
Puppy Linux	由澳大利亚教授 Barry Kauler 开发的一个小型的非常智能的 Linux 发行版，于 2005 年 3 月 29 日首发	puppylinux.com
中标麒麟	2010 年 12 月 16 日上海中标软件有限公司首次发布	www.cs2c.com.cn
深度 Linux（Deepin）	2004 年，其前身 Hiweed Linux 是中国第一个基于 Debian 的本地化版本，目前由武汉深之度科技有限公司主持开发	www.deepin.org
起点 StartOS	2009 年 12 月 25 日广东爱瓦力科技股份有限公司首次发布	www.startos.org
鸿蒙（HarmonyOS）	2019 年 8 月 9 日由华为技术有限公司发布	www.harmoyos.com

1.2.5 Red Hat Enterprise Linux 8/CentOS 8简介

Red Hat 公司发行的各 Linux 版本是目前世界上使用最广泛、商业运作最成功的 Linux 发行版本。2003 年，在 Red Hat Linux 9 发布之后，公司对其产品线进行了大力度的改革。Red Hat 公司不再开发桌面版的发行套件，而将全部力量集中在企业版即 Red Hat Enterprise Linux 的开发上。原有的桌面版 Red Hat Linux 发行套件则与来自民间的 Fedora 合并，成为 Fedora 发行版本（称为社区版）。企业版的发展历史见表 1-2。

表1-2 Red Hat Enterprise Linux / CentOS的发展

发行版本（RHEL / CentOS）	发布日期（RHEL / CentOS）	内核版本
Red Hat Linux 6.2E	2000-03-27	2.2.14
Red Hat Enterprise Linux 2.1 / CentOS 2.0	2002-05-17 / 2004-05-14	2.4.9-e.3
Red Hat Enterprise Linux 3.1 / CentOS 3.0	2003-10-23 / 2004-03-19	2.4.21-4
Red Hat Enterprise Linux 4 / CentOS 4.0	2005-02-14 / 2005-03-09	2.6.9-5

续表

发行版本（RHEL / CentOS）	发布日期（RHEL / CentOS）	内核版本
Red Hat Enterprise Linux 5 / CentOS 5.0	2007-03-14 / 2007-04-12	2.6.18-8
Red Hat Enterprise Linux 6 / CentOS 6.0	2010-11-10 / 2011-07-10	2.6.32-71
Red Hat Enterprise Linux 7 / CentOS 7.0.1406	2014-06-10 / 2014-07-07	3.10.0-123
Red Hat Enterprise Linux 8 / CentOS 8.0.1905	2019-05-07 / 2019-09-24	4.18.0-80
RHEL 8.1（Update 1）/ CentOS 8.1.1911	2019-11-05 / 2020-01-15	4.18.0-147
RHEL 8.2（Update 2）/ CentOS 8.2.2004	2020-04-21 / 2020-06-15	4.18.0-193
RHEL 8.3（Update 3）/ CentOS 8.3.2011	2020-10-29 / 2020-12-07	4.18.0-240
RHEL 8.4（Update 4）/ CentOS 8.4.2105	2021-05-21 / 2021-06-03	4.18.0-305

Red Hat Enterprise Linux 8（简称 RHEL 8）是 Red Hat 企业的第七次重要版本发布，其内核由 3.10.0 升级为 4.18.0。该版本为支持客户工作负载的混合云部署提供了一个稳定、安全和良好的基础。与旧版本的不同主要有：支持最多 4 PB 的物理内存（RHEL 7 为 64 TB）、软件仓库增加到两个（BaseOS 和 AppStream）、包管理系统 yum 基于 dnf、停止支持 KDE、默认集成 Cockpit 使用户能通过 Web 控制台管理和监控系统的运行状况、MySQL 数据库重新回归、安全方面用 nftables 取代 iptables 等。

CentOS（Community Enterprise Operating，社区企业操作系统）是由社群支持的基于 RHEL 的源代码进行再编译后得到的一个派生的发行版本（修复了 RHEL 很多已知的漏洞），全免费、可自由派发、功能上完全兼容 RHEL 是 CentOS 的主要特征。

1.2.6　RHEL 8的安装准备

1.硬件的基本要求

在安装 Linux 之前，应先确定计算机的硬件是否能被 Linux 所支持。随着 Linux 内核的不断完善，RHEL 8 支持几乎所有的处理器（CPU）和大部分的主流硬件。现在，各大硬件厂商纷纷针对 Linux 推出了驱动程序和补丁，使 Linux 在硬件驱动上获得了更广泛的支持，最新的硬件支持列表可以在 http://hardware.redhat.com/hcl/ 上查到。图形界面的 RHEL 8 要求系统至少有 512 MB 内存，为方便用户可选择性使用多种应用程序，通常建议使用 20 GB 以上硬盘。

2.多重引导

用户可以在计算机上仅安装 Linux，也可在已安装有其他操作系统的硬盘上增加安装 Linux，使 Linux 与其他操作系统（如：Windows、Mac 等）在计算机上并存，且相互独立。在计算机开启时，用户可选择启动不同的操作系统，即 Linux 可支持多重引导。

3.选择安装方式

RHEL 8 支持的安装方式包括光盘/U 盘安装、硬盘安装、NFS 映像安装、FTP 安装和 HTTP 安装等。光盘/U 盘和硬盘安装属于本地安装，NFS、FTP 和 HTTP 安装属于网络安装。此外，借助 PXE+Kickstart 或 Cobbler 工具可实现自动化、批量化安装。

1.2.7　国产操作系统获重大突破

国产操作系统起步于国家"七五"计划期间，但"缺芯少魂"一直是中国信息产业发展的软肋，其中"魂"指的就是操作系统。操作系统是包括计算机在内的所有智能设备的灵魂，也是信息产业的基础和根基。中国作为发展中的大国，只有掌握操作系统技术与生态，才能在未来的发展之路上不受制于人。从全球范围来看，谋求"操作系统自主权"已经成为各国不约而同的选择。韩国准备在 2026 年前，将其政府的操作系统转向开源国产系统；德国、瑞士、巴西、荷兰等国家也都有类似的计划，目的都是降低成本、预防风险。

鉴于以上情况，国务院于 2006 年发布了《国家中长期科学和技术发展规划纲要 (2006—2020 年)》，对"核高基"、载人航天、探月工程等 16 个重大科技专项的发展进行了规划和部署。其中"核高基"是"核心电子器件、高端通用芯片及基础软件产品"的简称，其主要建设目标是：在芯片、软件和电子器件领域，追赶国际技术和产业的迅速发展，通过持续创新，攻克一批关键技术、研发一批战略核心产品。2009 年 11 月，工信部发布了专门针对"核高基"科技重大专项 2009 年课题申报通知，其中基础软件部分包括 6 个项目、20 个子课题。这是我国基础软件在经历了将近 20 年的艰难发展之后，作为"十一五规划"中的首个课题被正式推上快速发展的特殊通道。"核高基"专项的适时出现，犹如助推器，给了基础软件更强劲的发展支持力量。

经过 15 年"核高基"专项的持续建设和推进，国产基础软件的发展形势已明显好转，近期在国内、外环境的共同作用下，国产操作系统发展无论是在技术层面还是市场层面均已取得突破性进展。红旗 Linux、深度、银河麒麟、中科方德等操作系统技术更加成熟，统信 UOS、华为鸿蒙、欧拉、阿里龙蜥等国产操作系统相继面世，呈现一片欣欣向荣的景象。尤其是华为发布的面向智能手机、平板及电脑等终端设备、深入消费者个人及家庭应用场景的鸿蒙系统，已获得超过 2.2 亿用户的青睐。国产操作系统已逐步摆脱缺技术、少生态的困境，并且前所未有地获得了规模化应用和市场认可。

1.3　项目实施

任务 1-1　部署 Linux 学习环境

搭建 Linux 学习环境有以下三种方式：

①安装独立的 Linux 系统，即在一台计算机上只安装 Linux 系统，不再安装 Windows 等其他操作系统。

②安装 Windows 与 Linux 并存的多操作系统，即在一台计算机上同时安装 Windows 与 Linux 操作系统，在系统启动时通过菜单项来选择本次要启动的操作系统。

③在虚拟机中安装 Linux 操作系统。虚拟机，即通过虚拟机软件在一台计算机（宿主机或物理机）上模拟出若干台 PC（虚拟机），每台 PC 可以运行单独的操作系统而互不干扰，可将多台虚拟机连成一个网络。这些虚拟机各自拥有独立的 CMOS、硬盘和操作系统，可以像使用普通计算机一样对其硬盘进行分区、格式化、安装系统和应用软件等操作，在虚拟系统崩溃之后可直接将其删除而不影响宿主机系统。因此，对于初学者，建议采用虚拟机来搭建 Linux 的学习环境。宿主机操作系统可采用 Windows 7/10 等，虚拟机软件可采用目前流行的 VMware Workstation，用户可去官方网站 www.vmware.com 或其他网站下载，安装时双击 VMware Workstation 安装执行文件，然后按默认方式进行安装，安装成功即可运行。VMware Workstation 运行后的主界面如图 1-3 所示。

在 VMware Workstation 上创建虚拟机的步骤如下：

步骤 1：在 VMware 主界面单击【文件】菜单项→选择【创建新的虚拟机】，在打开的【新建虚拟机向导】对话框中选择【自定义（高级）】单选按钮→单击【下一步】按钮，如图 1-4 所示。

图1-3　VMware Workstation 16主界面　　　　　图1-4　新建虚拟机向导

步骤 2：在弹出的【选择虚拟机硬件兼容性】对话框中单击【下一步】按钮→在弹出的【安装客户机操作系统】对话框中选择【稍后安装操作系统】单选按钮→单击【下一步】按钮，如图 1-5 所示。

步骤 3：打开【选择客户机操作系统】对话框，在【客户机操作系统】列表中选择【Linux】单选按钮→在【版本】下拉列表中选择【Red Hat Enterprise Linux 8 64 位】→单击【下一步】按钮，如图 1-6 所示。

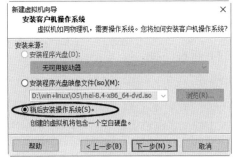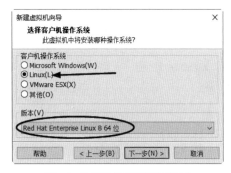

图1-5　选择安装方式　　　　　　　　　图1-6　选择操作系统类型和版本

步骤 4：在弹出的【命名虚拟机】对话框中，设置好虚拟机的标题名称和文件的存放位置→单击【下一步】按钮，如图 1-7 所示。

步骤 5：在弹出的【处理器配置】对话框中，设置处理器的数量和每个处理器的内核数量→单击【下一步】按钮，如图 1-8 所示。

图1-7　设置虚拟机名称和文件保存位置　　　　图1-8　设置处理器的数量和每个处理器的内核数

步骤 6：在弹出的【此虚拟机的内存】对话框中设置虚拟机的内存大小→单击【下一步】按钮，如图 1-9 所示。

步骤 7：打开【网络类型】对话框，将网络连接的类型设置为【使用网络地址转换（NAT）】→单击【下一步】按钮，如图 1-10 所示。

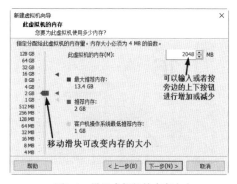

图 1-9　设置虚拟机的内存大小

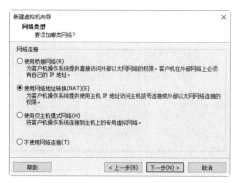

图 1-10　设置网络类型

步骤 8：在弹出的【选择 I/O 控制器类型】对话框中设置虚拟机的 I/O 控制器类型（此处选择默认的"LSI Logic（L）（推荐）"类型）→单击【下一步】按钮，如图 1-11 所示。

步骤 9：在弹出的【选择磁盘类型】对话框中选择【SCSI（S）】虚拟磁盘类型→单击【下一步】按钮，如图 1-12 所示。

图 1-11　【选择 I/O 控制器类型】对话框

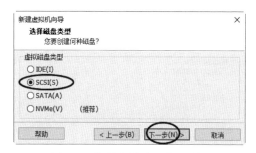

图 1-12　【选择磁盘类型】对话框

步骤 10：在弹出的【选择磁盘】对话框中选择【创建新虚拟磁盘】单选按钮→单击【下一步】按钮，如图 1-13 所示。

步骤 11：打开【指定磁盘容量】对话框，要求为虚拟机指定最大可使用的磁盘空间大小，默认为 20 GB，此处设置为 20 GB→单击【下一步】按钮，如图 1-14 所示。

图 1-13　【选择磁盘】对话框

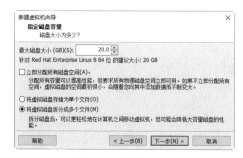

图 1-14　指定磁盘容量

步骤 12：在弹出的【指定磁盘文件】对话框中设置指定磁盘文件的名称→单击【下一步】按钮，如图 1-15 所示。

步骤 13：打开【已准备好创建虚拟机】对话框，单击【完成】按钮，如图 1-16 所示。

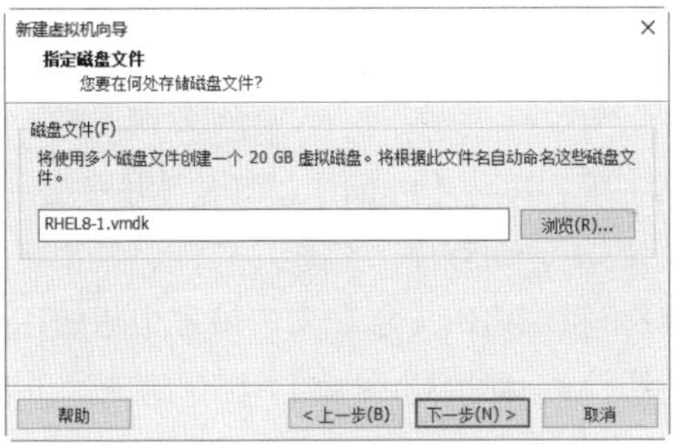

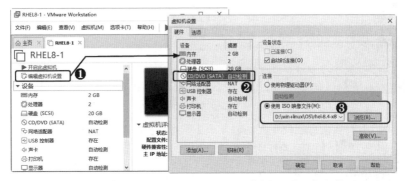

图 1-15　指定磁盘文件的名称 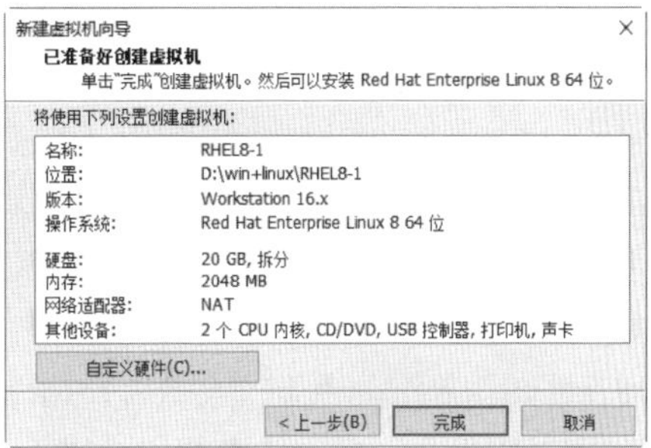　　　　图 1-16　【已准备好创建虚拟机】对话框

步骤 14：系统返回虚拟机主界面，单击【编辑虚拟机设置】，或在 VMware Workstation 菜单里选择【虚拟机】→【设置】都可打开如图 1-17 所示的【虚拟机设置】对话框。在此可调整内存等硬件的性能参数、添加或删除硬件设备以及将 ISO 映像文件放入虚拟光驱等设置操作。设置完后单击【确定】按钮，完成虚拟机的创建。

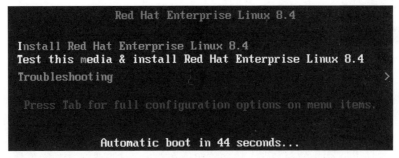

图 1-17　创建了虚拟机的 VMware 主界面和【虚拟机设置】对话框

任务 1-2　安装与启动 RHEL 8、注销与关机

1. 安装与启动 RHEL 8

RHEL 8 的安装步骤如下：

步骤 1：将 RHEL 8 的安装光盘放入主机的光驱中→开启主机电源（若在 VMware 中安装，则在 VMware 主界面中单击【开启此虚拟机】，或单击工具栏中的绿色三角【▶】按钮），即可启动主机（或虚拟机），自检启动完毕后进入 RHEL 8 的安装界面，如图 1-18 所示。

```
          Red Hat Enterprise Linux 8.4

 Install Red Hat Enterprise Linux 8.4
 Test this media & install Red Hat Enterprise Linux 8.4
 Troubleshooting                                        >

 Press Tab for full configuration options on menu items.



         Automatic boot in 44 seconds...
```

图 1-18　安装界面

安装界面上有 3 个选项供用户选择：

● 【Install Red Hat Enterprise Linux 8.4】：安装 RHEL 8.4

● 【Test this media & install Red Hat Enterprise Linux 8.4】：测试安装介质并安装 RHEL 8.4

● 【Troubleshooting】：修复故障

系统默认停留在第 2 项，按光标上移键选择第 1 项，再按【Enter】键开始系统安装。

步骤 2：安装程序开始检测硬件设备并加载相应的驱动程序→若通过检测，则出现【欢迎使用 RED HAT ENTERPRISE LINUX 8.4。】对话框，将左边的【您在安装过程中想使用哪种语言？】列表框的垂直滚动条下拉至最后→选择【中文 Mandarin Chinese】→在右边列表框中选择【简体中文（中国）】→单击【继续】按钮，如图 1-19 所示。

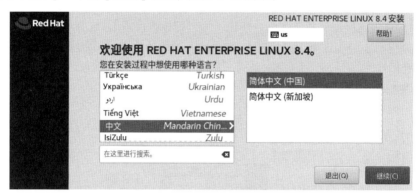

图1-19 欢迎界面及安装过程中的语言选择

步骤 3：弹出【安装信息摘要】界面，其中【键盘】【语言支持】【安装源】无须设置，使用当前默认设置便可，单击【时间和日期】图标，如图 1-20 所示。

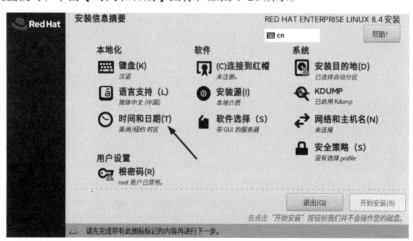

图1-20 【安装信息摘要】对话框

步骤 4：弹出【时间和日期】对话框，在【地区】下拉列表框中选择"亚洲"，在【城市】下拉列表框中选择"上海"（也可以直接用鼠标在地图上选择）→根据需要调整时间和日期→选择完成后单击【完成】按钮，系统返回【安装信息摘要】对话框；单击【软件选择】→弹出【软件选择】对话框，在左边的【基本环境】列表框中有 6 个单选按钮，用户可根据实际情况进行选择，这里选择【带 GUI 的服务器】单选按钮→在右边的【已选环境的额外软件】列表框中可根据需要勾选要安装的软件→选择完成后单击【完成】按钮。如图 1-21 所示。

提示：在虚拟机安装 RHEL 8 时，如果内存为 512 MB 或更小时，安装过程会提示内存太小，无法启用图形界面。这样，就不能采用【带 GUI 的服务器】安装选项。

图1-21 【时间和日期】和【软件选择】对话框

步骤 5：系统返回【安装信息摘要】对话框，单击【安装目的地】图标→弹出【安装目标位置】对话框，选择【自定义】单选按钮→单击【完成】按钮→弹出【手动分区】对话框→单击【+】按钮→弹出【添加新挂载点】对话框→在【挂载点】框中选择"/boot"目录→在【期望容量】编辑框中输入容量的大小（如：500 MiB）→单击【添加挂载点】按钮→再次单击【+】按钮，创建其他分区（如：swap 分区和"/"分区），如图 1-22 所示。

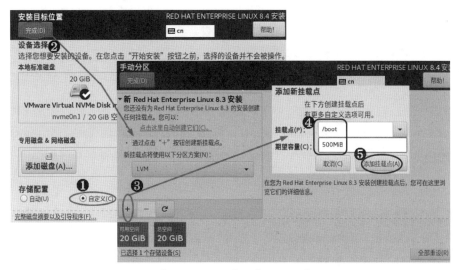

图1-22 【安装目标位置】和【手动分区】对话框

提示：内存容量 <2 GB 时，swap 的大小设置为内存的 2 倍；内存容量 ≥ 2 GB 时，swap 的大小设置为 2 GB。在最后建立"/"分区时，期望容量可不填，表示将当前所剩容量全部分配给"/"分区。

步骤 6：除了"/boot"挂载点之外，其他挂载点（如："/""swap"）的【设备类型】通常要设置为"LVM"方式，以便能根据需要动态调整挂载点容量。为此，在添加各挂载点后，可以对挂载点的【设备类型】【文件系统】进行调整，调整完成后单击【完成】按钮→在弹出的【更改摘要】提示框中单击【接受更改】按钮。如图 1-23 所示。

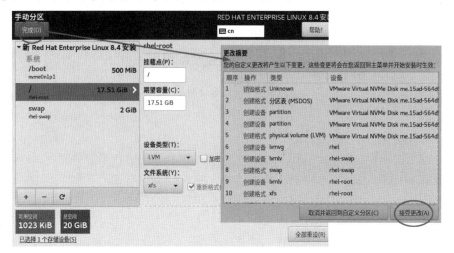

图1-23 【手动分区】和【更改摘要】对话框

在【文件系统】下拉列表中可选择的类型有：

● BIOS Boot：是 GPT 分区表使用的文件系统类型，若是 MBR 分区则不需要。

● ext2/ext3/ext4：Linux 早期适用的文件系统类型，随着磁盘容量的增大，已经逐渐被淘汰。

● swap：该分区在系统的物理内存不够用时，把内存中的部分空间释放给当前运行的程序使用。被释放的内存空间可能来自一些较长时间没有什么操作的程序，这些被释放的空间被临时保存到 swap 分区中，等到那些程序要运行时，再从 swap 分区中恢复到内存中。

● vfat：当硬盘内同时存在 Linux 和 Windows 双系统时，其相应挂载点应选 vfat 文件系统类型，以便实现两种不同操作系统之间的数据交换。

● xfs：一种高性能的日志文件系统，是 RHEL 8 默认使用的文件系统类型。xfs 是一个全 64-bit 的文件系统，它可以支持上百万 T 字节的存储空间。

步骤 7：系统返回【安装信息摘要】对话框，单击【KDUMP】图标→弹出【KDUMP】对话框，Kdump（Kernel crash dumping mechanism，内核崩溃转储机制）是 Linux 内核崩溃转储工具，当系统崩溃时，Kdump 生成一个内核转储文件，以供分析系统崩溃的原因，但 Kdump 需要占用一定的内存空间，这里取消勾选【启用 kdump】复选框→单击【完成】按钮，如图 1-24 所示。

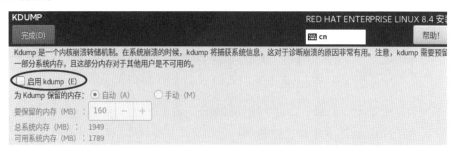

图1-24 【KDUMP】对话框

步骤 8：系统返回【安装信息摘要】对话框→单击【网络和主机名】图标→弹出【网络和主机名】对话框，在【主机名】编辑框中输入主机名（如：RHEL 8-1.dyzx.com）→单击【应用】

按钮→单击【完成】按钮（有关网络的配置请参见任务 1-3，在此从略），如图 1-25 所示。

图1-25 【网络和主机名】对话框

步骤 9：系统返回【安装信息摘要】对话框，单击【安全策略】图标，弹出【安全策略】对话框，在【选择档案】列表框中选择一个文档，这里选用"PCI—DSS v3.2.1……"文档→单击【选择档案】按钮，系统开始认证（注意：认证后需要保证在【已完成或需要完成的改变：】提示栏中未有错误提示信息，若有错误信息则选用其他文档进行验证）→单击【完成】按钮，如图 1-26 所示。

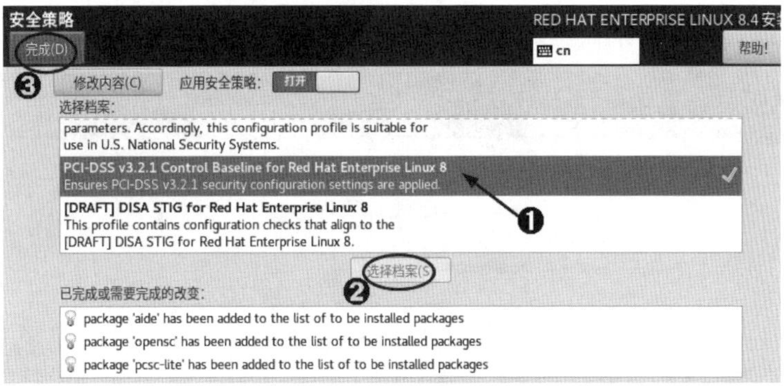

图1-26 【安全策略】对话框

步骤 10：系统返回【安装信息摘要】对话框→单击【根密码】图标→弹出【ROOT 密码】对话框，在密码编辑框中两次输入 root 用户的密码→单击【完成】按钮（如果密码强度太弱，如长度少于 8 位时，会提示要点击两次【完成】按钮予以确认），如图 1-27 所示。

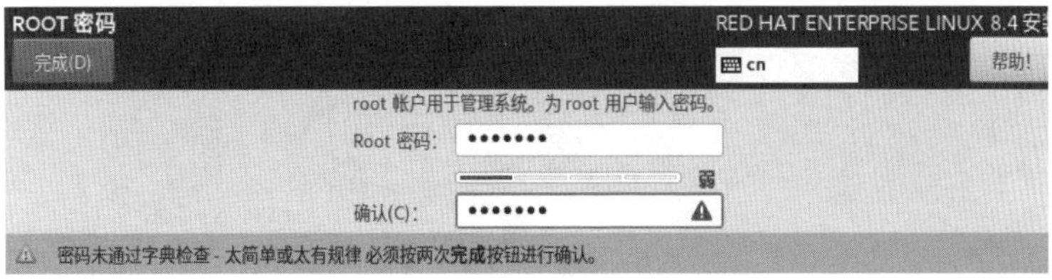

图1-27 【ROOT密码】对话框

步骤 11：系统返回【安装信息摘要】对话框→单击【开始安装】按钮，弹出【安装进度】对话框，用以显示安装进程，等待系统安装完成→系统安装完成后，单击【重启系统】按钮，如图 1-28 所示。

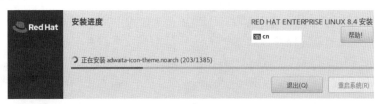

图1-28 【安装进度】对话框

步骤 12：系统进入首次启动→启动过程中将出现【初始设置】对话框，单击【License Information】图标→在打开的【许可信息】对话框中勾选【我同意许可协议】复选框→单击【完成】按钮，系统返回【初始设置】对话框→单击【创建用户】图标，如图 1-29 所示。

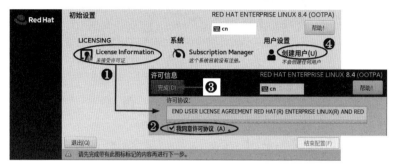

图1-29　【初始设置】和【许可信息】对话框

步骤 13：系统弹出【创建用户】对话框，在此，可以创建一个用户供日常使用（为保证系统安全，一般不使用 root 用户登录系统进行日常维护），在编辑框内输入用户名和密码→单击【完成】按钮，如图 1-30 所示。

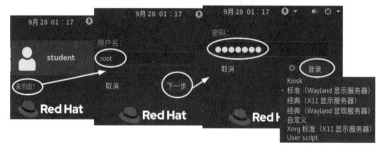

图1-30　【创建用户】对话框

步骤 14：系统返回【初始设置】对话框→单击【结束配置】按钮→系统继续启动并进入登录界面，单击当前显示的用户名或单击【未列出？】后输入其他用户名（如：root）→单击【下一步】按钮或按【Enter】键→输入密码→单击【登录】按钮，如图 1-31 所示。

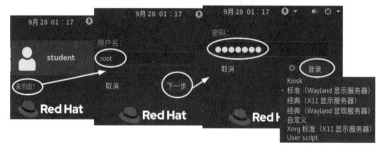

图1-31　【登录】界面

步骤 15：每个用户首次登录 GNOME 桌面环境后都会显示【欢迎】对话框，以便用户设置首选语言，在语言列表中选定【汉语】→单击【前进】按钮，弹出【输入】对话框→单击【Hanyu Pinyin (altgr)】选择汉语拼音输入法→单击两次【前进】按钮，弹出【连接您的在线帐号】对话框→单击【跳过】按钮，弹出【一准备好了】对话框→单击【开始使用 Red Hat Enterprise Linux(s)】按钮，弹出【Getting Started】窗口→单击右上角的【×】按钮，关闭该窗口，完成启动和登录，如图 1-32 所示。

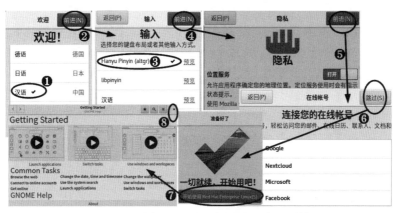

图1-32　用户首次登录时设置首选语言和输入法等信息

2.注销、关机与重启系统

在图形桌面环境下实现用户注销的过程是：单击 RHEL 8 桌面右上角工具图标（后四个图标均可），弹出如图 1-33 所示的下拉菜单→单击当前登录用户名（如 root）后面的三角形【▶】按钮→在展开的选项中单击【注销】选项，出现如图 1-34（a）所示的提示框，系统将在 50 秒后自动注销，或单击【注销】按钮立即注销，系统回到如图 1-31 所示的登录界面→选择其他用户重新登录系统以实现注销。

在图形桌面环境下实现关机或重启系统的过程是：单击 RHEL 8 桌面右上角工具图标（后四个图标均可）→在弹出的如图 1-33 所示的下拉菜单中单击图标→在弹出的如图 1-34（b）所示的对话框中，单击【重启】或【关机】按钮立即重启系统或关机。

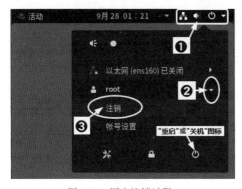

图1-33　用户注销过程

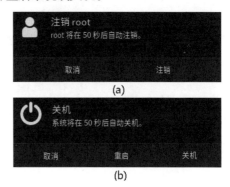

图1-34　确认注销、确认重启或关机

任务 1-3　使用 Xshell 实现跨平台远程登录

在实际工作环境中，管理员是通过其他地方的计算机（客户机）远程登录和管理机房里的 Linux 服务器的。为此，一方面要确保服务器端启动远程登录的服务（RHEL 8 默认安装和启动了远程登录服务的 SSH 软件）；另一方面，要在客户机上额外安装终端仿真软件。以远程登录后显示的类型来看，终端仿真软件有字符界面和图形界面两种：字符界面软件常见的有 Xshell、SecureCRT 和 Putty 等；图形界面软件常见的有 Xmanager、Xdmcp 和 VNC 等。

下面以 Windows 客户端（在物理机上）为例，介绍 Xshell 的安装和使用步骤：

步骤 1：从 Xshell 官网下载家庭学校免费版的 Xshell→双击下载后的安装文件→按照安装向导的提示完成安装。

步骤 2：在 RHEL 8 服务器桌面上单击右上角后四个图标之一→在弹出的下拉菜单中单击【以太网（ens160）已关闭】后面的三角形【▶】按钮→在展开的选项中单击【有线设置】选项→在打开的【网络】窗口的右窗格的【有线】区域内单击【齿轮】工具图标，如图 1-35 所示。

图1-35 进入"网络"设置

步骤 3：打开【有线】对话框，单击【详细信息】选项卡→勾选【自动连接】复选框，以实现开机启动时自动启动网卡→单击【IPv4】选项卡→选择【手动】单选按钮→输入 IP 地址、子网掩码、默认网关和 DNS 服务器的 IP 地址→单击【应用】按钮→系统返回【设置】对话框，单击【有线】区域的【关闭】按钮使其切换出【打开】按钮，以激活网络设置→单击右上角的【×】按钮，关闭【设置】对话框，返回系统桌面，如图 1-36 所示。

图1-36 网络设置过程

步骤 4：在 VMware 虚拟机软件上单击【虚拟机】菜单→在展开的下拉菜单中选择【设置】项→打开【虚拟机设置】对话框，在左窗格中选择【网络适配器】→在右窗格中选择【自定义（U）：特定虚拟网络】单选按钮，在其下拉列表中选择【WMnet0（自动桥接）】，如图 1-37 所示。

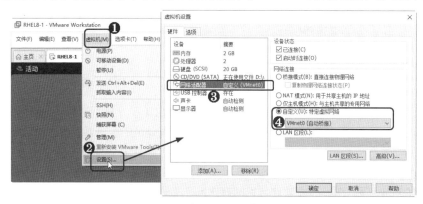

图1-37 【虚拟机设置】窗口

步骤 5：在 Windows 客户端配置 IP 地址、子网掩码和默认网关→在客户端运行 ping 命令，测试客户端与服务器之间的网络连通性，如图 1-38 所示。

步骤 6：在客户端上运行 Xshell 7，在打开的主界面中，单击工具栏中的【新建】图标，如图 1-39 所示。

图1-38　使用ping命令测试网络连通性　　　　图1-39　Xshell 7主界面

步骤 7：弹出【新建会话属性】对话框，在左侧【类别】列表框中选择最上面的【连接】项→在右侧【名称】编辑框中输入本连接在 Xshell 中的显示名称（如：RHEL 8-1）→在【主机】框中输入要连接的 Linux 服务器的 IP 地址→在【端口号】框中输入连接的端口号（默认为 22）→在左侧【类别】列表框中选择【用户身份验证】→在【用户名】编辑框中输入登录用户名（如：root）→在【密码】对话框中输入密码→单击【连接】按钮，如图 1-40 所示。

图1-40　【新建会话属性】对话框

步骤 8：完成连接，客户端成功登录远程的 Linux 主机，如图 1-41 所示。

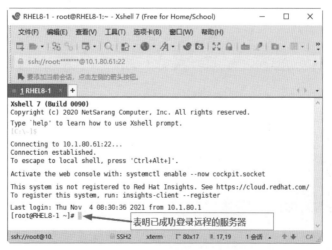

图1-41　Xshell远程登录Linux服务器

任务 1-4　使用 Cockpit 远程管理多台服务器

Cockpit 是由 Red Hat 开发的可以在多种 Linux 发行版（Debian、Ubuntu、Fedora、CentOS、RHEL、Arch Linux 等）上运行的基于 Web 界面的远程管理器，通过 Cockpit 可以让管理 Linux 服务器变得轻松简单，非常适合于新手系统管理员，其使用过程如下：

步骤 1：在被管理的服务器上安装并启用 Cockpit。RHEL 8 主机已默认安装 Cockpit，设置 Cockpit 服务开机时自动启动并现在立即启动的命令如下：

　　[root@ RHEL 8-1 ~]# **systemctl enable --now cockpit.socket**

步骤 2：在本机或网络中的其他 Linux 主机上启动 Web 浏览器（如：火狐浏览器 firefox），并按"https://ip 地址 / 域名 :9090"格式输入地址以访问被管理的服务器，也可使用如下命令：

　　[root@ RHEL 8-2 ~]# **firefox https://10.1.80.61:9090 &**

步骤 3：系统弹出一个 SSL 认证警告，忽略警告，依次单击【高级】→【接受风险并继续】→系统进入登录页面→输入需登录服务器的用户名和密码→单击【登录】按钮。如图 1-42 所示。

图1-42　输入登录用户名及密码界面

步骤 4：系统进入 Cockpit 工作主页面，在此，可以完成对服务器的多项系统性能参数的查看和配置修改。若要将此页面修改为中文页面可以依次单击其右上角的【▽】下拉按钮→在展开的下拉列表中选择【显示语言】→在弹出的对话框中选择【中文】→单击【选择】按钮，如图 1-43 所示。

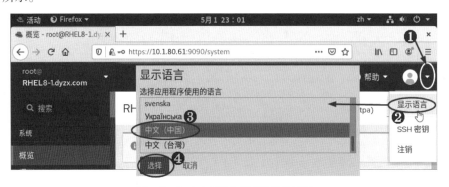

图1-43　Cockpit 工作主页面及汉化过程

Cockpit 管理器的基本管理项目如图 1-44 所示。

图1-44　Cockpit的管理项目

Cockpit 管理项目包括"系统"和"工具"两大部分，其中：

【概览】：查看系统资源（CPU、内存、磁盘 IO 和网络流量）的使用情况。

【日志】：查看系统日志条目。

【存储】：查看磁盘的读写速度、磁盘分区的容量、存储的 Journal 日志以便进行故障排除和修复。存储页面可以卸载、格式化、删除一块磁盘的某个分区。它还有类似创建 RAID 设备、卷组等功能。

【网络】：查看网络活动（发送和接收）。在网络页面可以看到两个可视化发送和接收速度的图。还可以看到可用网卡的列表，可以对网卡进行绑定设置、桥接，以及配置 VLAN。点击网卡就可以进行编辑操作。最下面的是网络的 Journal 日志信息。

【Podman 容器】：在 Linux 系统上开发、管理和运行任何符合 Open Container Initiative（OCI）标准的容器和容器镜像的管理工具。

【帐户】：用于查看、编辑修改、添加和删除用户帐户信息。

【服务】：检查系统服务的状态。服务被分成了 5 个类别：目标、系统服务、套接字、计时器和路径，单击服务名称，可以对其进行更多的管理操作，例如重启、关闭、禁用等。

【订阅】：对本系统产品进行注册和状态角色的设置。

【内核转储】：对 Kdump 的开、关状态进行设置。

【软件更新】：查看和安装可用更新（如果以 root 身份登录）并在需要时重新启动系统。

【应用】：提取已安装应用的信息。

【终端】：打开并使用终端窗口，以便通过命令方式实时执行管理任务。

【Diagnostic Reports】：通过 Cockpit 的诊断报告功能，可以快速地生成系统的 sosreport，并且可以下载到本地。

【SELinux】：对 SELinux 策略进行设置。

步骤 5：添加多台 Linux 服务器到 Cockpit，实现服务器的集中管理。单击 Cockpit 主页面

的左上角【△】图标→在展开的列表框中点击【添加新主机】→在打开的【添加一个新主机】
对话框中输入被管理的新主机的 IP 地址→单击【添加】按钮，如图 1-45 所示。

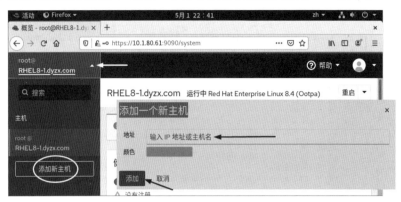

图1-45　添加被管理的新主机

项目实训1　安装、启动与登录RHEL 8

【实训目的】

　　会安装和配置 RHEL 8；能使用 Xshell 工具在客户端远程登录服务器，会使用 Cockpit 远程
管理多台服务器。

【实训环境】

　　一人一台 Windows 10 物理机，2 台 RHEL 8/CentOS 8 虚拟机，rhel-8.4-x86_64-dvd.iso 或
CentOS-8.4.2105-x86_64-dvd1.iso 安装包、VMware Workstation 16 及以上版本、Xshell 等软件，
虚拟机网卡连接至 VMnet0（桥接）虚拟交换机。

【实训拓扑】（图 1-46）

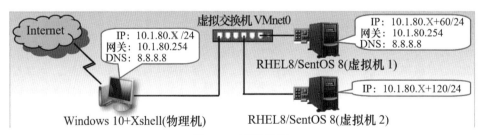

图1-46　实训拓扑图

　　提示：图 1-46 中物理机的 IP 地址是通过校园网的 NAT 服务能上互联网的私有 IP 地址，
其中 "X" 代表每台物理机的 IP 地址的第 4 段，每台物理机的 "X" 应不同。

【实训内容】

　　1. 按照本教材任务 1-1 所介绍的方法与步骤，搭建 Linux 学习环境。

　　2. 在 VMware 虚拟机上完成 RHEL 8.4 的安装。虚拟系统安装位置为 E：\VM\RHEL 8 目录，
分配内存为 1024 MB、20 GB 的 SCSI 接口虚拟硬盘，并将硬盘划分为 /boot（500 MB）、swap

（2 GB）、/home（10 GB）、/（剩余空间）等 4 个分区，安装软件为带 GUI 的服务器。

3. 从客户端（物理机）通过 Xshell 工具远程登录服务器（虚拟机）。

项目习作1

一、选择题

1. 有关 GNU 描述正确的是（　　　）。

　　A.GNU 是 GNU is Not UNIX 的递归缩写

　　B.GNU 是反商业的软件协会

　　C.GNU 组织提供了大量的系统软件，如 Gcc、Glibc 等

　　D.GNU 计划的宗旨是对计算机软件的拷贝、分发进行保护限制

2. 以下对 Linux 的说法中，不正确的是（　　　）。

　　A.Linux 既可用作服务器操作系统，也可作为桌面操作系统使用

　　B.Linux 只能运行在基于 Intel x86 CPU 架构的计算机上

　　C.Linux 可在 32 位或 64 位 CPU 硬件平台上运行

　　D.Linux 支持多用户多任务，在同一时刻可以有多个用户同时使用主机

3. 在以下 Linux 的主要组成部分中最基础的是哪一项（　　　）。

　　A. 内核　　　　　　　B.Shell　　　　　　　C. 文件系统　　　　　　　D. 应用程序

4.Linux 利用交换分区空间来提供虚拟内存，交换分区的文件系统类型必须是（　　　）。

　　A.ext4　　　　　　　B.fat　　　　　　　C.xfs　　　　　　　D.swap

5. RHEL 8 有多种安装方式，以下几种方式中哪种是本地安装方式（　　　）。

　　A.NFS 安装　　　　　　　B. 光盘安装　　　　　　　C.FTP 安装　　　　　　　D.HTTP 安装

6. 在通常情况下，登录 Linux 桌面环境，需要（　　　）。

　　A. 任意一个用户　　　　　　　　　　B. 有效合法的用户名和密码

　　C. 任意一个登录密码　　　　　　　　D. 本机 IP 地址

7. 在安装 Linux 操作系统时，必须创建的两个分区是（　　　）。

　　A./home 和 /usr　　　　B./ 和 /boot　　　　C./ 和 swap　　　　D./home 和 swap

8. 在 Linux 中，系统管理员的名称是（　　　）。

　　A.user　　　　　　　B.root　　　　　　　C.ftpuser　　　　　　　D.administrator

二、简答题

1. 请简述 Linux 系统的特点。

2.Linux 操作系统由哪几部分组成？并简述各个部分的主要功能。

3.RHEL 8 有哪几种安装方式？安装前要做哪些准备工作？

项目2
熟悉RHEL 8的图形和字符界面

2.1 项目描述

安装了 RHEL 8 并启动和登录系统后，接下来的任务就是要求网络管理员熟悉 Linux 的操作界面并会熟练地使用，为管理和配置服务器打下良好的基础。

为了适应不同用户和应用项目的需求，Linux 操作系统提供了图形界面和字符界面两种操作环境。Linux 图形界面的外观和操作方式与 Windows 操作系统类似，目前 Linux 图形界面软件主要有 GNOME、KDE 和 XFCE 等。图形界面虽然易于初学者的操作使用，并可以完成很多工作，但是图形界面占用的系统资源较多而常常不被 Linux 服务器采用，Linux 服务器甚至不需要配置显示器，其绝大部分的管理、维护操作都是通过远程登录的方式进行。另外，图形界面下无法提供全部的操作功能，因此，还必须掌握字符界面下的操作。本项目以 Linux 图形界面的 GNOME 和字符界面的 bash 为例，介绍其使用方法。

2.2 项目知识准备

2.2.1 Linux的操作界面

Linux 的操作界面常称为 Shell（外壳），Shell 是操作系统提供给用户使用的（图形的或字符的）界面，它是用户与 Linux 内核进行交互操作的一种接口。当用户发出指令（命令或鼠标操作），这些指令先被发送给 Shell，由 Shell 将用户的指令翻译后传送给内核，再由内核来控制硬件的工作。然后内核将硬件的工作结果信息发送给 Shell，再由 Shell 将硬件工作的结果信息返回给用户。

Linux Shell 分为两类：图形 Shell、字符 Shell。

●图形 Shell：提供了像 Microsoft Windows 那样的可视的图形用户界面（GUI），其操作就像 Windows 一样，有窗口、菜单和按钮，所有的管理都是通过鼠标控制。Linux 的图形界面实际上是运行于操作系统上的一个应用程序。在操作系统上，有多种不同的图形界面，其中，使用最多的是遵循 X Window System（简称 X 11 或 X）协议的图形界面。X 协议是一种以位图方式显示的软件窗口系统的标准，实现 X 协议的软件包括服务器软件和客户端软件（请求服务器完成显示任务的客户,即所有 X 应用程序,如浏览器),其中,服务器软件常用的有 XFree 86、Xorg、Xnest 等。而 GNOME 和 KDE 则是遵循 X 协议的集成了服务器软件和多种客户端软件的综合性的图形化桌面操作环境。

●字符 Shell:基本上是一个命令解释程序,它以命令行的方式承载用户与操作系统内核之间的沟通,是命令语言、命令解释程序及程序设计语言的统称。在 RHEL 8 的 /etc/shells 文件中,列出了目前系统中已安装可以使用的 Shell 程序及其文件位置,其中,bash 是 RHEL 8 默认使用的字符 Shell,见表 2-1。

表2-1 **常见字符Shell**

Shell 名	详细描述	文件位置
Bourne Shell(sh)	UNIX 下应用的 Shell,已被 bash 取代,在 Linux 中只是 bash 的链接文件	/bin/sh、/usr/bin/sh
Bourne Again Shell(bash)	最常用的 Shell,RHEL 8 默认的 Shell,是 sh 的免费版	/bin/bash、/usr/bin/bash
C Shell(csh)	由 SUN 公司开发,与 C 语言相近,已被 tcsh 取代,只是 tcsh 的链接文件	/bin/csh、/usr/bin/csh
TC Shell(tcsh)	是 C Shell 的增强版,完全兼容 C Shell,RHEL 8 默认未安装	/bin/tcsh、/usr/bin/tcsh
Korn Shell(ksh)	语法与 Bourne Shell 相同,RHEL 8 默认未安装	/bin/ksh、/usr/bin/ksh

提示:传统意义上的 Shell 指的是字符 Shell,以后若不特别注明,Shell 是指字符 Shell。显示当前正在使用的 Shell 的命令为 echo $SHELL,改变当前使用的 Shell 的命令为 chsh。

2.2.2 认识GNOME图形界面

GNOME(GNU Network Object Model Environment,GNU 网络对象模型环境)是一个功能完善、操作简单友好的桌面环境,它使用户可以像在 Windows 中使用桌面一样方便地使用和配置计算机。当前的最新发行版是 GNOME 41(2021 年 9 月 22 日发布),官方网址为 https://www.gnome.org。RHEL 8 中查看 GNOME 版本信息的命令为 gnome-shell --version。Red Hat 公司给予了 GNOME 强大的支持,使其成为其产品 RHEL 的默认选择。登录进入 RHEL 8 后,默认的 GNOME 操作界面如图 2-1 所示,主要由以下 4 部分组成:

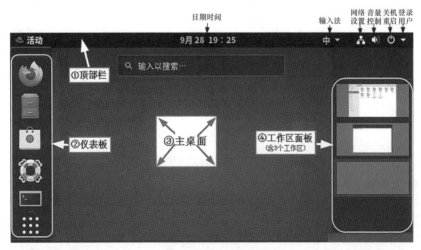

图2-1　GNOME的桌面

①顶部栏：是指屏幕顶部的黑色长条区域，与 Windows 中的任务栏作用类似，从左至右默认有【活动】按钮以及【日期时间】【输入法】【网络设置】【音量控制】【关机重启】和【登录用户】等图标，这些按钮或图标提供了启动应用程序、用户注销、系统重启、关机、锁定屏幕、系统设置等操作的入口。

②仪表板：单击【活动】按钮（或按【Windows 徽标】键）可以在屏幕的左侧显示 / 隐藏"仪表板"，仪表板内放置了一组预定义的应用程序图标，点击其中的图标可以启动相应的应用程序（注意：若点击仪表板最底部由九个点组成的正方形图标，则显示可浏览的应用程序列表）。

③主桌面：主桌面是启动应用程序时窗口将出现的地方（窗口的容器）。

④工作区面板：GNOME 优于 Windows 的地方之一是引入了工作区，屏幕上显示应用程序窗口的区域称为工作区。GNOME 允许配置多个工作区，每一个工作区都对应一个独立的桌面，在每个工作区，都可运行各自的程序、打开各自的窗口，而且相互之间不受影响。单击【活动】按钮（或按【Windows 徽标】键）可以在屏幕的右侧显示 / 隐藏"工作区面板"，工作区面板内放置了当前可供选择的多个工作区。

2.3 项目实施

任务 2-1　操作 GNOME 与设置 GNOME 的环境

1. 添加输入源和改变输入法

默认情况下，在 RHEL 8 中没有汉字输入法，若要输入汉字则需要添加汉字输入源。添加输入源的步骤如下：

在桌面上右击鼠标→在弹出的快捷菜单中选择【设置】菜单，在打开的【设置】窗口中单击左窗格中的【Region&Language】（区域和语言）选项→在右窗格中单击【输入源】区域的【+】按钮→在打开的【添加输入源】对话框中单击【汉语（中国）】→在切换出的对话框中选择【汉语（智能拼音）】→单击【添加】按钮，如图 2-2 所示。

图2-2　添加输入源

提示：默认情况下，图 2-2 中的"汉语（智能拼音）"输入源在 RHEL 8 中并未安装，为此，需按任务 6-2 中【例 6-10】的步骤和方法，以本地光盘为软件仓库创建 dnf 源，然后使用命令"dnf install ibus-libpinyin.x86_64 -y"完成安装。

添加输入源后，在桌面顶部栏中点击"输入法图标"，在下拉菜单中选择不同的输入源，如图 2-3 所示。也可以按【Windows 徽标键 + 空格】组合键切换输入源，在拼音输入源上按

【Shift】键可切换中、英文。

用户可以按自己的习惯设置输入法的切换快捷键，其步骤是：在桌面上右击鼠标→在弹出的快捷菜单中选择【设置】菜单→在打开的【设置】窗口中依次单击【设备】→【Keyboard】（键盘）→在打开的【Keyboard】对话框中找到并单击【打字】区域中的【切换至上个输入源】→在打开【设置快捷键】对话框后按下要设置的组合快捷键（如："Ctrl+Alt+PgUp"，当设置的快捷键与其他操作的快捷键相同时，系统会提示重新设置）→在弹出的对话框中单击【设置】按钮，如图 2-4 所示。

 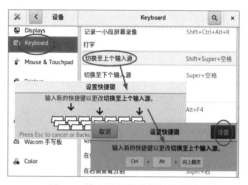

图2-3 【输入法】图标及下拉菜单　　　　图2-4 输入法切换快捷键的设置

2.工作区的使用

（1）切换工作区：在桌面上单击【活动】按钮（或按【Windows 徽标】键）→将鼠标指针移到屏幕最右侧→在弹出的【工作区面板】列表中双击所选的目标工作区。 也可同时按下【Windows 徽标 +PgUp/PgDn】或【Ctrl+Alt+PgUp/PgDn】组合键切换工作区。

（2）将窗口从一个工作区移至另一个工作区：在桌面上单击【活动】按钮以显示【工作区面板】→将当前工作区中的实际窗口或【工作区面板】中的缩略图窗口拖放到目标工作区（若将窗口添加到空白工作区时，系统会将另一个空白工作区自动添加到【工作区面板】中，从而允许创建多个工作区）。

（3）删除工作区：在要删除的工作区上关闭所有窗口，或将它们移到另一个工作区。

3.管理文件和目录（文件夹）

在桌面上单击【活动】按钮→在弹出的【仪表板】中选择【文件】→在打开的窗口中依次选择【其他位置】→【计算机】，进入与 Windows 的【此电脑】窗口类似的界面。 在此，可以浏览和管理整个 Linux 系统中的目录、文件，如图 2-5 所示。

图2-5 Linux根目录下的目录和文件

在 GNOME 环境中对文件或目录（文件夹）的选择、打开、更名、复制、移动、删除等操作方式与在 Windows 环境中基本相同。

4．更改桌面背景

如果桌面背景一成不变会显得有些单调，故而应该每隔一段时间就更改一次桌面背景。其更改方法是：鼠标右击桌面→在弹出的快捷菜单中选择【更换壁纸…】菜单项→在打开的【Background】对话框中单击左边的【Background】图标→打开【壁纸、图片、色彩】对话框，单击【壁纸】、【图片】或【色彩】以选择图像类型→拖动"垂直滚动条"找到并单击要使用的背景图像→单击【选择】按钮→返回【Background】对话框→单击对话框右上角的【×】按钮，关闭【Background】对话框完成更改，如图 2-6 所示。

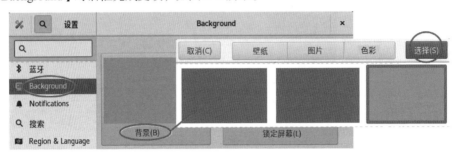

图2-6　更改桌面背景的过程

5．屏幕保护程序的设置

当使用者需要临时离开计算机时，为了保护现场不被其他人误操作，这时就可以启动屏幕保护程序，将正在进行的工作画面隐藏起来（锁定屏幕），要解锁屏幕需输入用户密码。

设置屏幕保护程序的过程如下：

鼠标右击桌面→在弹出的快捷菜单中选择【设置】菜单项→在打开的【设置】对话框中单击【Power】选项，在【空白屏幕】的下拉列表中，若选择【从不】选项则表示禁用屏幕保护程序；若选择一个时间段（如 2 分钟）选项，表示若在 2 分钟内用户未触动键盘或鼠标则启动屏幕保护程序以锁定屏幕→设置完成后，单击【设置】对话框中右上角的【×】按钮，关闭【设置】对话框，如图 2-7 所示。

图2-7　【设置】窗口的【Power】选项

6．设置屏幕分辨率

屏幕分辨率是指屏幕横向、纵向所能显示的像素个数。如：分辨率 160×128 的意思是水平方向含有像素数为 160 个，垂直方向像素数 128 个。分辨率设置得越高，显示粒度就越精细，图像越清晰。其设置步骤如下：

在桌面上鼠标右击→在弹出的快捷菜单中选择【显示设置】菜单项→在打开的【设备】对话框中单击【Displays】选项，在【分辨率】下拉列表中选择屏幕分辨率（如：1360×768）→

单击【应用】按钮→在弹出的【你想保留这些显示设置吗?】对话框中单击【保留更改】按钮,如图 2-8 所示。

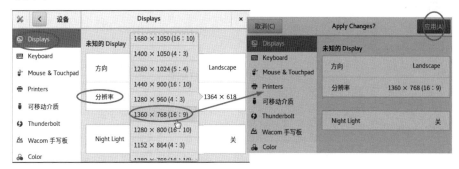

图2-8 【设备】窗口中的【Displays】选项

7.系统监视器的使用

RHEL 8 下的系统监视器如同 Windows 下的任务管理器,可以对进程进行管理,并能查看系统资源(包括 CPU、内存等)的使用情况。系统监视器的使用方法如下:

在桌面上依次单击【活动】→【显示应用程序】→【工具】→【系统监视器】,打开【系统监视器】窗口。在【进程】选项卡下,能查看系统中当前所有的进程,并可以通过鼠标右击某进程对其进行各种管理,如图 2-9 所示。

在【资源】选项卡下,能看到【CPU 历史】【内存和交换历史】【网络历史】等相关信息,如图 2-10 所示。

 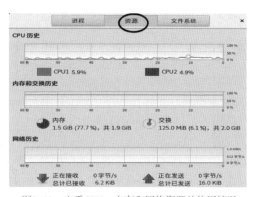

图2-9 查看、管理进程　　　图2-10 查看CPU、内存和网络资源的使用情况

在【文件系统】选项卡下,可查看当前文件系统的列表,包括各文件系统的设备名、挂载点目录、类型、磁盘空间总数、可用空间和已用空间的大小等信息,如图 2-11 所示。

设备	目录	类型	总计	可用	已用	
/dev/mapper/cl-root	/	xfs	29.5 GB	25.0 GB	4.5 GB	15%
/dev/sda1	/boot	ext4	499.3 MB	339.1 MB	129.8 MB	27%
/dev/loop0	/media/CentOS	iso9660	7.6 GB	0 字节	7.6 GB	100%

图2-11 查看当前文件系统列表

任务 2-2　切换图形界面与字符界面

1.RHEL 8系统的运行模式

根据用户的不同应用要求，Linux 系统可运行在如表2-2所示的几种不同的运行模式（或状态环境）上。

表2-2　　　　　　　　　　　　　　　　**Linux常用运行模式**

RHEL 8 运行模式	说明
rescue.target	单用户字符界面模式，只有 root 用户可以登录系统
multi-user.target	多用户字符界面模式
graphical.target	多用户图形界面模式

查看系统当前运行模式的命令为：

[root@ RHEL 8-1 ~]# **systemctl get-default**

graphical.target　　　　　　　　　　// 显示结果表明：当前是多用户图形界面模式

将系统启动时默认的运行模式更改为多用户字符界面模式的命令为：

[root@ RHEL 8-1 ~]# **systemctl set-default multi-user.target**

将系统启动时默认的运行模式更改为图形界面模式的命令为：

[root@ RHEL 8-1 ~]# **systemctl set-default graphical.target**

2.从图形界面切换到字符界面

RHEL 8 默认有 5 个虚拟终端（Virtual Terminal），之所以叫虚拟终端，是因为这些终端均是利用计算机当前的键盘和显示器模拟出来的。其中，第 1 个虚拟终端（tty 1 和 tty 2）是图形界面，第 2 ～第 5 个虚拟终端（tty 3 ～ tty 6）是字符界面（若图形界面关闭则为 tty 1 ～ tty 5），这4 个字符界面的虚拟终端相当于图形界面中的 4 个不同的工作区，每个虚拟终端都支持独立的登录会话，按【Ctrl+Alt+F 3 ～ F 6】或【Alt+F 3 ～ F 6】组合键，可在这 4 个字符虚拟终端之间切换。利用多个虚拟终端，可实现同时以不同或相同的用户身份登录系统，并在各自的虚拟终端中相互独立地执行各自的命令或应用程序。

显示当前虚拟终端是哪个虚拟终端的命令是：

[root@ RHEL 8-1 ~]# **tty**

/dev/tty3

在启动 Linux 图形界面的系统后，字符界面 Shell 已经在后台运行起来了，只是没有显示出来。如果想让它显示出来，有以下三种方法：

●方法 1：在 Linux 图形界面上单击【活动】按钮→在打开的浮动面板中选择【终端】菜单项，系统将弹出一个可以输入字符指令的操作窗口，该窗口可以随时放大、缩小、随时关闭，如图 2-12 所示。

●方法 2：在方法 1 的基础上，执行以下命令：

[root@ RHEL 8-1 ~]# **systemctl isolate multi-user.target**

●方法 3：在图形界面下按组合键【Ctrl+Alt+Fn】切换到第 n 个字符虚拟终端（其中的 n 代表数字序号 2 ～ 6），先后输入用户名和密码后即可登录系统，如图 2-13 所示。若要返回图形界面，则按【Ctrl+Alt+F 1/F 2】或【Alt+F 1/F 2】组合键。

图2-12　图形界面下的字符终端窗口

图2-13　字符终端登录界面

3.从纯字符界面切换到图形界面

从纯字符界面切换到图形界面有以下两种方法：

●方法 1：在字符界面下输入命令：startx

●方法 2：在字符界面下执行以下命令：

[root@RHEL 8-1~]# **systemctl isolate graphical.target**

任务 2-3　初步使用字符界面 Shell

1.bash Shell的命令行提示符

每个用户在创建时都可以为其指定一个 Shell，当用户以该帐号登录成功后，此指定的 Shell 会马上被执行。为了帮助用户了解当前的状态，不管以哪种方式登录字符界面以后，都可以看到类似于"[root@dyzx tool] #"形式的提示符，各部分的含义如下：

● root——表示当前登录的用户名；

● dyzx——表示当前 Linux 主机名；

● tool——表示当前目录（若是波浪线"~"则表示当前用户的家目录）；

● #——表明当前登录者是 root 用户，若是普通用户登录则用"$"表示。

从用户登录系统开始，Shell 程序会随着当前登录用户和当前目录的变化在系统终端中显示不同的提示符，然后等待用户输入命令。

2.Shell命令的一般格式

Shell 命令的一般格式如下：

命令名 [- 选项] [参数]

命令输入时，在命令名、选项、参数之间用至少一个空格符隔开（一个以上多余的空格符将被忽略）。其中，用方括号 [ ] 括起的是可选的项目；以竖线 | 分隔的多个项目表示只能指定其中一个项目；尖括号 < > 中的文本表示变量数据，如 < 文件名 > 表示"在此处插入您要使用的文件名"。

命令格式中各组成部分的作用和说明如下：

（1）命令名——决定了该命令"做什么"

命令名是要运行的程序的名字，由小写的英文字母构成，往往是表示相应功能的英文单词或单词的缩写。例如：date 表示日期；cp 是 copy 的缩写，表示拷贝（复制）文件等。

（2）选项——决定了该命令"怎么做"

不同的命令，其使用的选项会不同（数量和内容），选项以一个或两个减号（半角的减号符）引导（如：-a 或 --all），多个选项可用一个"-"连起来，如"-la"等同于"-l -a"。"-"一般不能省略，只有个别命令的选项中的减号可以省略，如"tar"命令。

（3）参数——决定了该命令"对谁做"

参数提供命令执行所需提供的一些相关信息（如被操作的文件名）。有一些命令可以完全不用参数，而有一些则可能需要多个参数。

Linux 的命令、选项、参数均区分大小写，大多数情况下是小写。

按【Ctrl+C】键可中断正在执行的命令。

3.命令、选项和参数的自动补全

所谓"命令补全"是指用户在输入命令中的命令名、目录名或文件名的开头一个或几个字符，然后按【Tab】键，系统会自动向后补全该命令名、目录名或文件名的剩余部分。例如，输入"tou"后按【Tab】键可自动补全"touch"命令名；又如，在 /proc 目录下有一个 filesystems 文件，如果想查看其中的内容，只要输入"cat /proc/fi"，然后按【Tab】键，系统会自动补全为"cat /proc/filesystems"。如果系统中有多个文件都与输入的前缀相同，那么当用户连续按下两次【Tab】键时，系统会显示当前目录下所有具有相同前缀的文件名称，供用户选择。Shell 的补全功能，不仅能帮助用户节省输入长串命令的时间，还能避免由于用户输入错误的路径和文件名而执行错误的程序。

4.查阅命令历史记录

在 RHEL 8 中，用户每次输入命令后按【Enter】键成功执行，都会被记录到命令记录表文件（用户家目录下的隐藏文件 .bash_history）中，默认可记录的条数为 1000 条，执行 history 命令可显示所有历史命令。要调出过去用过的命令，只要按【↑】键可回到上一条命令，按【↓】键可返回到下一条命令。通过查阅命令历史记录，可以减少执行命令的重复输入。

5.支持通配符

使用通配符，可以实现下达一条命令完成对一批文件或目录的相同操作。bash Shell 支持以下三种通配符：

*——匹配所在位置的任意个数的任意字符。

?——匹配所在位置的任意单个字符。

[…]——从左至右依次匹配任何一个包含在方括号中的单个字符。

例如，在命令行中的表述文件名的位置上，输入"eta*"，则表示所有以 eta 打头的文件；而"? eat ?"则表示名字共有 5 个字符，第 2 ～ 4 个字符为 eat 的所有文件；"eat[1234] 或 eat[1-4]"表示 eat 1、eat 2、eat 3、eat 4 等四个文件。

6.断开长命令行

对于符号比较多的长命令，尽管系统在到达行尾时会自动将长命令行换到下一行，但也可以使用反斜杠"\"加【Enter】键，将一个较长的命令分成多行输入，以增强命令的可读性，换行后系统会在下一行行首自动显示提示符">"，表示正在输入一个长命令，此时可继续在新行上输入命令的后续部分。例如：

```
[root@RHEL 8-1~]# ls  -l  \
>/etc/sysconfig/network-scripts/
```

7.在一行输入多个命令

若要在一行上输入和执行多条较短的命令，可使用分号来分隔命令。例如：

```
[root@RHEL 8-1~]# ls; cat file.txt        //ls 是列目录命令，然后用 cat 命令显示文件 file.txt 的内容
```

在一行上输入多条命令的执行顺序和输入的顺序相同。

8.获得命令的帮助信息

Linux 系统中可使用的命令数量繁多（2000 多条），每个命令的具体格式、选项和参数各不相同，要一一记住不太可能。此时，可借助以下方法获得 Linux 命令的在线帮助。

（1）使用 help 命令获得帮助

help 命令可显示 bash Shell 内置命令的帮助信息。使用 help 命令时，只需要添加内置命令的名称作为参数即可。help 命令的操作方法如下。

```
[root@RHEL 8-1~]# help cd        //查看 cd 命令的帮助信息
```

（2）使用 --help 选项获得帮助

对于大部分的外部命令，都可以使用一个通用的命令选项"--help"来获得该命令的帮助信息。例如：

```
[root@RHEL 8-1~]# ls --help        //查看 ls 命令的帮助信息
```

若某命令没有选项"--help"，一般只会提示简单的命令格式。

（3）使用 man（Manual Page，手册页）命令获得帮助

使用 man 命令可以查看任何命令的联机帮助手册（手册页存放在文件 /usr/share/man 中），通常使用者只要在命令 man 后，输入想要获得帮助的命令的名称，man 就会列出一份完整的说明。例如：查看 kill 命令的使用方法，其操作方法如下：

```
[root@RHEL 8-1~]# man kill
```

典型的 man 手册主要包含以下几个部分说明信息：

- NAME：命令的名字。
- SYNOPSIS：命令总览，简单说明命令的格式。
- DESCRIPTION：描述命令的作用。
- OPTIONS：详细说明各选项、参数的符号表示及作用。
- SEE ALSO：列出可能要查看的其他相关的手册页条目。
- AUTHOR：作者、维护人、最新更新的日期等信息。

学会 man 的使用非常必要，熟练的 Linux 管理员也常常离不开它，遗憾的是，手册中命令使用的例子不多，且都是英文说明。

9.在字符界面下的关机、重启、注销和休眠操作

Linux 系统一旦不再使用系统资源时，需要关闭系统。若采用直接断掉电源的方式来关闭计算机会十分危险，由于 Linux 系统的后台运行着许多进程，所以强制关机可能会导致进程的数

据丢失，使系统处于不稳定的状态，甚至会损坏某些系统的硬件设备。使 Linux 系统进入各种状态的操作命令见表 2-3。

表2-3　　　　　　　字符界面下RHEL 8的重启、关机、挂起、休眠、睡眠和注销操作

命令	功能
systemctl reboot	重启系统
systemctl halt	CPU 停止工作但不关闭电源
systemctl poweroff	退出系统且关闭电源
systemctl suspend	进入挂起 / 待机状态。把当前工作环境保存到内存中（挂起到内存），仅对内存供电，其他设备的供电都将中断，当希望恢复时，就可以直接从内存将数据恢复到待机前的状态
systemctl hibernate	进入休眠状态。把当前工作环境全部转存到硬盘上的一个休眠文件中（挂起到硬盘），然后切断对所有设备的供电。当恢复的时候，系统会从硬盘上将休眠文件的内容直接读入内存，并使系统恢复到休眠前的状态
systemctl hybrid-sleep	进入睡眠 / 混合休眠状态。进入该状态后，系统会将内存中的数据全部转存到硬盘上的休眠文件中（这一点类似休眠），然后关闭除了内存外的所有设备的供电，让内存中的数据依然维持着（这一点类似待机）。当要恢复时，若在睡眠过程中供电未发生过异常，就可直接从内存中的数据恢复到睡眠前的状态（类似待机）；若睡眠过程中供电异常，导致内存中的数据丢失了，还可以从硬盘上恢复到睡眠前的状态（类似休眠）
exit、logout 或【Ctrl+D】组合键	注销系统，即退出系统并回到登录状态

 项目实训2　使用RHEL 8图形与字符界面

【实训目的】

会在 RHEL 8 提供的图形用户界面中，以 Windows 图形界面的操作经验使用 Linux 的图形界面，增强触类旁通的能力；能在字符界面的虚拟终端中进行命令输入和基本的使用。

【实训环境】

一人一台 Windows 10 物理机，1 台 RHEL 8/CentOS 8 虚拟机，rhel-8.4-x86_64-dvd.iso 或 CentOS-8.4.2105-x86_64-dvd1.iso 安装包，虚拟机网卡连接至 VMnet8 虚拟交换机。

【实训拓扑】（图 2-14）

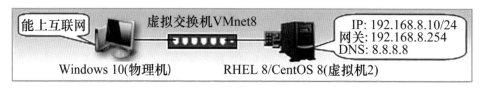

图2-14　实训拓扑图

【实训内容】

1. RHEL 8 下 GNOME 桌面环境的使用

（1）以 root 身份登录 GNOME 桌面环境，添加汉语输入源、智能拼音输入法，并设置切换中、英输入法的快捷键。

（2）按照 Windows 图形界面的操作方法，在 GNOME 环境中完成对文件或目录（文件夹）的选择、打开、更名、复制、移动、删除等操作。

（3）进入电源管理，设置在 3 分钟内用户未触动键盘或鼠标则启动屏幕保护程序以锁定屏幕。

（4）进入系统监视器，查看系统中当前所有的进程、资源的使用和文件系统。

2. RHEL 8 下图形界面与字符界面的切换

（1）在 GNOME 桌面环境中，用按键的方式实现图形界面与字符界面的切换。

（2）用命令的方式实现图形界面与字符界面的切换。

（3）设置 RHEL 8 系统在系统启动时进入图形界面。

（4）设置 RHEL 8 系统在系统启动时进入字符界面。

3. RHEL 8 下字符界面的使用

（1）进入 RHEL 8 的字符界面，按 Atl+F 2 键切换到第二个虚拟终端，用 root 用户登录。

（2）用 man 命令查看 ls 命令的使用手册。

（3）按 Atl+F 3 键切换到第三个虚拟终端，并以自己名字命名的用户身份登录。

（4）通过查看到的 ls 命令的使用手册，使用 ls 命令显示 /etc 目录中扩展名为 .conf 的所有文件。

（5）在字符界面下，使用相关命令完成 RHEL 8 系统的重启和关机。

 项目习作2

一、选择题

1. 以下对 GNOME 桌面环境的描述不正确的是（　　　）。

　　A. 可以在桌面或顶部工具栏中创建应用程序的启动图标

　　B. 一个用户界面友好的桌面环境，能够使用户很容易地使用和配置他们的计算机

　　C. 是一个操作命令

　　D. 桌面背景可使用背景图形，也可使用纯色填充

2. Linux 系统中默认使用的 Shell 程序是（　　　）。

　　A./bin/bash　　　　　　B./bin/sh　　　　　　C./bin/csh　　　　　　D./bin/tcsh

3. 在 Linux 命令行的通用格式中，不属于其组成部分的是（　　　）。

　　A. 命令名　　　　　　B. 选项　　　　　　C. 返回值　　　　　　D. 参数

4. 在 Linux 中，若要在同一行书写多条命令，命令之间应使用符号（　　　）分隔。

　　A.\　　　　　　　　B.;　　　　　　　　C.,　　　　　　　　D. 空格

5. 在 Linux 桌面环境中，若要切换进入字符界面，以下命令中，可实现的是（　　　）。

　　A.systemctl isolate graphical.target　　　　　　B.systemctl reboot

　　C.startx　　　　　　　　　　　　　　　　　　D.systemctl isolate multi-user.target

6. 在字符界面下，若要在各虚拟终端之间进行切换，应使用（　　）+F1 ～ F6 组合键。

　　A.Ctrl　　　　　　　　B.Alt　　　　　　　　C.Shift+Alt　　　　　　　　D.Ctrl+Alt

7. 要关闭 Linux 系统，以下命令中可实现的有（　　）。

　　A.systemctl　poweroff　　　　　　　　B.systemctl　suspend

　　C.systemctl　reboot　　　　　　　　　D.systemctl　halt

8. 如果忘记了 tar 命令的用法，可以采用（　　）命令获得帮助。

　　A. ?　tar　　　　　　B.help　tar　　　　　　C.man　tar　　　　　　D.get　tar

二、简答题

1. GNOME 操作界面和 Windows 操作系统有哪些相同和不同？

2. 什么是虚拟终端？虚拟终端的作用是什么？

3. 简述 RHEL 8 中系统的运行模式有哪几个，它们分别代表的意思是什么？

教学情境 2
系统运行管理

国产操作系统展台

高性能的服务器版操作系统——EulerOS

EulerOS（欧拉操作系统）是华为自主研发、基于稳定 Linux 内核、支持鲲鹏处理器和容器虚拟技术的面向企业级的开源的服务器操作系统。在系统高性能、高可靠、高安全等方面积累了一系列的关键技术，提供了一个稳定安全的基础软件平台。

HarmonyOS 的主要应用场景是智能终端、物联网终端和工业终端，而 EulerOS 的主要应用场景是服务器、边缘计算、云、嵌入式系统。

EulerOS 的开源社区版称为 openEuler，自系统开源以来，已吸引近万名开发者、近百个特别兴趣小组、300 家企业加入社区，汇聚处理器、整机、基础软件、应用软件、行业客户等全产业链伙伴，成为国内最具活力和主流的基础软件生态体系。

国内主流的操作系统厂商均推出基于 EulerOS 的商业发行版，应用于政府、运营商、金融、能源、电力、交通等行业的核心系统。EulerOS 商用已经突破 60 万套，有望在 2022 年实现中国服务器领域新增市场份额第一。

项目3
管理文件和目录

3.1 项目描述

　　文件是用来存储信息的基本单位，它是被命名（称为文件名）的存储在某种介质（如磁盘、光盘等）上的一组信息的集合。在计算机系统中有成千上万的文件，为了便于管理和查找文件，Linux 系统以目录的形式，将不同类型或功能的文件分类储存到不同的目录中。

　　在 Linux 系统的管理与使用过程中，文件和目录是系统管理员打交道最多的对象，对文件和目录的管理是 Linux 系统运行维护的基础工作。本项目的主要任务就是根据 Linux 系统提供的管理文件和目录的命令，实现对目录和文件的具体管理与使用。

3.2 项目知识准备

3.2.1 Linux系统的目录结构

1.Linux系统目录结构的特点

　　不同的操作系统对文件的组织方式各有不同，Linux 系统将所有的文件采取分类、分层级的方式组织在多个不同的目录中，并形成一个层次式的树型目录结构。在整个树型目录结构中，其最顶层有且仅有一个根目录"/"（斜杠），位于根分区，其他的所有文件和目录都是建立在根目录之下的，所有外部设备（软盘、光盘、U 盘等）中的文件，以及除根分区以外的其他所有硬盘分区，都是以根目录为起点，挂接在根目录之下的某个目录中，通过访问挂接点目录，即可实现对这些外部设备或硬盘其他分区的访问，如图 3-1 所示。

Linux 系统的
目录结构

图3-1　Linux文件系统目录层次结构

Windows 对文件的组织也是采用树型结构，但是在 Windows 中这样的树型结构的根是磁盘分区的盘符，有几个分区就有几个树型结构，它们之间的关系是并列的，即 Windows 系统是一种多根的树型目录结构。但是在 Linux 中，无论操作系统管理着多少磁盘和磁盘分区，这样的目录树只有一个，即 Linux 系统是一个单根的树型目录结构。

RHEL 8 在安装过程中会创建一些默认的目录。这些默认的目录都有其特殊的功能，不可随便将其更名，以免造成系统的错误。表 3-1 列出了部分默认目录及其功能说明。

表3-1   **RHEL 8部分默认目录及其功能说明**

目录名称	说明
/	Linux 文件系统的最上层根目录，其他所有目录均是该目录的子目录
/bin	Binary 的缩写，存放普通用户可执行的程序或命令
/boot	存放系统启动时所需的文件，这些文件若损坏常会导致系统无法启动，一般不要改动
/dev	该目录存放了代表硬件设备的特殊文件，主要有：块设备，如硬盘；字符设备，如磁带机和串设备，例如 /dev/hda 表示第一块 IDE 设备
/etc	存放系统的配置文件，可以通过编辑器（如 vim、gedit 等）打开并进行编辑
/home	普通用户存储个人数据和配置文件的家目录
/lib	存放系统本身需要用到 32 位程序的共享函数库（library）
/lib64	存放系统本身需要用到 64 位程序的共享函数库（library）
/media /mnt	各种设备的文件系统挂载点（mount），通常将一些临时手动挂载的文件系统挂载到 /mnt 目录下，自动挂载的文件系统或分区挂载到 /media 目录下。两个挂载点原则上并无区别
/opt	该目录通常提供给较大型的第三方应用程序使用，例如 Sun Staroffice、Corel WordPerfect，这可避免将文件分散至整个文件系统
/proc	存放内核参数、硬件参数等相关信息的文件（用 ps 命令可查看其内容）
/root	管理员用户 root 的家目录
/run	用于存放动态的、不持久的运行程序的数据，如存放进程号的进程文件、自系统启动以来描述系统信息的文件等
/sbin	System Binary 的缩写，存放了管理员用户（root）可执行的程序或命令
/srv	srv 是服务（server）的简写，服务启动之后需要访问的数据目录
/sys	本目录是将内核的一些信息映射文件，以供应用程序所用
/tmp	供临时文件使用的全局可写空间。10 天内未访问、未修改的文件将自动从该目录中删除
/usr	存放用户自定义的相关程序或文件，例如，编辑排版的应用程序 Open Office
/var	Variable（可变的）的缩写，存放动态、经常变化的数据文件（如：日志、邮件、网页文件等）

2.工作目录、用户家目录及路径

用户登录 Linux 系统之后，每时每刻都处在某个目录之中，此目录被称作该用户的工作目录或当前目录。工作目录可以随时改变。工作目录用 "." 表示，其父目录用 ".." 表示。

用户家目录是系统管理员增加用户时建立起来的，每个用户都有自己的家目录，不同用户的家目录一般不相同。用户刚登录系统时，其工作目录便是该用户的家目录，通常与用户的登录名相同（也可以不同）。用户可以通过一个 "~"（波浪符）来引用自己的家目录。

　　用户在对文件（或目录）进行访问时，要给出其所在的位置，从而告诉操作系统去哪里访问。在 Linux 系统中，采用"路径"来表示某个文件（或目录）在目录结构中所处的位置。顾名思义，路径是指从树型目录中的某个目录层次到达某一文件或子目录的一条线路，路径由以"/"为分隔符的多个目录名字符串组成。根据其参照的起始目录的不同，路径可分为绝对路径和相对路径。

　　●绝对路径：是指以根目录"/"为起点来表示系统中某个文件（或目录）位置的方式。例如：如果用绝对路径表示图 3-1 中第 4 层目录中的 bin 目录，应表示为"/usr/local/bin"。因为 Linux 系统中的根目录只有一个，所以不管当前处于哪个目录中，使用绝对路径都可以准确地表示一个文件（或目录）所在的位置。但是，如果路径较长，用户在输入时会比较烦琐。

　　●相对路径：通常是以当前目录为起点，表示系统中某个文件（或目录）在目录结构中的位置的方式。若当前工作目录是"/usr"，则用相对路径表示图 3-1 中第 4 层目录中的 bin 目录，应为"local/bin"或"./local/bin"，其中"./"表示当前目录，通常可以省略。

3.2.2　Linux 的文件类型

　　Linux 系统中，不仅信息数据的组合是文件，而且所有设备也是文件，甚至数据通信的接口也被视为文件，因此，Linux 文件种类较多，主要类型见表 3-2。

Linux 系统的
文件类型

表3-2　　　　　　　　　　　　　**Linux的文件类型及其说明**

文件类型	说明
普通文件	用于存放数据、程序等信息的文件。一般都长期地存放在外存储器（磁盘、光盘等）中，普通文件又分为文本文件和二进制文件
目录文件	简称为目录，是由文件系统中一个目录所包含的目录项组成的文件。目录文件只允许系统进行修改，用户进程可以读取目录文件，但不能直接对其进行修改。设置目录的主要目的是用于管理和组织系统中的大量文件，目录中存储了一组与文件的位置、大小等有关的信息
设备文件	用于与 I/O 设备提供连接的一种文件，分为字符设备文件和块设备文件。块设备是支持以"块"为单位进行随机访问的设备（如磁盘、光盘等）。字符设备是支持以字符为单位进行线性访问的串行端口接收设备（如键盘、鼠标等）。Linux 把对设备的 I/O 当作普通文件的读取 / 写入操作，内核提供了对设备处理和对文件处理的统一接口。每一种 I/O 设备对应一个设备文件，存放在 /dev/ 目录中
链接文件	是指向另一个文件（源文件）的文件，用于不同目录下文件的共享和内容的同步。在链接文件中不是通过文件名实现文件共享，是通过链接文件中包含的指向文件的链接（地址）来实现对文件的访问。根据链接方式的不同，链接文件分为硬链接和软链接（符号链接）两种
管道文件	主要用于在进程间传递数据。管道是进程间传递数据的"媒介"，某进程数据写入管道的一端，另一个进程从管道另一端读取数据。Linux 对管道的操作与对文件的操作相同，它把管道作为文件进行处理，管道文件又称先进先出（FIFO）文件
套接字文件	套接字（socket）文件通常用于网络数据连接

　　提示：Linux 系统中的文件或目录没有像 Windows 系统那样的隐藏属性，文件或目录要实现隐藏，在命名时只要以"."开头即可。对于隐藏文件或目录，必须使用带"-a"选项的 ls 命令才能查看。

任务 3-1 使用目录操作命令

1. 查看当前的工作目录（print working directory）——pwd命令

pwd 命令可以显示当前工作目录的完整路径名。其操作方法如下：

```
[root@RHEL 8-1~]# pwd
/root                    // 当前目录是 /root
```

2. 改变工作目录（change directory）——cd命令

cd 命令用来在不同的目录间进行切换。用户在登录系统后，会处于用户家目录中，该目录一般以 /home 开始，后跟用户名（如：root 用户家目录为 /root）。若用户想切换到其他的目录中，则可用 cd 命令，后跟想要切换的目录名或路径名，常用的使用方法如下：

```
[root@RHEL 8-1~]# cd  /usr/local/lib        // 改变目录到 /usr/local/lib 目录下
[root@RHEL 8-1 lib]# cd  ..                  // 进入当前目录的父目录
[root@RHEL 8-1 local]# cd  ../src            // 进入当前目录的父目录下的 src 子目录
[root@RHEL 8-1 src]# cd  -                   // 返回上一次所在的目录
[root@RHEL 8-1 local]# cd  ~student          // 进入名为 student 用户的家目录
[root@RHEL 8-1 student]# cd  ~               // 进入当前登录用户 root 的家目录
[root@RHEL 8-1~]# cd  桌面                   // 进入当前目录下的 "桌面" 子目录
[root@RHEL 8-1 桌面 ]# cd                     // 进入当前登录用户的家目录
[root@RHEL 8-1~]#
```

3. 列表（list）显示目录内容——ls命令

ls 命令用来显示指定目录中的文件或子目录相关属性信息，当不指定目录或文件时，将显示当前工作目录中的文件和子目录信息。该命令的一般格式为：

ls [选项] [目录1| 文件 1] [目录2| 文件 2]…

ls 命令所使用的选项很多，常用选项有：

-a——显示所有子目录和文件的信息，包括名称以 "." 开头的隐藏目录和隐藏文件。

-A——与 -a 选项的作用类似，但不显示表示当前目录的 "." 和表示父目录的 ".."。

-c——按文件的修改时间排序后，予以显示。

-d——显示指定目录本身的信息，而不显示目录下的各个文件和子目录的信息。

-h——以 K、M 或 G 为单位显示目录或文件的大小，默认单位为字节 B。此选项需要和 -l 选项结合使用才能体现出效果。

-l——以长格式显示文件和目录的详细信息，ls 命令默认只显示名称的短格式。

-R——以递归的方式显示指定目录及其子目录中的所有内容。

ls 命令的操作举例如下：

```
[root@RHEL 8-1~]# ls                         // 列出当前目录下的文件及子目录
```

```
[root@RHEL 8-1~]# ls -a        // 列出包括以 "." 开始的隐藏文件在内的所有文件
[root@RHEL 8-1~]# ls -hl       // 以 K、M 或 G 为单位显示文件和目录的大小
[root@RHEL 8-1~]# ls -l        // 列出当前目录下文件的权限、所有者、文件大小、修改时间及名称
[root@RHEL 8-1~]# ls -R        // 列出当前目录及其所有子目录的文件名
```

在 ls 命令中还可以使用通配符 "*" "?"，这样可以使用户很方便地查看特定形式的文件和目录。命令 "ls -l" 可以缩写为 "ll"。

4.创建目录（make directory）——mkdir命令

mkdir 命令用于创建一个或多个目录，目录可以是绝对路径，也可以是相对路径。该命令的一般格式为：

mkdir [选项] 目录 1 [目录 2] ...

mkdir 命令的常用选项有：

-p——在创建目录时，如果父目录不存在，则同时创建该目录及该目录的父目录。

mkdir 命令的操作举例如下：

```
[root@RHEL 8-1~]# mkdir dir1          // 在当前目录下建立 dir1 目录
[root@RHEL 8-1~]# mkdir -p dir2/bak   // 在 dir2 目录下建立 bak 目录，若 dir2 目录不存在，
                                      // 则同时建立 dir2 目录
```

5.统计并显示目录或文件的空间占用量——du命令

du 命令用来报告指定目录中各级子目录或文件已使用的磁盘空间的总量。该命令的一般格式为：

du [选项] [目录 1] [目录 2] ...

若缺省目录，则表示当前目录。

du 命令的常用选项有：

-a——显示对涉及的所有文件的统计，而不只是包含子目录。

-s——对每个指定的目录只显示总和，而不显示其各级子目录的大小。

-h——以 K、M 或 G 为单位显示目录或文件空间占用情况，以提高信息的可读性。

du 命令的操作举例如下：

```
[root@RHEL 8-1~]# du -sh /boot        // 统计 /boot 目录中所有文件占用空间数
186 M   /boot
```

任务 3-2　使用文件操作命令

1.新建空文件或更新已有文件或目录的修改日期——touch命令

touch 命令的一般格式为：

touch [选项] 文件或目录列表

touch 命令的功能：若指定的文件或目录已存在，则将文件或目录的日期和时间修改为指定

的日期时间或当前系统的日期时间（包括存取时间和修改时间）；若指定的文件不存在，则以指定的名称创建空文件。

touch 命令的常用选项有：

-d yyyymmdd——把文件的存取或修改时间改为 yyyy 年 mm 月 dd 日。

-a——只把文件的存取时间改为当前时间。

-m——只把文件的修改时间改为当前时间。

touch 命令的操作举例如下：

```
[root@RHEL 8-1~]#touch  f1  f2  f3              // 在当前目录下依次创建三个空文件
[root@RHEL 8-1~]#touch  -d  20230604  f1       //f1 文件的存取或修改时间改为 2023 年 6 月 4 日
```

2. 复制（copy）文件或目录——cp命令

cp 命令用于将文件或目录（源）重建一份并保存为新的文件或目录（目标）。该命令的一般格式为：

cp [选项] 源文件或目录 目标文件或目录

cp 命令的常用选项有：

-f——覆盖目标同名文件或目录时不进行提醒，而直接强制执行复制。

-i——覆盖目标同名文件或目录时提醒用户确认。

-p——复制的目标文件或目录，保持与源文件或目录相同的权限、属主等属性不变。

-r——复制目录时必须使用该选项，以实现将源目录下的文件和子目录一并复制。

-u——只有当源文件的创建日期晚于目标文件时才会覆盖。

cp 命令的操作举例如下：

```
[root@RHEL 8-1~]# cp /etc/hosts  ~/f1          // 将 /etc/hosts 文件复制到用户家目录并更名为 f1
[root@RHEL 8-1~]# cp -r /etc/java/  dir2/bak   // 将 /etc/java 目录（包含文件及子目录）复制到当前
                                               // 目录的 dir2/bak 目录下
```

3. 移动（move）文件或目录——mv命令

mv 命令具有对文件或目录实现"移动"和"更名"双重作用。其命令的一般格式为：

mv [选项] 源文件或目录 目标文件或目录

mv 命令的选项与 cp 命令的选项类似，特有的选项有：

-b——移动后的源文件或目录不删除，效果相当于复制。

（1）移动文件或目录

若源文件或目录与目标文件或目录的位置不同，则移动目录或文件。

```
[root@RHEL 8-1~]# mv f1  dir1      // 将当前目录下的 f1 文件移到当前目录下的 dir1 子目录下
```

（2）更改文件或目录的名称

若源文件或目录与目标文件或目录的位置相同，则更改文件或目录的名称。

```
[root@RHEL 8-1~]# mv f2  f2.txt            // 将当前目录下的 f2 文件更名为 f2.txt
```

4. 删除（remove）文件或目录——rm 命令

rm 命令用于删除指定的文件或目录。该命令的一般格式为：

rm [选项] 文件 1 或目录 1 [文件 2 或目录 2] …

rm 命令的常用选项有：

-f——删除文件或目录时不进行提醒，而直接强制删除。

-i——用于交互式删除文件或目录，即在删除每一个文件或目录时需要用户确认。

-r——用于删除目录。

rm 命令的操作举例如下：

```
[root@RHEL 8-1~]# rm -ir dir2/bak      // 删除当前目录下的 dir2/bak 子目录，包含其下的所有
rm: 是否进入目录 "dir2/bak"? y          // 文件和子目录，并且提示用户确认
rm: 是否进入目录 "dir2/bak/java"? y
……
```

5. 为文件或目录建立链接（link）——ln 命令

为了方便用户使用和系统调用，有时需要将内容相同的文件或目录放在不同的地方，这虽然可通过 cp 命令来实现，但势必导致重复占用磁盘空间，并且修改其中一处的内容后，其他地方的相同文件不会自动同步改变，从而导致文件的不一致。为了避免出现以上的弊端，可通过 ln 命令为文件或目录建立链接来获得圆满解决。

ln 命令的一般格式为：

ln [选项] 源文件或目录 [目标链接文件或目录]

ln 命令的常用选项有：

-s——建立符号链接（软链接），不加该选项时建立的链接为硬链接。

-f——若建立的目标文件或目录已存在，则先强行删除后再建立。

-i——若建立的目标文件或目录已存在，则以交互方式提示用户是否覆盖。

文件或目录之间的链接关系有两种：硬链接、符号链接（软链接），二者的比较见表 3-3。

表3-3 　　　　　　　　　　　硬链接与符号链接（软链接）的比较

比较	硬链接	符号链接（软链接）
不同点	使用不带选项 -s 的 ln 命令创建	使用带选项 -s 的 ln 命令创建
	只能在与源文件相同的文件系统、分区和挂载设备上创建	可跨越不同的文件系统、分区和挂载设备创建
	只能针对文件创建硬链接，不能针对目录	针对文件和目录均可建立软链接
	具有硬链接关系的两个文件名指向的是硬盘上的同一块存储空间	一个文件（或目录）指向另外一个文件（或目录）的文件名（或目录名），类似于 Windows 系统中的快捷方式
	删除硬链接的任何一方后，另一方仍然有效	删除源文件或目录后，软链接文件或目录无效

续表

比较	硬链接	符号链接（软链接）
相同点	对任何一方的内容进行修改都会影响到另一方	
	链接文件都不会将源文件复制一份，只会占用非常少量的用于存储链接信息的存储空间	

使用 ln 命令建立硬链接和符号链接的操作举例如下：

```
[root@RHEL 8-1~]# echo 'This is file!'>f3          // 向当前目录下的 f3 文件写入内容
[root@RHEL 8-1~]# ln  f3  /tmp/test1               // 在 /tmp 目录下创建 f3 的硬链接文件 test1
[root@RHEL 8-1~]# ln  -s  f3  /tmp/test2           // 在 /tmp 目录下创建 f3 的符号链接文件 test2
[root@RHEL 8-1~]# ll  f3  /tmp/test1  /tmp/test2
-rw-r--r--. 2 root root 14 9 月  29 16:33 f3
-rw-r--r--. 2 root root 14 9 月  29 16:33 /tmp/test1
lrwxrwxrwx. 1 root root  2 9 月  29 16:34 /tmp/test2 -> f3
```

6.查找文件或目录——find命令

find 命令是功能强大的文件和目录查找命令。该命令的一般格式为：

find [查找路径] [查找条件表达式]

"查找路径"可以有多个，路径之间以空格隔开。查找时会递归到子目录。

"查找条件表达式"主要有以下几种基本形式：

-name 文件名——查找指定名称的文件。文件名中可使用"*""?"通配符，使用通配符时务必将查找的文件名用引号括起，以防止终端对通配符进行解译。若搜索的文件名不区分大小写则使用"-iname 文件名"。

-user 用户名——查找属于指定用户（所有者用户）的文件或目录。

-group 组名——查找属于指定组的文件。

-type 文件类型符——查找指定类型的文件。文件类型符有：f（普通文件）、d（目录）、b（块设备文件）、c（字符设备文件）、l（符号链接文件）、p（管道文件）、s（套接字文件）等。

-size [+|-]n[k|M|G]——根据文件的大小查找文件。其中"n"是文件的大小；"+n"表示查找大小大于 n 的文件；"-n"表示查找大小小于 n 的文件；k、M、G 分别表示文件大小单位中的千字节、兆字节和千兆字节。

-perm 权限值——根据文件的权限查找文件。其中"权限值"是以八进制的形式表示的访问权限（文件权限的有关概念和表示方法请参见项目 4 中的介绍）。

-exec 命令 {} \;——对满足匹配条件的文件执行指定的命令。

需要同时使用多个查找条件时，各条件表达式之间可以使用逻辑运算符"-a"（该项为默认值）、"-o"，分别表示而且（and）、或者（or）。另外，"-not"或"!"表示条件取反。

find 命令的操作举例如下：

在 /etc/ 目录下查找文件名以".conf"结尾的文件：

```
[root@RHEL 8-1~]# find  /etc  -name  "*.conf"
```

在 / 目录下查找名称为 bin 的所有目录：

[root@RHEL 8-1~]# **find / -type d -a -name bin**

在计算机上查找由 root 用户和 mail 组拥有的文件：

[root@RHEL 8-1~]# **find / -user root -a -group mail**

在 /boot 目录中查找大小超过 2 MB 且文件名以 "vm" 开头的文件：

[root@RHEL 8-1~]# **find /boot -size +2M -a -name "vm*"**

在 /usr 目录下查找权限是 700 的普通文件并以长格式显示：

[root@RHEL 8-1~]# **find /usr -type f -a -perm 700 -a -exec ls -l {} \;**

任务 3-3　使用文件内容操作命令

1. 显示文件内容——cat命令

cat 命令主要用于滚屏显示文件内容，其一般格式为：

cat [选项] 文件名列表

cat 命令的常用选项有：
-n——对输出内容中的所有行标注行号。
-b——对输出内容中的非空行标注行号。
cat 命令通常用于查看内容不多的文本文件，长文件会因滚动而无法阅读前面的内容。

[root@RHEL 8-1~]# **cat /etc/os-release**　　// 显示 /etc/os-release 文件的内容 (系统的发行版本)
[root@RHEL 8-1~]# **cat /proc/filesystems**// 查看本系统所能支持的文件系统类型

2. 分页查看文件内容——more和less命令

对于内容较多的文件适合使用 more 或 less 命令查看，其命令的一般格式为：

more|less [选项] 文件名

常用选项有：
- 数字——仅适用于 more 命令，用来指定分页显示时每页的行数。
+num——指定从文件的第 num 行开始显示。
-c——显示下一屏之前先清屏。
-N——仅适用于 less 命令，其作用是在每行前添加输出行号。
more 命令的操作举例如下：

[root@RHEL 8-1~]#**more /etc/idmapd.conf**　　　// 以分页方式显示 /etc/idmapd.conf 文件的内容

执行 more 命令后，进入 more 状态，按【Enter】键可以向后移动一行；按【Space】键可以向后移动一页；按【Q】键退出 more 命令。
less 的用法与 more 基本相同，但比 more 命令的功能强大。more 只能向下滚动，而 less 可以向下、向上滚动，对于宽文档还支持水平移动。执行 less 后，进入 less 状态，按【Enter】键向下移动一行，按【Space】键向下移动一页，按【B】键向上移动一页；也可以用上、下、左、右光标键进行移动，按【Q】键退出 less 命令。

less 还支持在查看的文本文件中进行快速查找，其方法是：先按斜杠【/】键，再输入要查找的单词或字符，按【Enter】键后，less 会在文本文件中进行快速查找，并把找到的第一个单词或字符高亮显示。若要继续查找，就再次按【/】键，再按【Enter】键即可。

　　提示：在 cat、more 和 less 命令中，可同时指定多个文件（文件名之间用空格符分隔）或使用通配符，以实现一条命令查看多个文件的内容。

3.查看文件开头或末尾的部分内容——head和tail命令

head 与 tail 是一对显示位置相反的命令，前者用于显示文件开头的部分行，后者则显示文件末尾的部分行。二者的一般格式为：

head|tail [选项] 文件名

常用选项有：

-num——指定需要显示文件多少行的内容，若不指定，默认只显示 10 行。

-f——当文件还在增长时，使 tail 不停地输出后续添加的数据，这样达到实时监视的效果。

head 命令和 tail 命令的操作举例如下：

```
[root@RHEL 8-1~]# head  /etc/idmapd.conf          // 显示文件的前 10 行内容
[root@RHEL 8-1~]# tail  -20  /etc/passwd          // 显示文件的后 20 行内容
```

tail 命令更多的用于查看系统日志文件，以便于观察重要的系统消息，特别是结合使用 -f 选项，tail 会自动实时地把打开文件中的新消息显示到屏幕上，从而跟踪日志文件末尾的内容变化，直至按【Ctrl+C】键终止显示和跟踪。

```
[root@RHEL 8-1~]# tail  -f  /var/log/messages
```

4.检索、过滤文件内容——grep命令

grep 命令用于在指定文件中查找并显示包含指定字符串的行。该命令的一般格式为：

grep [选项] 要查找的字符串或条件表达式 被查找的文件名

grep 命令的常用选项有：

-i——查找内容时不区分大小写。

-v——反转查找，即输出与查找条件不相符的行。

在 grep 命令中，可以直接指定关键字串作为查找条件，也可以使用复杂的条件表达式，例如：字符 "^" 表示行的开始；字符 "$" 表示行的结尾；如果查找的字符串中带有空格，可以用单引号或双引号括起来。又如："^read" 表示以 read 开始；"read$" 表示以 read 结束；"^$" 表示空行。

grep 命令的操作举例如下：

```
[root@RHEL 8-1~]# grep  ftp  /etc/passwd        // 在文件 passwd 中查找包含 "ftp" 的行
[root@RHEL 8-1~]# grep  "^ftp$"  /etc/passwd    // 在文件 passwd 中搜索只含 "ftp" 三个字符的行
```

提示：grep 和 find 命令的差别在于 grep 是在文件的内容中搜索满足条件的行，而 find 是在指定目录下根据文件的名称、大小、属主、类型等信息查找满足指定条件的文件。

任务 3-4　使用文件打包与解包命令

将一组文件及目录汇集并备份生成一个文件的过程称为文件打包，文件压缩是将多个文件及目录按照某种存储格式保存到一个文件中，并且所占磁盘存储空间比其中所有文件总和要少。文件打包和压缩有利于文件的管理和网络传输。tar 命令是 Linux 系统中兼顾文件打包、解包、压缩和解压缩的最流行的工具，其一般格式为：

tar [选项] [被打包的文件或目录列表]

tar 命令的常用选项有：

c——创建一个包文件。

v——显示打包或解包的过程。

f 包文件名——指定被打包或被解包的包文件名。

p——打包时保留文件及目录的权限。

z——以 gzip 格式压缩或解压缩文件。使用最广泛的压缩方式。

j——以 bzip2 格式压缩或解压缩文件。bzip2 的压缩率通常比 gzip 高。

J——使用 xz 格式压缩或解压缩文件。xz 的压缩率通常比 bzip2 高。

t——列出包文件中的内容清单。

x——释放（或提取）包文件。

-C 目标文件夹——将包文件的内容释放到指定的目标文件夹中。

根据所选选项的不同，tar 命令有以下四种使用方式：

1.创建非压缩的包文件

创建非压缩的包文件的格式为：

tar cvf 包文件名 被打包的文件名或目录名列表

功能：将指定的一个或多个文件或目录备份生成为一个指定的包文件。

创建包文件的操作举例如下：

```
[root@RHEL 8-1~]# touch f1 f2 f3
[root@RHEL 8-1~]# tar cf my_file.tar f1 f2 f3        // 将 f1、f2 和 f3 打包为 my_file.tar 包文件
[root@RHEL 8-1~]# tar cvf /root/my_etc.tar /etc      // 创建 /etc 目录的包文件并显示打包过程
```

提示：执行 tar 命令的用户必须有读取被打包的文件才能完成打包任务。如，要对 /etc 目录及其所有内容建立打包文件，就需要 root 用户（特权用户）执行打包命令，因为只有 root 用户才可读取 /etc 目录中的所有文件，非特权用户可以创建 /etc 目录的打包文件，但该包文件中将不包含用户没有读取权限的文件和没有读取及执行权限的子目录。

2. 创建带压缩的包文件

为节省存储空间，通常需要生成带压缩效果的包文件，tar 命令支持 gzip、bzip2 和 xz 三种不同的压缩方式。其命令格式为：

tar [z|j|J]cf 包文件名 被打包的文件或目录名列表

例如：为 /etc 目录依次创建 gzip 格式、bzip2 格式和 xz 格式的压缩包文件，并以长格式显示所有为 /etc 目录创建的包文件，通过查看包文件大小以比较压缩率的大小。

```
[root@RHEL 8-1~]# tar czf /root/my_etc.tar.gz /etc
[root@RHEL 8-1~]# tar cjf /root/my_etc.tar.bz2 /etc
[root@RHEL 8-1~]# tar cJf /root/my_etc.tar.xz /etc
[root@RHEL 8-1~]# ls -lh /root/my_etc*.*
-rw-r--r--. 1 root root  28M      9 月 29 17:06 /root/my_etc.tar
-rw-r--r--. 1 root root  5.4M     9 月 29 17:09 /root/my_etc.tar.bz2
-rw-r--r--. 1 root root  7.0M     9 月 29 17:08 /root/my_etc.tar.gz
-rw-r--r--. 1 root root  4.7M     9 月 29 17:09 /root/my_etc.tar.xz
```

3. 列出包文件中的文件列表

有时需要查看包文件中归集了哪些文件，此时可使用带 t 选项的 tar 命令来实现。列出包文件中的内容清单的命令格式为：

tar t[v]f 包文件名

如：查看包文件 my_file.tar 中内容清单的操作命令如下：

```
[root@RHEL 8-1~]# tar tf /root/my_file.tar
f1
f2
f3
```

若要查看包文件中每个文件的详细信息，可增加使用 v 选项，其操作命令如下：

```
[root@RHEL 8-1~]# tar tvf /root/my_file.tar
-rw-r--r-- root/root        0 2021-09-29 17:13 f1
-rw-r--r-- root/root        0 2021-09-29 17:13 f2
-rw-r--r-- root/root       14 2021-09-29 17:13 f3
```

4. 释放包文件到指定目录

释放包文件就是将包文件中的内容恢复到打包前的状态，其命令格式为：

tar x[z|j|J][v]f 包文件名 [-C 目标文件夹]

如：将 /root/my_etc.tar.gz 包文件释放到 /tmp/etcbakup 目录的操作命令如下：

```
[root@RHEL 8-1~]#mkdir /tmp/etcbakup
```

[root@RHEL 8-1~]#**tar xf /root/my_etc.tar.gz -C /tmp/etcbakup**

提示：在释放带压缩的包文件时，可以省略在创建压缩包文件时使用的同一压缩选项，因为 tar 命令可以自动判断使用的压缩方式。

任务 3-5　使用输入／输出重定向与管道

1.重定向操作符——">"">""<""<<"

在 Linux 系统中，默认的输入、输出设备分别是键盘和屏幕，利用重定向操作符可以重新定义命令涉及的默认的输入和输出设备对象，即重定向操作符可以将命令输入和输出数据流从默认设备重定向到其他位置。重定向操作符本身不是一条命令，而是命令中附加的可改变命令的输入和输出对象的特殊符号，其中">"">"称为输出重定向操作符，"<""<<"称为输入重定向操作符。重定向操作符的使用形式见表 3-4。

表3-4　　　　　　　　　　　　　　重定向操作符的使用形式

使用形式	功能
命令 > 文件 或者：命令 1> 文件	将命令执行后的输出信息不在默认的屏幕上显示，而是以覆盖的方式写到指定的文件中，若指定的文件不存在，则自动创建该文件
命令 2> 文件	将命令执行后所产生的错误信息不在默认的屏幕上显示，而是以覆盖的方式写到指定的文件中，若指定的文件不存在，则自动创建该文件
命令 &> 文件	将命令执行后的输出信息和错误信息不在默认的屏幕上显示，而是以覆盖的方式写到指定文件中，若指定的文件不存在，则自动创建该文件
命令 2>/dev/null	将命令执行后所产生的错误信息不在默认的屏幕上显示，而是写到空（null）设备文件中，即将输出的错误信息丢弃掉
命令 >> 文件	将命令执行后的输出信息以追加的方式写到指定的文件中
命令 < 文件	使命令从原本通过键盘获取的数据改为从指定的文件中读取数据
命令 <<结束标识字符串	读取命令行输入，直到遇到输入行为指定的结束标识字符串

（1）>、>> 输出重定向符
命令的输出结果在未使用和使用输出重定向操作符的对比情况如下：

[root@RHEL 8-1~]# **echo 'this is web'**　　　　// 将字符串 'this is web' 显示在屏幕上
this is web
[root@RHEL 8-1~]# **echo 'this is web' >f1**　　// 将 'this is web' 写入 f1 文件
[root@RHEL 8-1~]# **echo 'this is ftp' >f2**　　// 将 'this is ftp' 写入 f2 文件

利用输出重定向操作符可合并多个文件内容，其操作命令如下：

[root@RHEL 8-1~]# **cat f1 f2 >>f12**　　　　　// 将 f1 和 f2 文件内容合并到 f12

利用输出重定向操作符，可以将命令的正确的输出信息和错误的输出信息分别存放到不同的文件，也可以存放到同一个文件。

```
[root@RHEL 8-1~]# cat f1 f2 f3
this is web
this is ftp
[root@RHEL 8-1~]# cat f1 f2 f3 >f4 2>f5      // 将正确的显示信息写入 f4，错误信息写入 f5
[root@RHEL 8-1~]# cat f4
this is web
this is ftp
[root@RHEL 8-1~]# cat f5
cat: f3: 没有那个文件或目录
[root@RHEL 8-1~]# cat f1 f2 f3 &>f123        // 将正确的和错误的显示信息写入 f123 文件中
[root@RHEL 8-1~]# cat f123
this is web
this is ftp
cat: f3: 没有那个文件或目录
```

（2）<、<< 输入重定向符

在 Linux 中，有些命令在执行过程中需要通过键盘输入特定信息后才能完成执行，如：简易计算器命令 bc，通过该命令可以完成一些简单算式的计算，其使用过程如下：

```
[root@RHEL 8-1~]# bc -q      // 启动简易计算器命令 bc，其中参数 q 表示不显示欢迎信息
3*4+10                       // 从键盘输入要计算的算式并按【Enter】键
22                           // 系统自动显示算式"3*4+10"的计算结果
quit                         // 从键盘输入退出 bc 命令
```

通过输入重定向操作符，可以让 bc 命令从键盘以外的文件输入，即可以将要计算的算式先写入文件中，然后将文件作为 bc 命令的输入，从而完成对文件中算式的计算，其操作过程如下：

```
[root@RHEL 8-1~]# echo 3*4+10 >f4   // 将要计算的算式"3*4+10"写入 f4 文件中
[root@RHEL 8-1~]# bc <f4
22
```

2. 管道操作符——"|"

管道是由符号"|"隔开的若干命令组成的序列。管道操作符"|"的作用就是将前一个命令的输出通过一个无形的"管道"作为下一个命令的输入，即实现将前一个命令的输出的数据结果作为后一个命令所需要的数据源参数。

管道符的使用场合非常多也很灵活，比如：当输出内容较多时，为便于浏览，可将输出内容通过管道操作符传递给 more 命令来分页查看，也可传递给 grep 命令实现对指定对象的查看。

```
[root@RHEL 8-1~]# ls -al |more
[root@RHEL 8-1~]# ls -al /etc |grep ftp
```

提示：在管道操作符后面的命令中，不能再出现文件名；在管道中只有标准输出才能传递给下一个命令，而标准错误输出会直接在终端显示；有些命令是不直接支持管道技术的（如

ls 命令不能直接出现在管道操作符的后面），为此，可以通过 xargs 命令让不支持管道的命令能够使用管道。如：which cat | xargs ls -l。

任务 3-6 使用 vim 文本编辑器

Linux 系统中提供了多种文本编辑器，图形界面下有 gedit、kwrite 等，字符界面下有 vi、vim 和 nano 等。vi 是 "visual interface"（可视化界面）的缩写，vim 是 vi IMproved（增强版的 vi），它是 Linux 系统中最常用的全屏幕编辑器。通过使用 vim 编辑器，可以对文本文件进行创建、查找、替换、删除、块操作、复制和粘贴等操作，而且可以根据用户的需要对其进行定制。vim 没有提供鼠标操作和菜单操作，而是通过按键命令实现相应的编辑功能和操作功能，其使用的步骤和方法如下：

使用 vim 编辑器

步骤 1：启动 vim

根据不同目的，在命令终端窗口启动 vim 的方式有以下 3 种，见表 3-5。

表3-5 **vim文本编辑器启动方式**

命令	描述
vim	打开 vim 空白面板。不使用文件名作参数，在退出时，系统提示保存编辑内容
vim 文件名	以编辑模式打开文件。如参数为已有文件名时，在 vim 中打开该文件；如新文件名作参数时，在 vim 退出时，系统提示保存编辑内容
vim -r 文件名	以只读方式打开指定的文件

启动 vim 编辑器打开 /etc 目录下的 hosts 文件的操作命令如下：

[root@RHEL 8-1~]# **vim /etc/hosts**

文件被打开后，可以看到 /etc/hosts 文件的内容，如图 3-2 所示。

图3-2 利用vim编辑器打开hosts文件

当 vim 启动后，即进入了 vim 的命令模式。在该模式下，所输入的任何内容，甚至单个字符，都被解释成执行管理任务的命令，而非文件内容的字面符号。用户要输入文本内容，必须进入编辑模式。

步骤 2：切换 vim 的工作模式

vim 的工作模式有命令模式、编辑模式与末行模式三种，在不同的模式下对文件完成的操作也不相同。

●命令模式：启动 vim 后默认进入命令模式，该模式中主要完成光标移动、字符串查找、工作模式的切换，以及对文件内容的删除、复制、粘贴等操作。

●编辑模式：该模式中主要完成文件内容的录入、修改和添加等编辑操作。处于编辑模式时，在屏幕的左下方会出现 "—INSERT—" 的状态提示字样。

●末行模式：在该模式下，可以设置 vim 的编辑环境（如显示行号）、保存文件、查找与替换文件内的字符、退出 vim 等操作。处于末行模式时，屏幕的最后一行会出现冒号 ":" 提示符。

命令模式、编辑模式和末行模式间的切换可通过不同按键操作来实现，如图 3-3 所示。

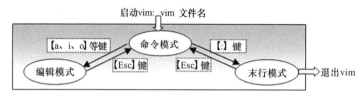

图3-3　vim三种模式的切换方法

例如：无论用户当前是处在什么模式下，只需要按【Esc】键即可进入命令模式。进入编辑模式的方法则很多，可以在命令模式下按【i】、【a】或【o】等键进入。

命令模式下的基本编辑命令见表 3-6。

表3-6　　　　　　　　　　　命令模式下的基本编辑命令

类型	命令	功能描述
进入编辑模式	i	在当前光标位置处插入文本
	I	在当前行的开始处插入文本
	a	在当前光标位置之后插入文本
	A	在当前行的结尾处插入文本
	o	在当前光标位置的下一行插入一个新行，并将光标移至下一行行首
	O	在当前光标所在行插入一个新行，并将原光标所在行移至下一行
光标移动	k、j、h、l	光标向下、上、左、右四个方向移动
	↑、↓、←、→	光标向下、上、左、右四个方向移动
	Home 键 /End 键	光标移到行首 / 行尾
	1G/G 或 gg	光标移到文件内容的第 1 行 / 最后一行
撤销编辑	u	按一次取消最近的一次操作，多次按【u】键，恢复已进行的多步操作
	U	用于取消对当前行所做的所有编辑

步骤 3：编辑文件

在命令模式下按【i】键进入编辑模式，然后按图 3-4 所示内容在 /etc/hosts 文件中添加两行信息。

图3-4　输入、编辑文件内容

在编辑过程中，经常要切换到命令模式下对文件内容进行编辑，以提高编辑的效率。表 3-7

列出了在命令模式下的快速编辑命令。

表3-7   命令模式下的快速编辑命令

类别	命令	功能描述	
删除	x 或【Delete】键	删除光标所在位置的字符	
	d^	删除当前光标之前到行首的所有字符	
	d$	从光标位置开始删除，一直到当前行结束	
	dd	删除光标所在的行	
	#dd	删除从光标处开始的 # 行内容，如 3dd 从当前行开始向下删除三行	
复制	yy	复制当前行整行的内容到剪贴板	
	#yy	复制从光标处开始的 # 行内容，如 5yy 就是复制 5 行	
粘贴	p	将复制的文本插入光标位置的后面	
	P	将复制的文本插入光标位置的前面	
字符串查找	/ 字符串【Enter】键	向后查找指定的字符串	按 n 键定位到下一个匹配的被查找字符串
	? 字符串【Enter】键	向前查找指定的字符串	按 N 键定位到上一个匹配的被查找字符串

步骤 4：保存文件

在使用 vim 完成文件编辑后，按下【Esc】键切换到命令模式→按下【Shift+:】组合键切换到末行模式→输入相应命令，完成相关保存或放弃保存等操作，以便安全退出 vim。表 3-8 列出了在末行模式下的常用命令。

表3-8   末行模式下的常用命令

命令	功能描述
: set nu	在编辑器中显示行号。若要取消编辑器中的行号显示，可用 ": set nonu"
: r 文件名	读取其他指定文件的内容，并插入当前光标所在行的下面
: q	退出 vim。如果对文件进行了修改，vim 不能退出，返回编辑模式
: q!	放弃对文件内容的修改，并强行退出 vim
: w	保存当前文件（如果当前用户对该文件没有写入权限，保存会失败）
: wq 或 : x	保存文件并退出 vim
: w 文件名	将当前编辑的文件另存为其他文件。若用户启动 vim 时未使用文件名作为参数，则必须使用该命令，否则会丢失已做的修改

 项目实训3   管理Linux文件和目录

【实训目的】

在 Linux 字符界面环境中，会使用对文件和目录进行操作和管理的常用命令；能熟练使用 vim 编辑器编辑文本文件。

【实训环境】

一人一台 Windows 10 物理机，1 台 RHEL 8/CentOS 8 虚拟机，虚拟机网卡连接至 VMnet 8 虚拟交换机。

【实训拓扑】（图3-5）

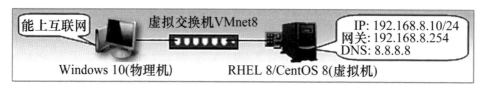

图3-5　实训示意图

【实训内容】

1.利用root用户登录系统，进入字符终端模式，按照如下要求完成对文件和目录的操作：

（1）使用 pwd 命令查看当前工作目录。

（2）使用 cd 命令进入 /usr 目录。

（3）使用 mkdir 命令，在 /usr 目录中建立 test 子目录。

（4）使用 cp 命令将 /usr/test 目录复制生成名称为 /usr/testbak 目录。

（5）使用 touch 命令在 /usr/test 子目录中建立 file1 文件。

（6）使用 cp 命令将 file1 文件复制到 /usr/testbak 目录中并更名为 f1.txt。

（7）使用 mv 命令将 /usr/test 子目录中的 file1 文件转移到 /usr/testbak 目录中。

（8）使用 rm 命令删除 /usr/testbak 子目录中的 f1.txt 文件。

（9）使用重定向操作符将命令"ls /usr/test"的显示信息写入 /usr/testbak/file1 文件中。

（10）分别显示文件 /usr/testbak/file1 和 /usr/testbak/f1 中的内容。

（11）使用 ln 命令为 /usr/testbak/file1 文件在 /home 目录中建立同名的软链接文件。

（12）使用重定向操作符将文件 file1 和 file2 合并到文件 file3 中。

（13）用一条命令合并 file、file1、file2 并显示（使用管道）。

（14）使用 ls 命令列出当前目录中的文件，查看文件的权限。

（15）使用 tar 命令将 /usr/testbak/ 目录中所有文件进行压缩打包为 testfile.tar.gz。

（16）把文件 testfile.tar.gz 更名为 backup.tar.gz。

（17）显示当前目录下的文件和目录列表，确认更名成功。

（18）把文件 backup.tar.gz 移动到 /usr/test 目录下。

（19）显示当前目录下的文件和目录列表，确认移动成功。

（20）将文件 backup.tar.gz 解包到 /usr/test 目录中。

2.使用vim文本编辑器，完成以下相关操作：

（1）以普通用户身份登录到系统后，启动 vim，此处无须输入文件名。

（2）从命令模式切换至编辑模式，在首行输入"This is myfile！"字样。

（3）给该文件命名为 file1，然后存盘退出。

（4）以 vim file2 的方式进入 vim 编辑 file2。

（5）在第一行和第二行先后输入"I am a student." "She is a teacher."。

（6）在当前文件的第一行和第二行之间插入文件 file1 的内容，将光标移到第一行，进入末行模式后输入"：r file1"指令即可。

（7）对 vim 进行环境设置，显示每一行的行号。此时输入"：set nu"指令即可。

（8）查询文章中为"student"的字符串。

（9）复制当前行至剪贴板，再将剪贴板的内容粘贴到文章的第四行处。

（10）取消行号的显示，然后存盘退出。

3.测试你是否已经熟悉了vim命令。请按照以下需求进行操作：

（1）在 /tmp 目录下建立一个名为 vimtest 的目录，进入 vimtest 目录中，将 /etc/man_db.conf 复制到 vimtest 目录中。

（2）使用 vim 打开当前目录下的 man_db.conf 文件，并在打开的文件中设置行号。

（3）将光标移至第一行，并且向下搜索"share"字符串，请问它在第几行？若要继续搜索下一个匹配的字符串应该怎么办？

（4）通过上网学习，实现以下功能：要将 50～100 行的 man 改为 MAN，并且一个一个挑选是否需要修改，如何执行命令？

（5）修改完之后，突然反悔了，要全部复原，有哪些方法？

（6）要复制 51～60 行的内容，并且贴到最后一行之后。

（7）删除 11～30 行这 20 行。

（8）将当前编辑的文件另存为 man_db.conf.bak 文件。

（9）将光标移至第 60 行，并且删除行尾的 15 个字符。

（10）所有操作完毕，存储后离开。

 项目习作3

一、选择题

1. 在 Linux 系统中，硬件设备文件大部分是安装在（　　）目录下。

　A./mnt　　　　　　B./dev　　　　　　C./proc　　　　　　D./etc

2. 如果当前目录为 /home，可进入目录 /home/stud1/test 的命令是（　　）。

　A.cd stud1/test　　B.cd /stud1/test　　C.cd test　　　　D.cd /home/stud1/test

3. 你是公司的网络管理员，你使用 mkdir 命令创建一个临时文件夹 /mnt/tmp，并将一些文件复制其中。你使用完后要删除 /mnt/tmp 文件夹及其中的所有文件，应该使用命令（　　）。

　A.rmdir /mnt/tmp　　　　　　　　B.rmdir -r /mnt/tmp

　C.rm /mnt/tmp　　　　　　　　　D.rm -r /mnt/tmp

4. 用来显示 /home 及其子目录下的文件名的命令是（　　）。

　A.ls -a /home　　B.ls -R /home　　C.ls -l /home　　D.ls -d /home

5.Linux 中有多个查看文件的命令，如果希望在查看文件内容过程中用光标可以上下移动来查看文件内容，则符合要求的命令是（　　）。

　A.cat　　　　　　B.more　　　　　　C.less　　　　　　D.head

6. （　　）命令可以把 f1.txt 复制为 f2.txt。

　A.cp f1.txt | f2.txt　　　　　　　B.cat f1.txt | f2.txt

　C.cat f1.txt > f2.txt　　　　　　　D.copy f1.txt | f2.txt

7. 建立一个新文件可以使用的命令为（　　）。

　A.chmod　　　　　B.more　　　　　　C.cp　　　　　　　D.touch

8.可分页显示当前目录下的所有文件的文件或目录名、组、用户、文件大小、文件或目录权限、文件创建时间等信息的命令是（　　）。

　A.more ls -al　　B.more -al ls　　C.more < ls -al　　D.ls -al | more

9. 命令 ln -s /tmp ~/ 的功能是（　　　）。

   A. 在家目录下创建一个与源目录同名的符号连接

   B. 在根目录下创建一个与源目录同名的符号连接

   C. 在家目录下创建一个与源目录同名的硬连接

   D. 在根目录下创建一个与源目录同名的硬连接

10. 在给定的目录中能查找指定条件的文件的命令为（　　　）。

   A.grep   B.gzip   C.find   D.sort

11. 用来查找并显示文件 myfile 中包含四个字符的行的命令是（　　　）。

   A.grep "????" myfile   B.grep "…." myfile

   C.grep "^????$" myfile   D.grep "^….$" myfile

12. 能够将当前目录中的 f1.txt 文件压缩成 f1.txt.tar.gz 的命令为（　　　）。

   A.tar cvf f1.txt f1.txt.tar.gz   B.tar czvf f1.txt f1.txt.tar.gz

   C.tar czvf f1.txt.tar.gz f1.txt   D.tar cvf f1.txt.tar.gz f1.txt

13. 在 vim 编辑器的命令模式下，输入（　　　）可在光标当前所在行下添加一新行。

   A.<a>   B.<o>   C.<I>   D.A

14. 在 vim 编辑器的命令模式下，删除当前光标处的字符使用（　　　）命令。

   A.<x>   B.<d><w>   C.<D>   D.<d><d>

15. 在 Linux 环境下，使用 "vim test" 在当前目录下新建名为 "test" 的文本文件，在进入 vim 编辑界面后，应（　　　）进入文本输入。

   A. 直接输入文本内容   B. 选择【i】键后

   C. 选择【Esc】键后   D. 输入【: q】后

16. （　　　）命令是在 vim 编辑器中执行存盘退出。

   A. : q   B. : wq   C. : qw!   D. : WQ

二、简答题

1. 有哪些命令可用来查看文件的内容，这些命令各有什么特点？

2. 输出重定向 > 和 >> 的区别是什么？

3. 请简述符号连接与硬连接的区别。

4.vim 编辑器有哪几种工作模式？如何在这几种工作模式之间转换？

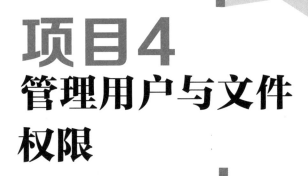

项目4
管理用户与文件权限

4.1 项目描述

Linux 操作系统是一个多用户的操作系统,它允许多个用户通过本地主机或网络中的其他主机同时访问并使用其资源。 任何一个要访问或使用某主机系统资源的使用者,都要有该主机系统中相应的可登录或不可登录的用户帐号,才会被获准进入系统,进而访问系统中允许访问的资源。

在德雅职业学校的校园网中,搭建了 5 台服务器供网络中的用户访问。 在访问这些服务器的用户中,根据不同的应用和服务功能,其用户帐号的种类有多种:可登录的、不可登录的、系统或服务程序默认的、系统管理员指定的等等。 系统根据用户帐号来区分每个用户的文件、进程、任务,给每个用户提供特定的工作环境(如:用户的工作目录、Shell 版本等)和访问资源的权限,使每个用户的工作都能独立不受干扰地进行。

如何分门别类的规划、创建和管理好用户(组)帐号,尤其是为用户(组)帐号合理地配置访问服务器资源的权限,是校园网系统管理员最基本的工作任务,也是构建系统安全体系最基本的保障。

4.2 项目知识准备

4.2.1 Linux中的用户和组的分类

Linux 系统中的用户可以分为三类:超级用户、系统用户和普通用户。

●超级用户:名为 root 的用户是系统中默认的超级用户,它在系统中的任务是对普通用户和整个系统进行管理。root 对系统具有绝对的控制权,能够对系统进行一切操作。 只有在需要维护系统(如建立用户等)时才用 root 登录,以避免出现安全问题。

●系统用户:在安装 Linux 系统及一些服务程序时,会添加一些特定的低权限的用户,主要是为了维护系统或某些服务程序的正常运行,这些用户一般不允许登录到系统,例如:bin、daemon、ftp、mail 等。

●普通用户:是为了让使用者能够使用 Linux 系统资源而由 root 用户或其他管理员用户创

建的，拥有的权限受到一定限制，一般只在用户自己的家目录中有完全权限。

Linux 并不会直接认识"用户名称"，它认识的其实是以数字表示的"用户 ID"，每个用户都有一个"用户 ID"，称为 UID（User Identity，用户标识号）。root 用户的 UID 为 0，系统用户的 UID 一般为 1 ～ 999，普通用户的 UID 为 1000 及以上的值。

组是具有相同特征用户的集合体。有时需要让多个用户具有相同的权限，比如查看、修改某一文件的权限，一种方法是为每个用户分别进行访问授权，若有 100 个用户的话，就需要授权 100 次，显然这种方法不太合理；另一种方法是建立一个组，让这个组具有访问文件（夹）的某种权限，然后将所有需要访问此文件（夹）的用户放入该组中，那么这些用户就具有了和组一样的权限。将用户分组是 Linux 系统中对用户进行管理及控制访问权限的一种手段，通过定义组并集中授权可以大大提高网络管理的效率。Linux 系统中每个用户都至少属于一个组，属于多个组的用户拥有的权限是它所在各组的权限之和。Linux 中的组有以下三种：

●基本组（主要组）：建立用户时，若没有指定用户所属的组，系统会建立一个和用户名相同的组，这个组就是基本组，基本组只能容纳一个用户，当把其他用户加入该组中时，基本组就变成了附加组。

●附加组（补充组）：可以容纳多个用户的组，组中的用户都具有组所拥有的权限。

●系统组：一般加入一些系统用户。

4.2.2 Linux中用户和组的配置文件

与用户和组相关的信息都存放在一些特定的配置文件中，管理用户的工作实际上是对配置文件进行修改。这些文件包括 /etc/passwd、/etc/shadow、/etc/group、/etc/gshadow 等。

Linux 用户管理

1. 用户帐号文件——/etc/passwd

/etc/passwd 是用户管理工作涉及的最重要的一个文件，Linux 系统中的每个用户都在其中对应一行，它记录了用户的一些基本属性，其内容显示如下：

```
[root@RHEL 8-1~]# cat /etc/passwd
root:x:0:0:root:/root:/bin/bash
bin:x:1:1:bin:/bin:/sbin/nologin
……
tcpdump:x:72:72::/:/sbin/nologin
student:x:1000:1000:student:/home/student:/bin/bash
```

passwd 文件每行以"："分隔分为七个字段，从左至右各字段的具体含义如下：

●第 1 个字段：登录名称。必须是系统中有效的帐户名，其字符可由大小写字母和 / 或数字组成，不能有冒号（因为冒号在这里是分隔符）和点字符"."，并且不能用"-"和"+"打头。

●第 2 个字段：以前是以加密格式保存密码的位置，现在密码保存在 /etc/shadow 文件中，此处只是密码占位符"x"或"*"。

●第 3 个字段：用户 ID 号（UID 号）。UID 对于每一个用户必须是唯一的，系统内部用它来标识用户。一般情况下，它与用户名是一一对应的。如果几个用户名对应了同一个用户标识号，那么系统内部将他们视为具有不同用户名的同一个用户，但是他们可以有不同的密码、不同的家目录以及不同的登录 Shell。

●第 4 个字段：组 ID，即该用户所属基本组的标识号（Group Identify，GID 号）。

●第 5 个字段：用户的全名或描述，可以是任意文本，通常填写用户的一些个人信息，例如用户的真实姓名、电话号码、邮箱地址等。

●第 6 个字段：用户家目录，即该用户初始登录系统之后所处的目录。

●第 7 个字段：用户登录后所使用的 Shell，或不能登录的 /sbin/nologin 标识。

2. 用户密码文件——/etc/shadow

/etc/shadow 中的记录行与 /etc/passwd 中的一一对应，其内容显示如下：

```
[root@RHEL 8-1~]# cat /etc/shadow
root:$6$ck5.t8uTaP2fxiab$oTztSh/T4NsKXt7xrRcip2dTWhznKutlXzESSP0E7TtID9R/p9hbVZXgDB
M71f97pgA3sRqnacwQiG81YjXbr0::0:99999:7:::
bin:*:18078:0:99999:7:::
……
tcpdump:!!:18606::::::
student:$6$NH/Lnxxo4YQsQlZl$UdqdWrK/txKTDr.3p79M3h5BLKiU9VXItL3rUH8or1NXMqAYyc
AU1HQBI/pU5I7x4UaZ2YqBs.i7qtl2imK3b.::0:99999:7:::
```

每行用冒号“:”隔开分成九个字段，从左至右各字段的含义如下：

●第 1 个字段：用户登录名。

●第 2 个字段：使用 SHA-512/SHA-256 算法加密后的密码，若为空，表示该用户无须密码即可登录，若为“*”表示该帐号不能用于登录系统，若为“!!”表示该帐号密码已被锁定。

●第 3 个字段：从 1970 年 1 月 1 日至最近一次被修改密码的时间相隔的天数。

●第 4 个字段：密码在多少天内不能被用户修改。默认值为 0，表示不限制。

●第 5 个字段：密码在多少天后必须被修改。默认值为 99999，表示不进行限制。

●第 6 个字段：提前多少天警告用户密码将过期，默认值为 7，0 表示不提供警告。

●第 7 个字段：密码过期多少天后禁用此用户。

●第 8 个字段：密码失效日期，以距离 1970 年 1 月 1 日的天数表示，默认为空，表示永久可用。

●第 9 个字段：保留字段，目前没有特定用途。

3. 组帐号文件——/etc/group

group 文件用于存放组帐号的基本信息，内容显示如下：

```
[root@RHEL 8-1~]# cat /etc/group
root:x:0:
bin:x:1:
……
tcpdump:x:72:
student:x:1000:
```

每个组在 group 文件中对应一行，每行有四个字段，从左至右各字段的含义如下：

●第 1 个字段：组的名称，组名不应重复。

●第 2 个字段：加密后的组密码，用 x 表示，一般未设置组密码。

●第 3 个字段：组 ID 号，与用户 ID 号类似，也是一个整数，被系统内部用来标识组。

●第 4 个字段：组成员列表，是组中包含的用户成员（默认不列出基本组对应的用户帐号，只列出附加组的用户成员），不同用户之间用逗号","分隔。

4.组帐号密码文件——/etc/gshadow

/etc/gshadow 文件用于存放组的加密密码、组管理员等信息，该文件只有 root 用户可以读取。gshadow 文件的内容显示如下：

```
[root@RHEL 8-1~]# cat /etc/gshadow
root:::
bin:::
......
tcpdump:!:
student:!::
```

每个组帐号在 gshadow 文件中占用一行，并以":"分隔为 4 个字段，其结构如下：
组名称：加密后的组密码：组的管理员：组成员列表
其中，"组的管理员"是 root 指派的有权对该组添加、删除帐号的用户。

4.2.3 用户登录Linux系统的过程

Linux 系统采用纯文本文件来保存帐号的各种信息，Linux 用户登录系统的过程实质是系统读取、核对 /etc/passwd、/etc/shadow、/etc/group 等文件的过程，具体过程如下：
●首先，Linux 会出现一个登录系统的界面，提示输入帐号与密码；
●使用者输入帐号和密码后，Linux 在 /etc/passwd 文件中搜寻是否有该帐号名，若没有则退出登录，若有则将该帐号对应的 UID、GID、用户家目录与 Shell 设定信息一并读出；
● Linux 在 /etc/shadow 文件中找出登录帐号与 UID 相对应的记录，然后核对一下刚刚输入的密码与此文件的密码是否符合；
●以上核定正确无误后，用户正式进入 Linux 系统。

4.2.4 Linux中文件和目录的权限

Linux 中文件和目录的权限

1.文件和目录的一般权限

Linux 系统以安全性高著称，它有完善的文件和目录权限控制机制。使用 ls -l 命令可查看系统中文件或目录的详细信息，其显示格式和各列的含义如图 4-1 所示。

```
[root@RHEL8-1 ~]# ll -d /etc/system* /dev/vcs
crw-rw----. 1 root tty 7, 0 9月 29 23:35 /dev/vcs
drwxr-xr-x. 4 root root 150 9月 28 00:58 /etc/systemd
lrwxrwxrwx. 1 root root 14 3月 31 16:28 /etc/system-release -> redhat-release
-rw-r--r--. 1 root root 38 3月 31 16:28 /etc/system-release-cpe
文件类型 访问权限 文件数 属主 属性 文件大小 建档日期时间 文件名
```

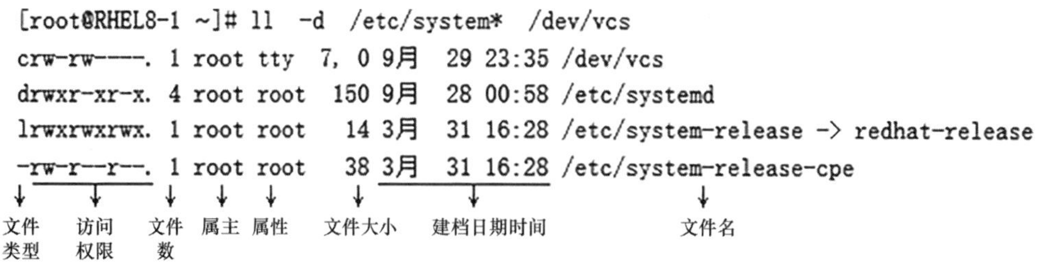

图4-1 文件或目录的详细信息及各列的含义

文件或目录的详细信息分为 8 栏显示，左边的第 1 栏（共 11 位）是文件的类型和访问权限，该栏的 11 位又由 5 个部分组成，这 5 个部分的划分与含义如下：

●第 1 个字符：表示该文件的类型，其类型标识符和对应的文件类型见表 4-1。

●第 2 ~ 4 个字符：表示该文件的属主用户（文件的所有者）对该文件的访问权限。

●第 5 ~ 7 个字符：表示该文件的属组用户（与属主用户同组的各成员用户）对该文件的访问权限。

●第 8 ~ 10 个字符：表示其他所有用户对该文件的访问权限。

●第 11 个字符：表示是否有一个可替换的访问控制措施应用在该文件上。 当为一个空格时，表示系统没有可替换的访问控制措施；当为"."字符时，代表该文件使用了 SELinux 安全上下文，且未使用其他的访问控制措施；当为"+"字符时，表示该文件在使用 SELinux 安全上下文的同时，还混用了其他访问控制措施（如：访问控制列表 ACL）。

表4-1   类型标识符及对应的文件类型

类型标识	文件类型	类型标识	文件类型
-	普通文件	d	目录
l	链接文件	b	块设备文件，通常为磁盘
c	字符设备文件，如串口和声音设备	s	套接字（socket）文件
p	命名管道	m	共享存储器

在表示属主用户、属组用户和其他用户对文件的访问权限时，主要使用的权限符、权限及访问能力见表 4-2。

表4-2   可使用的权限符、权限及访问能力

权限符	权限	三位权限组位置	对文件的访问能力	对目录的访问能力
r	可读	第一位置	查看文件内容	查看目录内容（显示子目录、文件列表）
w	可写	第二位置	修改文件内容	创建或删除目录中的任一文件或子目录
x	可执行	第三位置	执行文件（程序或脚本）	执行 cd 命令进入或退出该目录
-	无权限	任何位置	没有相应的权限	没有相应的权限

由"r、w、x、-"字符构成的 9 位字符串表示三种不同的用户类型对文件或目录的访问权限，有时候略显麻烦，因此还有另外一种方法是以数字来表示权限，而且仅需三个数字。

每个三位的权限代码（分别是属主、属组、其他用户）组合有 8 种可能，见表 4-3。

表4-3   权限的数字表示

rwx 表示的权限	二进制数字表示	权限的八进制数字表示	权限含义
---	000	0+0+0=0	无任何权限
--x	001	0+0+1=1	可执行
-w-	010	0+2+0=2	可写
-wx	011	0+2+1=3	可写和可执行
r--	100	4+0+0=4	可读
r-x	101	4+0+1=5	可读和可执行
rw-	110	4+2+0=6	可读和可写
rwx	111	4+2+1=7	可读、可写和可执行

根据上表的数字列表规则，可用数字来表示三类用户的组合权限，比如，若用字符表示的组合权限为 rwxr-xr--，则用数字表示的组合权限为 754，其转换过程如图 4-2 所示。

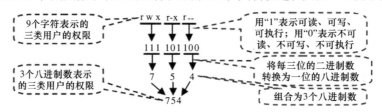

图4-2　权限的字符串表示转换为数字表示的过程

2. 文件和目录的特殊权限

在 Linux 系统中，用户对文件或目录的访问权限，除了 r（读取）、w（写入）、x（执行）三种一般权限外，还有 SET UID（SUID）、SET GID（SGID）、Sticky Bit（SBit，黏滞位）三种特殊权限，用于对文件或目录进行更加灵活地访问控制。

（1）SET UID（SUID）

当一个可执行的命令文件设置了 SUID 权限并且其他用户又有对该命令文件的执行权，在执行该文件时，便会临时获得与该执行文件所有者一样的权限。

例如，对于 passwd 命令，不仅 root 用户可以运行此命令设置并修改任何用户的密码，普通用户也可以通过执行此命令来修改自己的密码。而设置或修改密码的过程实际上是运行命令文件 /usr/bin/passwd，并在密码文件 /etc/shadow 中写入一个密码位的过程。普通用户 zhang 3 登录系统后，执行以下命令：

```
[zhang3@RHEL 8-1 ~]$ ll  /etc/shadow  /usr/bin/passwd
----------. 1 root root           1472      9 月       30 16:53  /etc/shadow
-rwsr-xr-x.1 root root           33544     12 月      14 2019   /usr/bin/passwd
[zhang3@RHEL 8-1 ~]$ cat  /etc/shadow
cat: /etc/shadow: 权限不够
```

由以上叙述和显示可以看到一个矛盾的现象：普通用户对 /etc/shadow 文件没有任何权限，但能够修改自己的密码，即普通用户能通过 /usr/bin/passwd 命令去修改 /etc/shadow 文件。Linux 系统是怎么做到这一点的呢？这完全归功于 /usr/bin/passwd 权限（rwsr-xr-x）中的 s 权限。当普通用户利用 passwd 修改密码时，由于 passwd 命令文件上面有 s 权限，Linux 系统会临时把 passwd 文件的所有者（root）身份角色赋给普通用户，而 root 对 /etc/shadow 文件具有"强行"可读可写的权限，这样临时具有和 root 同等权限的普通用户也能"强行"往 /etc/shadow 文件中写入密码位，从而修改了密码。

设置了 SUID 位权限的文件，会在属主用户的可执行权限的位置上进行标记，原来有"x"则填入"s"，原来没有"x"时填入"S"。

（2）SET GID（SGID）

SUID 只可以运用在命令文件上面，而 SGID 可以运用在命令文件和目录上面。

如果运用在命令文件上面，则任何用户在执行该命令文件时，就临时获得了该命令文件所属组的权限；如果运用在目录上，那么任何用户在该目录下创建的文件和子目录就会继承该目录所属组相同的权限。

设置了 SGID 位权限的文件或目录，会在属组用户的可执行权限位处标记"s"或"S"，原来有"x"则填入"s"，原来没有"x"时填入"S"。

（3）Sticky Bit（SBit，黏滞位）

SBit 当前只针对目录有效，对文件没有效。该位可以理解为防删除位，SBit 对目录的作用是：当目录被设置了 SBit 位以后，即便用户对该目录有写入权限，也不能删除该目录中其他用户的文件或子目录，只有文件所有者或 root 用户才有权删除。

例如，在 Linux 系统中作为存放用户临时文件的"/tmp"目录，允许任何用户在该目录中进行创建、删除、移动文件或子目录等操作。但删除操作仅限于用户自己创建的文件或子目录，禁止删除其他用户的数据。

设置了 SBit 位权限的目录，会在其他用户的可执行权限位标记"t"或"T"。原来有"x"则填入"t"，原来没有"x"时填入"T"。

```
[root@RHEL 8-1~]# ls -ld /tmp
drwxrwxrwt.     24     root    root    4096    9 月    30    17:13    /tmp
```

4.3 项目实施

任务 4-1　管理用户

1. 添加新用户——useradd命令

为系统新建用户可以使用 useradd（或 adduses）命令，其常用格式是：

useradd ［选项］ 用户名

该命令的可选项较多，常用选项及含义如下：

-c 注释信息——设定与用户相关的说明信息（如：真实姓名、邮箱地址等）。

-d 目录——设定用户的家目录（默认为 /home/ 用户名）。

-e YYYY-MM-DD——设置用户将被禁用的日期，此日期后将不能使用该用户。

-f 天数——指定密码到期后多少天用户被禁用，若指定为 0，则表示用户到期后被立即禁用；若指定为 -1，则表示用户过期后不被禁用（密码永不过期）。

-g 组名或 GID 号——为用户指定所属的基本组，该组在指定时必须已存在。

-G 组名或 GID 号列表——为用户指定所属的附加组，各组在指定时已存在，附加组可以有多个，组之间用","分隔。

-M——不创建用户家目录。

-N——不创建与用户名同名的基本组，而是将用户添加到 -g 选项指定的组。

-p 密码——指定用户的登录密码。

-s shell 名——指定用户登录后使用的 Shell，默认是 bash。

-u 用户号——设置用户的 UID，默认是已有用户的最大 UID 加 1。如果同时有 -o 选项，则可以重复使用其他用户的标识号。

【例 4-1】新建一个用户 zhang 3，查看 passwd、shadow 文件中的变化，并查看该用户的家目录中的初始配置文件。

```
[root@RHEL 8-1~]# useradd  zhang3
[root@RHEL 8-1~]# tail  -1 /etc/passwd
zhang3:x:1001:1001::/home/zhang3:/bin/bash
[root@RHEL 8-1~]# tail  -1 /etc/shadow
zhang3:!!:18327:0:99999:7:::   // 注意密码字段的内容为 "!!"，表示密码尚未设置
[root@RHEL 8-1~]# ls  -ld  /home/zhang3
drwx------. 15 zhang3 zhang3   4096      9 月      30        17:12              /home/zhang3
[root@RHEL 8-1~]# ls  -A /home/zhang3
.bash_logout .bash_profile .bashrc .mozilla
```

提示：当添加一个新用户时，默认会执行下列操作：①在 /etc/passwd 和 /etc/shadow 文件中各增添一行记录；②为新用户创建家目录（默认是 "/home/ 用户名"，除非特别设置），并且将 .bash_logout、.bash_profile、.bashrc 和 .mozilla 等 4 个隐藏文件或目录复制到用户家目录，以便为用户的会话提供环境变量；③为新用户添加一个邮件池目录；④创建一个和用户名同名的基本组（除非特别指定其他组名）。

【例 4-2】新建一个用户 li4，并指定用户家目录为 /usr/li4。

```
[root@RHEL 8-1~]# useradd  -d  /usr/li4  li4
```

【例 4-3】新建一个用户 wang5，指定其 UID 为 1005、登录 Shell 为 /bin/bash、密码为 123.com，帐号永不过期。

```
[root@RHEL 8-1~]# useradd  -u  1005  -s  /bin/bash  -p 123.com  -f  -1  wang5
```

【例 4-4】新建一个辅助管理员用户 admin，将其用户家目录指定为 /admin，基本组指定为 wheel，附加组为 adm 组和 root 组。

```
[root@RHEL 8-1~]#useradd  -d /admin  -g wheel  -G adm,root  admin
```

【例 4-5】新建一个用于访问 FTP 的用户 zhao6，禁止其登录且不创建家目录。

```
[root@RHEL 8-1~]# useradd  -M  -s /sbin/nologin  zhao6
```

2. 为用户设置密码——passwd命令
密码是保证系统安全的一个重要措施，刚创建的用户通常没有密码，且被系统锁定，无法使用，必须为其指定密码后才可以使用，即使是指定空密码也可以。root 用户可以为自己和其他用户指定密码，普通用户只能为自己修改密码。设置、修改密码的命令格式为：

passwd [选项] 用户名

如果缺省用户名，则表示修改当前用户的密码。
passwd 命令的常用选项：
-d——清空指定用户的密码。这与未设置密码的用户不同，未设置密码的用户无法登录系统，而密码为空的用户可以。

-f——强迫用户下次登录时必须修改密码。

-i 天数——密码过期后多少天锁定（禁用）用户。

-l——锁定（禁用）用户。

-u——解锁用户，使用户可以重新登录系统。

【例 4-6】若当前用户为 root，请修改 root 用户的密码，并为 zhang 3 用户设置密码。

> [root@RHEL 8-1~]# **passwd**
> 更改用户 root 的密码 。
> 新的 密码 ：　　　　　　　　　　　　　　　// 在此行输入新的密码
> 重新输入新的 密码 ：　　　　　　　　　　　// 在此行重复输入新的密码
> passwd: 所有的身份验证令牌已经成功更新。
> [root@RHEL 8-1~]# **passwd zhang3**
> 更改用户 zhang3 的密码 。
> 新的 密码 ：
> 重新输入新的 密码 ：
> passwd: 所有的身份验证令牌已经成功更新。

提示：普通用户修改自己的密码时，passwd 命令会先询问原密码，验证后再要求用户输入两遍新密码，如果两次输入的密码一致，则将新密码指定给用户；而 root 用户为用户指定密码时，就不需要知道原密码。为了系统安全起见，用户应该选择比较复杂的密码，例如：最好使用 8 位及以上长度的密码，密码中包含有大写、小写字母和数字，并且应该与姓名、生日等不相同。

3. 修改用户的属性——usermod 命令

对于系统中已经存在的用户，可以根据情况使用 usermod 命令重新设置各种属性，如用户名、用户 ID 号、家目录、组、登录 Shell 等。usermod 命令的格式为：

usermod [选项] 用户名

常用的选项包括 -c、-d、-m、-g、-G、-s、-u、-o 等，这些选项的意义与 useradd 命令中的选项一样，可以为用户指定新的资源。 另外，还可以使用如下选项：

-l 新用户名——更改用户的名称，必须在该用户未登录的情况下才能使用。

-L——锁定（暂停）用户，使其不能登录使用。

-U——解锁用户。

【例 4-7】将例 4-4 中创建的用户 admin 的家目录移至 /home 目录下。

> [root@RHEL 8-1~]# **mv /admin /home/**
> [root@RHEL 8-1~]# **usermod -d /home/admin admin**

【例 4-8】将用户 wang 5 的名称修改为 wangwu 后暂停使用。

> [root@RHEL 8-1~]# **usermod -l wangwu wang5**
> [root@RHEL 8-1~]# **usermod -L wangwu**

4.删除用户——userdel命令

若一个用户不再使用，可以从系统中删除。删除一个用户可以直接将 passwd 和 shadow 两个文件中的用户记录整行删除，也可以使用 userdel 命令，其命令格式如下：

userdel [-r] 用户名

-r——删除用户时把用户的家目录和邮箱池一起删除。

【例 4-9】删除用户 admin，同时删除用户的家目录。

[root@RHEL 8-1~]# **userdel -r admin**

5.切换用户——su（substitute user）命令

su 命令常用于不同用户间的切换。其命令格式如下：

su [用户名]

若缺省用户名则表示从当前用户切换到 root 用户。

【例 4-10】从当前的 root 用户切换到 zhang3 用户，再从 zhang3 切换到 root 用户。

[root@RHEL 8-1~]# **su zhang3**
[zhang3@RHEL 8-1 root]$ **su**
密码:

从 root 用户切换到任何用户不需要密码验证，而从普通用户到 root 用户或其他普通用户均需要输入目标用户的密码且验证成功后才可切换。

任务 4-2　管理组

1.创建组——groupadd命令

创建组可以使用命令 groupadd，其命令格式如下：

groupadd [选项] 组名

groupadd 命令常用选项有：

-g GID——指定新建的组 ID 号（GID），默认值是已有的最大的 GID 加 1。

-r——建立一个系统组，与 -g 不一起使用时，则分配一个 1 ～ 999 的 GID。

【例 4-11】向系统中添加一个组 ID 为 1010，组名为 group1 的新组。

[root@RHEL 8-1~]# **groupadd -g 1010 group1**
[root@RHEL 8-1~]# **tail -1 /etc/group**
group1:x:1010:

2.添加/删除组成员——gpasswd命令

在 RHEL 8 中使用不带任何参数的 useradd 命令创建用户时，会同时创建一个和用户同名的组，称为基本组。当一个组中包含多个用户时则需要使用附加组。在附加组中增加、删除用户都用 gpasswd 命令。gpasswd 命令一般格式为：

> **gpasswd** [选项] [用户] [组]

只有 root 用户和组管理员才能够使用这个命令。gpasswd 命令选项有：

-a 用户名——把用户加入组。

-d 用户名——把用户从组中删除。

-M 用户名列表——向组中同时添加多个用户，多个用户名之间用逗号"，"隔开。

-A 用户名——给组指派管理员。

【例 4-12】将 zhang3、li4 用户同时加入 group1 组，并指派 zhang3 为管理员。

```
[root@RHEL 8-1~]# gpasswd  -M  zhang3,li4  group1
[root@RHEL 8-1~]# tail  -1 /etc/group
group1:x:1010:zhang3,li4
[root@RHEL 8-1~]# gpasswd  -A  zhang3  group1
```

3. 修改组的属性——groupmod命令

修改组的属性使用 groupmod 命令，其命令格式如下：

> **groupmod** [选项] 组名

常用的选项有：

-g GID 新号——更改组的 GID。

-n 新组名——更改组的名字

【例 4-13】将组 group1 的 GID 修改为 2000，组名修改为 group11。

```
[root@RHEL 8-1~]# groupmod  -g 2000  -n group11  group1
[root@RHEL 8-1~]# tail  -1  /etc/group
group11:x:2000:zhang3,li4
```

4. 删除组——groupdel命令

如果要删除一个已有的组，使用 groupdel 命令，其命令格式如下：

> **groupdel** 组名

【例 4-14】从系统中删除组 group11。

```
[root@RHEL 8-1~]# groupdel  group11
```

被删除的组若是基本组，则必须先删除引用该基本组的用户，然后再删除该基本组。

5. 用户和组的信息显示

在帐号管理中，虽然直接查询用户、组的配置文件可查看相关信息，但是并不是很直观。在 Linux 系统中，还提供了以下几个专用的查询用户和组信息的命令，见表4-4。

表4-4 　　　　　　　　　　　　　**用户和组信息查询命令**

命令格式	作用
users 或 who	显示当前登录的用户
id [用户名]	显示当前用户或指定用户的 ID，以及所属组的 ID
groups [用户名]	显示当前用户或指定用户所属组的信息

【例 4-15】比较各显示用户或组信息的命令异同。

[root@RHEL 8-1~]# **users**

root

[root@RHEL 8-1~]# **who**

root　　tty2　　　2021-09-30　11:03 (tty2)

[root@RHEL 8-1~]# **id**

uid=0(root) gid=0(root) 组 =0(root) 环境 =unconfined_u:unconfined_r:unconfined_t:s0-s0:c0.c1023

[root@RHEL 8-1~]# **groups　zhang3**

zhang3 : zhang3

任务 4-3　设置文件和目录的一般权限

用户对文件或目录的访问能力由以下两个因素共同决定：

●用户的权限：设置用户访问文件或目录的权限，可通过 chmod 命令进行。

●用户的归属（身份）：用户与被访问文件（目录）之间有三种归属，即用户是文件（目录）的所有者（属主）、所属组的成员（属组）、其他用户。其设置命令可以通过 chown、chgrp 命令进行。chown 可以同时修改文件或目录的属主、属组，而 chgrp 命令只能修改属组信息。

1.修改文件或目录的权限——chmod（change mode）命令

chmod 命令的一般格式为：

　格式 1: chmod　[- 选项] [ugoa]　[+|-|=]　[rwx] 文件或目录 ...

　格式 2: chmod　[- 选项]　nnn 文件或目录 ...

其中：

ugoa——表示权限设置所针对的用户类别，可以是其中字母中的一个或组合，u（user）表示文件或目录的属主（所有者）；g（group）表示属组内的用户；o（others）表示其他任何用户；a（all）表示所有用户（u+g+o）。

+|-|=——表示设置权限的操作动作，+ 代表添加某个权限；- 代表取消某个权限；= 表示只赋予给定的权限，并取消原有的权限。

rwx——用字符形式表示所设置的权限，可以是其中字母中的一个或组合。

nnn——用三位八进制数字表示所设置的权限。

常用的选项有：

-R——递归修改指定目录下所有文件、子目录的权限。

【例 4-16】创建、查看 file1.txt，为文件所有者添加可执行的权限，为组内用户设置可写和可执行权限，为其他用户添加可写权限，最后设置 file1.txt 文件的权限为 "rwx-wxrw-"。

```
[root@RHEL 8-1~]# touch  file1.txt ; ls -l file1.txt
-rw-r--r--. 1 root root  0 9 月  30 12:04 file1.txt
[root@RHEL 8-1~]# chmod  u+x,g=wx,o+w file1.txt
[root@RHEL 8-1~]# ls -l file1.txt
-rwx-wxrw-. 1 root root  0 9 月  30 12:04 file1.txt
```

【例 4-17】采用数字形式表示的权限模式，将修改后的 file1.txt 文件权限 "rwx-wxrw-" 恢复为 "rw-r--r--" 权限。

```
[root@RHEL 8-1~]# chmod  644  file1.txt
[root@RHEL 8-1~]# ls -l file1.txt
-rw-r--r--. 1 root root  0 9 月   30 12:04 file1.txt
```

【例 4-18】将目录 /usr/src 及其下面的所有子目录和文件的权限改为所有用户对其都有读、写权限。

```
[root@RHEL 8-1~]# chmod -R  a=rw- /usr/src
```

2. 修改文件或目录的属主和属组——chown（change owner）命令

root 用户或资源的所有者可以通过 chown 命令将文件或目录的所有权转让给其他用户，使其他用户成为该文件或目录新的所有者（属主）或属组用户。

chown 命令的一般格式为：

chown [- 选项] 新属主 [:[新属组]] 被改变归属的文件或目录

可以同时设置属主、属组信息，属主名和属组名要用冒号 ":" 分隔，也可以只设置属主或者属组，单独设置属组时，要使用 ": 新属组" 的形式。被修改归属的文件名中可以包含通配符。

常用选项有：

-R——递归修改指定目录下所有文件、子目录的属主和属组。

【例 4-19】将 file1.txt 文件的属主改为 zhang3 用户、属组改为 li4 用户。

```
[root@RHEL 8-1~]# ls -l file1.txt
-rw-r--r--. 1 root root  0 9 月   30 12:04 file1.txt
[root@RHEL 8-1~]# chown zhang3:li4 file1.txt
[root@RHEL 8-1~]# ls -l file1.txt
-rw-r--r--. 1 zhang3 li4  0 9 月   30 12:04 file1.txt
```

任务 4-4　设置文件和目录的特殊权限

为文件或目录添加三种特殊权限，同样可以通过 chmod 命令来实施，使用 "u ± s" "g ± s" "o ± t" 的字符权限模式分别用于添加和移除 SUID、SGID、SBit 权限。若使用数字形式的权限模式，可采用 "nnnn" 格式的四位八进制数字表示，其中，后面三位是一般权限的数字表示，前面第一位则是特殊权限的标志数字，0 表示不设置特殊权限、1 表示只设置 SBit 权限、2 表示只设置 SGID 权限、3 表示设置 SGID 和 SBit 权限、4 表示只设置 SUID 权限、5 表示设置 SUID 和 SBit 权限、6 表示设置 SUID 和 SGID 权限、7 表示同时设置 SUID、SGID、SBit 三种权限。

【例 4-20】为 mkdir 命令对应的命令文件设置 SUID 权限，使得普通用户在根目录下能够使用 mkdir 命令创建目录。

```
[root@RHEL 8-1~]# ls  -ld  /
dr-xr-xr-x. 17 root  root 224  9 月  28  00:57  /              // 普通用户对根目录没有写入权限
[root@RHEL 8-1~]# su  zhang3
[zhang3@RHEL 8-1 root]$ mkdir  /dir1
mkdir: 无法创建目录 "/dir1"：权限不够
[zhang3@RHEL 8-1~]# su
密码：
[root@RHEL 8-1~]# which  mkdir
/usr/bin/mkdir
[root@RHEL 8-1~]# ll  /usr/bin/mkdir
-rwxr-xr-x. 1  root  root  84824  4 月  14  2020  /usr/bin/mkdir
[root@RHEL 8-1~]# chmod  u+s  /usr/bin/mkdir              // 给 mkdir 命令文件添加 suid 权限
[root@RHEL 8-1~]# ll  /usr/bin/mkdir
-rwsr-xr-x. 1  root  root  84824  4 月  14  2020  /usr/bin/mkdir
[root@RHEL 8-1~]# su  zhang3
[zhang3@RHEL 8-1 root]$ mkdir  /dir11 ; ls -ld  /dir11
drwxrwxr-x. 2          root  zhang3                  6  9 月   30  12:10  /dir11
```

以上最后一条命令的结果显示，普通用户 zhang3 在根目录下成功地创建了 dir11 子目录，这是因为普通用户在使用 mkdir 这条命令时，临时获得了该命令的所有者 root 的权限。还可以看到，通过 zhang3 在根目录下面创建的子目录 dir11，其所有者也是 root，这个也很好地说明了的确是使用 root 的身份去创建了 dir11 这个子目录。

> 提示：若没有确切的需要，不要轻易为可执行文件设置 SUID、SGID 权限，特别是那些属主、属组是 root 的可执行文件。黑客经常利用这种权限，以 SUID、SGID 配上 root 帐号所有者，无声无息地在系统中开扇后门，供日后进出使用。又如，若为 vim 编辑器程序设置 SUID 权限，将导致普通用户可以使用 vim 编辑器修改系统中的任何配置文件。

【例 4-21】在目录上面运用 SBit 权限，使得仅 root 用户和文件的拥有者才能删除该目录中的文件，其他用户不能删除。

```
[root@RHEL 8-1~]# mkdir  /redhat ; chmod  777  /redhat ; ls -ld /redhat
drwxrwxrwx. 2 root  root  6  9 月   30  12:11  /redhat
[root@RHEL 8-1~]# su  zhang3
[zhang3@RHEL 8-1~]$ touch  /redhat/1.txt  /redhat/2.txt ; ll /redhat
总用量 0
-rw-rw-r--. 1 zhang3  zhang3 0  9 月   30  12:11  1.txt
-rw-rw-r--. 1 zhang3  zhang3 0  9 月   30  12:11  2.txt
```

```
[zhang3@RHEL 8-1~]$ su  li4
密码：
[li4@RHEL 8-1~]$ rm  -rf  /redhat/1.txt              //li4 可以删除由 zhang3 创建的文件 1.txt
[li4@RHEL 8-1~]$ su
密码：
[root@RHEL 8-1~]# chmod  o+t  /redhat/               // 给 redhat 目录添加一个 SBit 权限
[root@RHEL 8-1~]# ls  -ld  /redhat
drwxrwxrwt. 2 root  root  19 9 月 30  12:11 /redhat    //redhat 目录已经添加了一个 t 的权限
[root@RHEL 8-1~]# su  li4
[li4@RHEL 8-1~]$ rm  -rf  /redhat/2.txt  // 添加 t 权限后 li4 不能删除由 zhang3 创建的文件 2.txt
rm: 无法删除 "/redhat/2.txt"：不允许的操作
[li4@RHEL 8-1 root]$ su  zhang3
密码：
[zhang3@RHEL 8-1 root]$ rm  -rf  /redhat/2.txt        //zhang3 可以删除自己创建的文件 2.txt
```

任务 4-5　设置新建文件或目录的默认权限

在 Linux 系统中，当用户创建一个新的文件或目录时，系统会为新建的文件或目录分配默认的权限，该默认权限并不是继承了上级目录的权限，而是与 umask 值（称为权限掩码）有关，其具体关系是：

- 新建文件的默认权限 =0666 — umask 值
- 新建目录的默认权限 =0777 — umask 值

> 提示：基于安全的考虑，系统不允许用户在创建一个文件时就赋予它执行权限，必须在创建后用 chmod 命令增加这一权限。对于文件来说，这一数字的最大值是 666。目录则允许设置执行权限，这样针对目录来说，umask 中该数字最大可以达到 777。

【例 4-22】分别查看 root 用户和普通用户当前默认的 umask 值。

```
[root@RHEL 8-1~]# umask                    // 查看 root 用户的系统默认的 umask 值
0022
[root@RHEL 8-1~]# su zhang3
[zhang3@RHEL 8-1 root]$ umask               // 查看普通用户的系统默认的 umask 值
0002
```

root 用户建立的文件的默认权限是 666 — 022=644（rw-r--r--），其建立的目录的默认权限是 777 — 022=755（rwxr-xr-x）；普通用户的 umask 默认值为 002，其建立的文件的默认的权限是 666 — 002=664，其建立的目录的默认权限是 777 — 002=775。

【例 4-23】显示 root 用户新建文件和目录的默认权限。

```
[root@RHEL 8-1~]# touch  test1.txt ; mkdir  dir1
[root@RHEL 8-1~]# ls  -l  test1.txt ; ls  -ld  dir1
-rw-r--r--. 1 root  root  0 9 月  30  12:12 test1.txt
```

　　drwxr-xr-x. 2 root root 6 9 月   30 12:12 dir1

若要改变新建的文件或目录的默认权限，只要使用 umask 命令设置一个新的 umask 值即可。
【例 4-24】修改 root 用户默认的权限掩码值。

```
[root@RHEL 8-1~]# umask  024          // 修改 root 用户的 umask 值
[root@RHEL 8-1~]# umask ; umask -S // 分别以数字的方式、字符的方式显示当前的权限掩码
0024
u=rwx,g=rx,o=wx
```

　　提示：umask 命令只对当前 shell 环境起作用，当重新登录或退出该 shell 后便恢复到系统默认的缺省值。如果想每次登录后都使用设置的默认权限，将 umask 值（如 umask 024）添加到自己的 home 目录下的 .bash_profile 和 .bashrc 文件中即可；如果希望永久地改变所有用户的 umask 值，则要修改 /etc/profile 和 /etc/bashrc 文件。

项目实训4　管理RHEL 8用户及文件权限

【实训目的】

　　会在 Linux 系统中增加、修改、删除用户和组；能针对文件和目录设置三种一般权限和三种特殊权限，以实现对系统中文件和目录等信息资源的安全保护与管理。

【实训环境】

　　一人一台 Windows 10 物理机，1 台 RHEL 8/CentOS 8 虚拟机，并且已经配置好基本的 TCP/IP 参数，能通过网络连接到局域网或远程的主机，虚拟机网卡连接至 VMnet 8 虚拟交换机。

【实训拓扑】（图 4-3）

图4-3　实训拓扑图

【实训内容】

1. 用户的管理

（1）使用 root 用户登录系统，创建一个新用户 user 01，设置其家目录为 /home/user 01。

（2）查看 /etc/passwd 文件的最后一行，看看是如何记录的。

（3）查看文件 /etc/shadow 文件的最后一行，看看是如何记录的。

（4）给用户 user 01 设置密码，再次查看 /etc/shadow 文件的最后一行有什么变化。

（5）注销当前登录用户，使用 user 01 用户登录系统，看能否登录成功。

（6）注销当前登录用户，使用 root 用户登录系统，使用 usermod 命令锁定用户 user 01。

（7）查看 /etc/shadow 文件的最后一行，看看有什么变化。

（8）注销当前登录的 root 用户，再次使用 user01 用户登录系统，看能否登录成功。

（9）注销当前登录的 user01 用户，使用 root 用户登录系统，解除对用户 user01 的锁定。

（10）更改用户 user01 的帐号名为 user02。

（11）查看 /etc/passwd 文件的最后一行，看看有什么变化。

（12）删除用户 user02 及其家目录。

2.组的管理

（1）创建一个组名为 stuff 新组。

（2）查看 /etc/group 文件的最后一行，看看是如何记录的。

（3）创建一个新帐号 user02，并把他的基本组和附加组都设为 stuff。

（4）查看 /etc/group 文件中的最后一行，看看有什么变化。

（5）在附加组 stuff 中删除用户 user02。

（6）再次查看 /etc/group 文件中的最后一行，看看有什么变化。

（7）删除组 stuff。

3.设置文件和目录的一般权限

（1）建立"u01"与"u02"用户及其密码，并用"u01"帐号登录服务器。

（2）在"/home/u01"目录下，使用 touch 命令建立名为 11.txt 文件，使用 mkdir 命令建立 abc 目录。

（3）查看 11.txt 与 abc 目录的权限。

（4）将文件 11.txt 的权限先后更改为 rwxr-x--- 和 666。

（5）切换到 root 用户，将文件 11.txt 的属主（所有者）和属组更改为"u02"。

（6）使用 grep 命令，找出并显示 /etc 目录下（含子目录）权限为 700 的所有文件或目录。

4.设置文件和目录的特殊权限

（1）切换到用户 u02，并用 touch 命令在根目录下创建一个文件，能否成功？

（2）切换到 root 用户，使用 find 或 which 命令查找 touch 命令对应的命令文件的位置。

（3）为 touch 命令对应的命令文件设置 SUID 权限。

（4）切换到用户 u02，使用 touch 命令在根目录下创建空文件，能否成功？

项目习作4

一、选择题

1.创建用户 ID 是 1008，组 ID 是 1006，用户家目录为 /home/user01 的正确命令是（　　）。

A.useradd -u: 1008 -g:1006 -h: /home/user01 user01

B.useradd -u=1008 -g=1006 -d=/home/user01 user01

C.useradd -u 1008 -g 1006 -d /home/user01 user01

D.useradd -u 1008 -g 1006 -h /home/user01 user01

2.管理员在查看 /etc/passwd 文件时看到其中有一行用户记录如下：

tom:x:1005:1005:tom smith:/home/tom:/bin/bash

那么从中不可以看出该用户（　　）。

A. 所属的基本组的组名为 tom　　　　　B. 密码加密后存放于 /etc/shadow 文件中

C. 默认的 shell 为 bash　　　　　　　 D. 家目录为 /home/tom

3. 若为系统添加了名为 koka 的用户，则在默认情况下该用户所属的组是（　　　）。

A.user　　　　　　B.group　　　　　　C.koka　　　　　　D.root

4. 使用 useradd 命令新建用户时，若要指定用户的家目录，需要使用（　　　）选项。

A.-g　　　　　　　B.-d　　　　　　　C.-u　　　　　　　D.-s

5. 下面（　　　）命令及选项可以删除一个用户并同时删除用户的家目录？

A.rmuser -r　　　　B.deluser -r　　　　C.userdel -r　　　　D.usermgr -r

6. 改变文件所有者的命令为（　　　）。

A.chmod　　　　　B.touch　　　　　　C.chown　　　　　D.cat

7. 在当前目录下对 f1.txt 文件让本人可读写、同组可读、其他用户可执行，可使用 #chmod（　　　）f1.txt 设置。

A.777　　　　　　B.461　　　　　　C.164　　　　　　D.641

8. 系统的权限掩码为 002，则用户创建的新目录的权限应为（　　　）。

A.766　　　　　　B.775　　　　　　C.644　　　　　　D.655

二、简答题

1.Linux 中用户可分为哪几种类型？各有何特点？

2./etc/passwd 文件中的其中一行为"test:x:1000:1000::/home/test:/bin/bash"，请解释各字段的含义。

3. 在目录的特殊权限中，黏滞位权限有什么作用？

项目5
管理基本磁盘
和逻辑卷

5.1 项目描述

　　磁盘作为存储数据的重要载体，在如今日渐庞大的软件和数据资源面前显得格外重要。在计算机领域，广义地说，硬盘、光盘、软盘、U盘等用来保存数据信息的磁性存储介质都可以称为磁盘。硬盘购买后，必须经过安装、分区、格式化（创建文件系统）和挂载等环节后才能存储程序和数据。

　　如何规划和管理磁盘并熟练掌握磁盘的每一个使用环节的技术是对网络管理员的基本要求。同时，作为网络管理员，还必须掌握逻辑卷管理（LVM）、磁盘配额等技术，以便更加灵活、有效、安全地管理好磁盘。

5.2 项目知识准备

5.2.1 磁盘的接口与设备名

　　硬盘接口是硬盘与主机系统间的连接部件，作用是在硬盘缓存和主机内存之间传输数据。不同的硬盘接口决定着硬盘与计算机之间的连接速度，在整个系统中，硬盘接口的优劣直接影响着程序运行速度和系统性能。

　　1.硬盘的接口类型

　　硬盘接口分为六种：

　　（1）IDE（Intelligent Drive Electronics，电子集成驱动器）接口：属于并行接口，这种并行线缆目前已被串行 SATA 所取代。

　　（2）SATA（Serial Advanced Technology Attachment，串行高级技术附件）接口：属于串行接口，SATA 的起点高，1.0 版的数据传输率可达 150 MB/s，比最快的 IDE 接口所能达到 133 MB/s 的数据传输率还高，而 SATA 2.0 和 SATA 3.0 的最高数据传输率分别可达到 300 MB/s、600 MB/s。目前，SATA 接口的硬盘在家用电脑市场已成为主流。

　　（3）SCSI（Small Computer System Interface，小型计算机系统接口）接口：由于其高速（最高数据传输率可达 320 MB/s）、稳定安全的特征，主要应用于服务器和高档工作站市场。

（4）SAS（Serial Attached SCSI，串行连接 SCSI）接口：是并行 SCSI 接口之后开发出的全新接口。此接口改善了存储系统的效率（最高数据传输率高达 6000 MB/s）、可用性和扩充性，并具有与 SATA 硬盘的兼容性。

（5）光纤通道（Fiber Channel）接口：光纤通道硬盘是为提高多硬盘存储系统的速度和灵活性开发的，它的出现大大提高了多硬盘系统的通信速度。光纤通道的主要特性有：热插拔性、高速带宽（高达 4000 MB/s）、远程连接、连接设备数量多等。光纤通道只用于高端服务器上。

（6）M.2 接口：是一种支持固态硬盘、WIFI、蓝牙、全球卫星导航系统和 NFC（Near Field Communication，近距离无线通信）等多种模组 / 卡的兼容性十分广泛的接口标准。M.2 接口按其插槽的不同有 Socket 2（B key——NGFF）和 Socket 3（M key——NVMe）两种，其中 Socket 2 支持 SATA 3.0 通道、PCI-e × 2 通道。SATA 3.0 通道带宽为 6 GB/s，极限传输速率为 600 MB/s，而 PCI-e 2.0 × 2 通道带宽为 10 GB/s，极限传输速率读取达到 700 MB/s，写入达到 550 MB/s；而 Socket 3 可支持 PCI-e 3.0 × 4 通道，理论带宽可达 4 GB/s，比 SATA 3.0 快 5 倍且体积更小。

2.磁盘在Linux系统中的表示

在 Linux 系统中，为了标识不同的设备，系统为每个磁盘设备在 /dev/ 目录下分配了一个设备文件名，见表 5-1。

表5-1   磁盘设备文件名

设备	设备文件名
软盘驱动器	/dev/fd[0-1]
光盘 CD/DVD ROM	/dev/sr0 或 /dev/cdrom（后者是前者的软链接）
IDE 硬盘	/dev/hdXY
SATA/SCSI/SAS/USB 硬盘 /U 盘	/dev/sdXY
M.2（NVMe）硬盘	/dev/nvme[0-9]n[0-9]p[0-9]
第 1 个磁盘阵列设备	/dev/md0
第 1 个 SCSI 磁带设备	/dev/st0

其中：

X——代表硬盘设备的序号，IDE 接口磁盘序号的取值范围为 a ～ d，其具体取值由线缆所连插槽决定。SCSI/SATA/USB 接口的磁盘序号范围为 a ～ p，具体分配哪个字母由 Linux 内核检测到磁盘的顺序决定（以 fdisk -l 命令查看的结果为准）。

Y——代表在该块硬盘上的分区顺序号。分区号的取值范围不仅与硬盘接口类型有关，还与分区的方案有关。在 MBR 分区方案下，IDE 接口的磁盘分区号可取 1 ～ 63，SCSI/SATA/USB 接口的磁盘分区号可取 1 ～ 15，且两类接口的主分区和扩展分区的序号为 1 ～ 4、逻辑分区的序号从 5 开始。在 GPT 分区方案下，分区号的取值范围为 1 ～ 128。

5.2.2　磁盘分区

为了便于对数据进行分类存储，磁盘在存储数据前必须对其进行分割，形成一块块磁盘分区。磁盘分区有 MBR 和 GPT 两种方案。

1.MBR分区

MBR（Master Boot Record，主引导记录），是传统的分区机制，应用于绝大多数使用 BIOS 引导的 PC 设备。MBR 的寻址空间只有 32 bit 长，最大支持 2.19 TB（超过 2.19 TB 的磁盘只能使用 2.19 TB 的空间，但有第三方解决办法）；MBR 支持的分区数量有限制，在一块磁盘上最多支持 4 个主分区或 3 个主分区 1 个扩展分区。

　　MBR 磁盘分区分为两大类：主分区和扩展分区。 主分区是能够安装操作系统并能启动计算机的分区。 扩展分区的引入是为了突破一个物理磁盘只有 4 个分区的限制，扩展分区必须经过第二次分割为一个个的逻辑分区后才可以使用，逻辑分区虽然理论上没有数量上的限制，但实际上 IDE 接口和 SCSI 接口的磁盘上分别支持最多 63 个、15 个分区数，如图 5-1 所示。

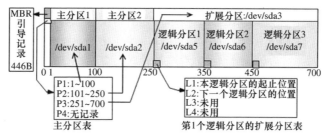

图5-1　一块3个分区（2个主分区+1个扩展分区）的MBR磁盘

　　在 MBR 分区方案下，整个磁盘的第一个物理扇区（共 512 字节）称为主引导扇区，计算机主板上的 BIOS 程序在对硬件的自检通过后，会将该扇区整个读取到内存中，然后将执行权交给内存中该扇区的主引导程序，该扇区 512 字节构成如下：

主引导记录 MBR/ 主引导程序 446 字节	磁盘分区表 4×16=64 字节	结束标志 2 字节

　　●主引导记录 MBR：其作用是检查分区表和结束标志符是否正确、引导具有激活标志的分区上的操作系统，然后将控制权交给操作系统的启动程序。

　　●磁盘分区表 DPT（Disk Partition Table）：由 4 个 16 字节的分区表项组成，每个分区的分区表项记录着本分区的分区状态（活动或非活动）、起止位置（扇区号、柱面号）、分区类型、本分区内已用和总的扇区数等参数。 若分区表信息被清除或破坏，则磁盘的分区就会丢失。

　　●结束标志：固定为"55AA"，如果该标志被修改（有些病毒会修改该标志），则系统引导时将报告找不到有效的分区表。

　　2.GPT分区

　　GPT（GUID Partition Table，全局唯一标识分区表）是一种比 MBR 分区更先进、更灵活的磁盘分区模式，其优点如下：

　　①在默认情况下，GPT 最多可支持 128 个分区。

　　②支持大于 2.2 TB 的分区及大于 2.2 TB 的总容量，最大支持 18 EB（1 EB=1024 PB，1 PB=1024 TB，1 TB=1024 GB）容量。

　　③GPT 分区表自带备份。 在磁盘的首尾分别保存了一份相同的分区表。 其中一份被破坏后，可以通过另一份恢复。

　　④向后兼容 MBR。 GPT 分区表上包含保护性的 MBR 区域。

　　若要从 GPT 分区的磁盘启动，则 UEFI（Unified Extensible Firmware Interface，统一的可扩展固件接口）主板、GPT 磁盘分区、64 位 Windows/Linux/Mac OS 操作系统这三个条件缺一不可。 若没有 UEFI 主板的支持，则只能将 GPT 分区作为数据盘，而不能作为系统启动盘。 目前，市场上新售的主板基本都支持双模式，随着磁盘容量突破 2.2 TB，"BIOS+ 磁盘 MBR"的组合模式会逐渐被"UEFI + 磁盘 GPT"的组合模式所取代。

5.2.3 Linux文件系统

1.Linux文件系统及其类型

操作系统中负责管理和存储文件信息的软件系统称为文件管理系统，简称文件系统。从系统角度来看，文件系统是对文件存储空间进行组织和分配、负责文件的存储并对存入的文件进行保护和检索的系统。具体地说，它负责为用户建立、存入、读取、修改、转存、撤销文件等。从用户的角度来看，文件系统是在磁盘分区组织存储文件或数据的方法和格式。磁盘分区后，接下来就要格式化分区，格式化分区的过程，实际上就是在分区上创建文件系统的过程。也只有在分区上创建了文件系统后，该分区才能存取和管理文件。

Linux 支持多种文件系统类型，除了自己特有的多种文件系统类型外，还支持基于 Windows 等其他操作系统的文件系统，特别是 Linux 2.6 内核推出后，出现了大量新的文件系统。Linux 的常用文件系统见表 5-2。

表5-2   Linux的常用文件系统

文件系统	功能说明
xfs	是一种扩展性高、高性能的全 64 位的日志文件系统，也是 RHEL 8 系统默认的文件系统。xfs 支持 metadata journaling，这使其能从 crash 中更快速地恢复，也支持在挂载和活动的状态下进行碎片整理和扩容。它可以支持上百万 T 字节的存储空间，对特大文件及小尺寸文件的支持都表现出众
ext4	是一种针对 ext3 系统的扩展日志文件系统，是专门为 Linux 开发的原始的扩展文件系统，Linux kernel 自 2.6.28 开始正式启用，支持 1 EB（1 EB=1024 PB，1 PB=1024 TB）的文件系统以及 16 TB 的文件。支持文件的连续写入，减少文件碎片，提高磁盘的读写性能
swap	使用交换分区来提供虚拟内存，大小一般是系统物理内存的 2 倍，在安装 Linux 操作系统时创建，由操作系统自行管理
RAMFS	内存文件系统，速度很快
ISO9660	大部分光盘所采用的文件系统
NFS	网络文件系统，由 SUN 发明，主要用于远程文件共享
NTFS	Windows 2012/2016/2019/XP/7/8/10 操作系统采用的文件系统
HPFS	OS/2 操作系统采用的文件系统
SMBFS	Samba 的共享文件系统
udf	可擦写的数据光盘文件系统

提示：日志文件系统在因断电或其他异常事件而停机重启后，操作系统会根据文件系统的日志，快速检测并恢复文件系统到正常的状态，并可提高系统的恢复时间，提高数据的安全性。日志文件系统是目前 Linux 文件系统发展的方向，除了 xfs 外，常用的还有 ext4、reiserfs 和 jfs 等。

2.文件系统的挂载与卸载

在 Linux 系统中，从逻辑上看，所有的文件被组织成了一个树型的目录结构；而从物理位置上看，文件是放置在磁盘分区当中的。那么逻辑上的树型目录结构和物理上的磁盘分区是怎样联系起来的呢？这就涉及"挂载"（mount）的问题。

所谓"挂载"，就是把一个目录当成进入点，将磁盘分区的数据放置在该目录下，从而使用户通过该目录，就可以访问到该分区中的文件数据，那个进入点的目录就称为"挂载点"。由此可见，不经过挂载的分区，是不能使用户在该分区内存取数据的。由于整个 Linux 系统最重要的是根目录，因此根目录一定要挂载某个分区，其他的目录则可依据用户自己的需求挂载不同的分区。系统启动所要挂载的分区、挂载点、文件系统类型等信息均记录并保存在 /etc/fstab 文件中。

5.2.4 认识Linux逻辑卷（LVM）

传统的分区类型，其尺寸是固定的，不能够动态扩展，一旦出现某个分区空间耗尽时，管理员将不得不重新分区，或者将包含足够空间的新磁盘分区挂载到原有文件系统上，或者使用工具（如：Partition Magic 等）调整分区大小，但这都只是暂时的解决办法，未根本解决问题。随着 Linux 的逻辑卷管理（Logic Volume Manager，LVM）技术的出现，这个问题便迎刃而解。

认识 Linux 逻辑卷（LVM）

在 LVM 中，舍弃了传统的以"分区"为磁盘的管理单元，改为以"卷"为其管理单元，其基本思想是：将物理磁盘的空间分解为若干个物理卷，然后将多个物理卷汇聚为卷组，最后将卷组的部分或全部转化为可供用户使用的逻辑卷。逻辑卷的空间可以来自于多个物理磁盘，更为重要的是逻辑卷的空间大小能够在保持现有数据不变的情况下进行动态的调整，从而提高磁盘管理的灵活性。

1.物理卷（Physical Volume, PV）

物理卷是在磁盘分区的基础上，附加了 LVM 相关管理参数后的存储单元。普通分区在转换成物理卷之前，必须将分区类型的 ID 号改为"8e"。物理卷生成后，其空间被划分成了大小相同的若干个 PE（Physical Extents）基本单元（PE 的大小可配置，默认为 4 MB）。物理卷的名称沿用普通分区的名称，如"/dev/sdb 1""/dev/sdb 2"等。

2.卷组（Volume Group, VG）

卷组是由一个或多个物理卷通过专用的命令整合而成。不同的多个物理卷可整合成多个卷组，在卷组中的物理卷可以动态地添加或移除。卷组的名称由用户自行定义。

3.逻辑卷（Logic Volume, LV）

逻辑卷的磁盘空间由卷组提供。逻辑卷被划分成若干个称为 LE（Logical Extents）的基本单位。逻辑卷与物理卷的相同之处是：可以格式化成随意的文件系统，挂载到随意的目录，同时也支持磁盘配额功能。逻辑卷与物理卷的不同之处是：如果逻辑卷的空间不够用时，可以从卷组中获得补充；反之，也可以把多余的空间退还给卷组。

磁盘、磁盘分区、物理卷、卷组、逻辑卷和文件系统之间的逻辑关系如图 5-2 所示。

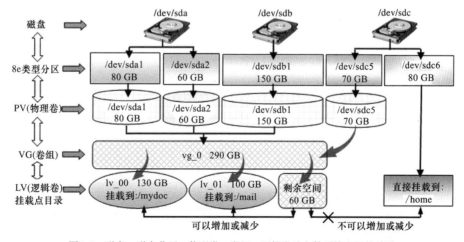

图5-2 磁盘、磁盘分区、物理卷、卷组、逻辑卷及文件系统之间的关系

5.2.5 磁盘配额

为了防止用户恶意或无意间过多占用磁盘空间，需要对指定的一些用户限制其存储量（root 用户不受此限制）。Linux 内核已经支持磁盘配额功能，而 RHEL 8 则通过自带的 xfsprogs（适合 XFS 分区）和 quota（适合 ext4 分区）软件包来具体实施对磁盘配额的配置和管理，RHEL 8 提供的磁盘配额功能特性见表 5-3。

表5-3   RHEL 8中提供的磁盘配额功能特性

作用范围	只在指定的分区上进行限制，当用户或组使用其他未设置配额的分区时，将不会受到限制
限制对象	针对系统中指定的用户帐号或组帐号设置磁盘配额，而未被指定的用户或组将不受配额影响
限制类型	●磁盘容量：用户或组在被限制的分区中能够使用的磁盘数据块的数量，即限制磁盘空间的大小，默认单位为 KB ●文件数量：限制用户或群组在被限制的分区中所拥有的文件个数。在 Linux 系统中每个文件都对应一个数字标记，称为 i 节点编号，该编号在文件系统内是唯一的，因此通过限制 i 节点的数量来实现对文件数量的限制 ●如果同时设置磁盘容量配额和文件数量配额，将会以最先到达的限制为主
限制方法	●软限制：是用户配额的警告上限。如果用户超出了软限制，还能允许在"限期"（默认为七天）内继续使用分区，但必须在宽限期内降低到软限制之内 ●硬限制：是由操作系统实行的，不允许超过。试图在硬限制以外进行数据写操作会被拒绝 ●硬限制的配额值应大于相应的软限制的配额值，否则软限制将失效

 5.3 项目实施

任务 5-1 使用 fdisk 管理 MBR 分区

对于一个新磁盘，首先需要对其进行分区。在 RHEL 8 中提供了 fdisk（默认划分为 MBR 格式的磁盘）、gdisk（默认划分为 GPT 格式的磁盘）和 parted 三条命令创建和管理分区。本任务介绍使用 fdisk 命令管理 MBR 分区类型的磁盘。

1.添加新磁盘

其步骤如下：

步骤 1：为了不影响正在运行的服务业务，需要在不关闭或重启服务器的情况下添加新磁盘（实验环境下在虚拟机 VMware 中添加一块新的 SCSI 总线的 20 GB 磁盘）。

步骤 2：使用 lsblk 命令显示所有可用块设备的信息及其依赖关系，由此可见，新磁盘还未加载而未被识别，需要将连接新磁盘的 SCSI 总线重新扫描后才可以被系统识别。

```
[root@RHEL 8-1~]# lsblk
NAME            MAJ:MIN    RM      SIZE     RO     TYPE     MOUNTPOINT
sda             8:0        0       20G      0      disk
├─sda1          8:1        0       500M     0      part     /boot
└─sda2          8:2        0       19.5G    0      part
  ├─rhel-root   253:0      0       17.5G    0      lvm      /
  └─rhel-swap   253:1      0       2G       0      lvm      [SWAP]
sr0             11:0       1       1024M    0      rom
```

lsblk 命令对每个设备可显示 7 项信息，各项信息的栏目名称及含义如下：
● NAME——块设备名。
● MAJ: MIN——显示主要和次要设备号。
● RM——显示设备是否为可移动设备。RM 值等于 1 时为可移动设备，等于 0 时表示是不可移动的设备。
● SIZE——设备的容量大小。
● RO——设备是否为只读。RO 值为 0 表明不是只读设备；RO 值为 1 表明是只读设备。
● TYPE——显示块设备类型（磁盘或磁盘上的一个分区）。
● MOUNTPOINT——指出设备挂载的挂载点。
步骤 3：使用 ls 命令显示主机总线号→使用 echo 命令依次扫描总线号为 host1、host2… 的 SCSI 设备，直至用 lsblk 命令显示可用的新的块设备 sdb（表明新添加的磁盘已被系统识别）。

```
[root@RHEL 8-1~]# ls /sys/class/scsi_host/          //显示主机上所有 SCSI 总线号
host0  host12 host16 host2  host23 host27 host30 host5 host9
host1  host13 host17 host20 host24 host28 host31 host6
host10 host14 host18 host21 host25 host29 host32 host7
host11 host15 host19 host22 host26 host3  host4  host8
[root@RHEL 8-1 ~]# echo "- - -" > /sys/class/scsi_host/host1/scan
[root@RHEL 8-1 ~]# echo "- - -" > /sys/class/scsi_host/host2/scan
……                    //省略若干 echo 命令
[root@RHEL 8-1~]# lsblk
NAME            MAJ:MIN   RM    SIZE     RO     TYPE   MOUNTPOINT
sda             8:0       0     20G      0      disk
├─ sda1         8:1       0     500M     0      part   /boot
└─ sda2         8:2       0     19.5G    0      part
  ├─ rhel-root  253:0     0     17.5G    0      lvm    /
  └─ rhel-swap  253:1     0     2G       0      lvm    [SWAP]
sdb             8:16      0     20G      0      disk   //此行为新添加的硬盘
sr0             11:0      1     1024M    0      rom
```

也可通过执行 "fdisk -l" 命令查看所有可用磁盘设备（包括新增磁盘）及其分区信息。

```
[root@RHEL 8-1~]# fdisk -l
Disk /dev/sda:20 GiB,21474836480 字节 ,41943040 个扇区
单元：扇区 / 1 * 512 = 512 字节
扇区大小 ( 逻辑 / 物理 ):512 字节 / 512 字节
I/O 大小 ( 最小 / 最佳 ):512 字节 / 512 字节
磁盘标签类型 :dos
磁盘标识符 :0xced0a41f
设备        启动      起点       末尾        扇区       大小   Id    类型
/dev/sda1   *        2048       1026047     1024000    500M   83    Linux
/dev/sda2            1026048    41943039    40916992   19.5G  8e    Linux LVM
```

Disk /dev/mapper/rhel-root:17.5 GiB,18798870528 字节 ,36716544 个扇区

单元：扇区 / 1 * 512 = 512 字节

扇区大小 (逻辑 / 物理):512 字节 / 512 字节

I/O 大小 (最小 / 最佳):512 字节 / 512 字节

Disk /dev/mapper/rhel-swap:2 GiB,2147483648 字节 ,4194304 个扇区

单元：扇区 / 1 * 512 = 512 字节

扇区大小 (逻辑 / 物理):512 字节 / 512 字节

I/O 大小 (最小 / 最佳):512 字节 / 512 字节

Disk /dev/sdb:20 GiB,21474836480 字节 ,41943040 个扇区

单元：扇区 / 1 * 512 = 512 字节

扇区大小 (逻辑 / 物理):512 字节 / 512 字节

I/O 大小 (最小 / 最佳):512 字节 / 512 字节

上述输出包含了所有已正确接入系统的磁盘信息，其中"/dev/sda"为原有的磁盘，"/dev/sdb"为新增磁盘，新磁盘尚未分区，还没有有效的分区信息。对于已格式化的分区（如"/dev/sda1"和"/dev/sda2"），会输出表 5-4 所示的分区信息：

表5-4　　　　　　　　　　　格式化后的分区信息

信息项	含义	信息项	含义
设备 / Device	分区的设备文件名称	启动 /Boot	是否是引导分区，是：则有 "*" 号标识
起点 / Start	该分区在磁盘中的起始位置（扇区号）	末尾 /End	该分区在磁盘中的结束位置（扇区号）
扇区 / Blocks	分区的大小，以 Blocks（块）为单位，默认的块大小为 1024 字节	Id	分区类型的 ID 标记号，如：LVM 分区为 8e
		类型 /System	分区的类型

2.创建分区

创建分区的步骤如下：

步骤 1：对新增磁盘"/dev/sdb"执行以下分区命令：

[root@RHEL 8-1~]# **fdisk /dev/sdb**

欢迎使用 fdisk (util-linux 2.32.1)。

更改将停留在内存中，直到您决定将更改写入磁盘。

使用写入命令前请三思。

设备不包含可识别的分区表。

创建了一个磁盘标识符为 0xc7a0b4c2 的新 DOS 磁盘标签。

命令 (输入 m 获取帮助)：

fdisk 命令是通过人机交互方式完成各项分区管理任务的，此时，需要在"命令（输入 m 获取帮助）："提示符后输入相应的单字母指令来执行需要的操作，表 5-5 是 fdisk 命令的常用交互式指令选项及其作用。

表5-5　　　　　　　　　　　**fdisk命令的常用指令选项及作用**

指令	作用	指令	作用
a	调整磁盘的启动分区	p	显示当前磁盘的分区信息
d	删除磁盘分区	t	更改分区类型
l	显示所有支持的分区类型	u	切换所显示的分区大小单位
m	查看所有指令的帮助信息	n	创建新分区
q	不保存更改，退出 fdisk 命令	w	把修改写入磁盘分区表，然后退出 fdisk 命令
g	新建一个空的 GPT 分区表	o	新建一个空的 DOS 分区表

步骤 2：使用"n"指令和"p"指令创建容量为 512 MB 的第 1 个主分区（/dev/sdb 1）。

```
命令 ( 输入 m 获取帮助 ):n            // 输入字符 n, 新建分区
分区类型
  p 主分区 (0 个主分区，0 个扩展分区，4 空闲 )
  e 扩展分区 ( 逻辑分区容器 )
选择 ( 默认 p): p                   // 输入字符 p, 新建主分区
分区号 (1-4, 默认 1): 1             // 输入数字 1, 创建序号为 1 的主分区
第一个扇区 (2048-41943039, 默认 2048): 2048   // 输入数字 2048, 主分区的起始扇区号
上个扇区 ,+sectors 或 +size{K,M,G,T,P} (2048-41943039, 默认 41943039): +512M
创建了一个新分区 1, 类型为 "Linux"，大小为 512 MiB。
```

提示：在结束扇区号的输入位置上有三种输入方式：分区中最后一个扇区的编号；"+"后跟扇区的总数量；"+"后跟以 K、M 和 G 为单位的分区大小。

步骤 3：使用"n"和"e"指令创建容量为 10 GB 的一个扩展分区（/dev/sdb 2）。

```
命令 ( 输入 m 获取帮助 ):n
分区类型
  p 主分区 (1 个主分区，0 个扩展分区，3 空闲 )
  e 扩展分区 ( 逻辑分区容器 )
选择 ( 默认 p):e                    // 输入字符 e, 创建扩展分区
分区号 (2-4, 默认 2): 2             // 输入数字 2, 新建序号为 2 的扩展分区
第一个扇区 (1050624-41943039, 默认 1050624): // 此处直接按【Enter】键以默认值作为起始扇区号
上个扇区 ,+sectors 或 +size{K,M,G,T,P} (1050624-41943039, 默认 41943039): +10G
创建了一个新分区 2, 类型为 "Extended"，大小为 10 GiB。
```

步骤 4：使用"n"和"l"指令在扩展分区中创建容量为 6 GB 的第 1 个逻辑分区（/dev/sdb 5）。

```
命令 ( 输入 m 获取帮助 ):n
分区类型
  p 主分区 (1 个主分区，1 个扩展分区，2 空闲 )
```

　　1　逻辑分区 (从 5 开始编号)

选择 (默认 p)：**l**　　　　　　　　　　　　　// 输入字母 l, 新建逻辑分区

添加逻辑分区 5　　　　　　　　　　　　　// 逻辑分区的编号总是从 5 开始的

第一个扇区 (1052672-22022143, 默认 1052672)：// 此处直接按【 Enter 】键以默认值作为起始扇区号

上个扇区 ,+sectors 或 +size{K,M,G,T,P} (1052672-22022143, 默认 22022143)：**+6G**

创建了一个新分区 5, 类型为 "Linux"，大小为 6 GiB。

步骤 5：使用 "p" 指令查看已创建的分区。

命令 (输入 m 获取帮助)：**p**

Disk /dev/sdb：20 GiB,21474836480 字节 ,41943040 个扇区

单元：扇区 / 1 * 512 = 512 字节

扇区大小 (逻辑 / 物理)：512 字节 / 512 字节

I/O 大小 (最小 / 最佳)：512 字节 / 512 字节

磁盘标签类型 :dos

磁盘标识符 :0xe51a55ed

设备	启动	起点	末尾	扇区	大小	Id	类型
/dev/sdb1		2048	1050623	1048576	512M	83	Linux
/dev/sdb2		1050624	22022143	20971520	10G	5	扩展
/dev/sdb5		1052672	13635583	12582912	6G	83	Linux

步骤 6：使用 "w" 指令将以上设置的分区信息写入磁盘分区表并退出 fdisk 命令。

命令 (输入 m 获取帮助)：**w**

分区表已调整。

将调用 ioctl() 来重新读分区表。

正在同步磁盘。

步骤 7：使用 "partprobe 设备名" 命令，使操作系统内核获知新的分区表信息。

[root@RHEL 8-1~]# **partprobe /dev/sdb**

3.删除分区

删除分区的步骤如下 :

步骤 1：执行 fdisk 命令。

[root@RHEL 8-1~]# **fdisk /dev/sdb**

欢迎使用 fdisk (util-linux 2.32.1)。

更改将停留在内存中，直到您决定将更改写入磁盘。

使用写入命令前请三思。

步骤 2：使用 "d" 指令删除分区（ 如：/dev/sdb 1)。

命令 (输入 m 获取帮助)：**d**　　　　　// 输入字符 d, 删除分区

分区号 (1,2,5，默认 5):**1** 　　　　　// 输入数字 1，指定要删除的分区序号

分区 1 已删除

步骤 3：使用 "w" 指令保存分区表的更改。

命令 (输入 m 获取帮助):**w**

分区表已调整。

将调用 ioctl() 来重新读分区表。

正在同步磁盘。

步骤 4：执行 "partprobe 设备名" 命令，让系统内核重新读取分区表信息。

[root@RHEL 8-1~]# **partprobe /dev/sdb**

任务 5-2　使用 gdisk 管理 GPT 分区

gdisk 命令工具默认将磁盘划分为 GPT 格式的分区，创建 GPT 磁盘分区的步骤如下（实验环境下在虚拟机中再添加一个 20 GB 的 SCSI 磁盘）：

步骤 1：在不关机的情况下在虚拟机中再添加一个 20 GB 的 SCSI 磁盘→使用 echo 命令依次扫描总线号为 host1、host2……的 SCSI 设备，直至用 lsblk 命令显示新添加的磁盘设备 sdc→执行 gdisk 命令→输入 n 指令创建新分区。

[root@RHEL 8-1~]# **echo "- - -" > /sys/class/scsi_host/host1/scan**

[root@RHEL 8-1~]# **echo "- - -" > /sys/class/scsi_host/host2/scan**

……// 省略若干 echo 和 lsblk 交替执行的命令

[root@RHEL 8-1~]# **gdisk   /dev/sdc**

GPT fdisk (gdisk) version 1.0.3

Partition table scan:

　MBR: not present

　BSD: not present

　APM: not present

　GPT: not present

Creating new GPT entries.

Command (? for help):**n**

步骤 2：指定分区编号（默认是未使用的最小分区编号）。

Partition number (1-128, default 1): **1**

步骤 3：指定新分区开始的位置和结束位置。

First sector (34-41943006, default = 2048) or {+-}size{KMGTP}: **2048**

Last sector (2048-41943006, default = 41943006) or {+-}size{KMGTP}: **+3G**

Current type is 'Linux filesystem'

步骤 4：设置分区类型为 "Linux LVM"。

> Hex code or GUID (L to show codes, Enter = 8300): **8e00**
>
> Changed type of partition to 'Linux LVM'

步骤 5：显示已创建的分区信息。

> Command (? for help): **p**
>
> Disk /dev/sdc: 41943040 sectors, 20.0 GiB
>
> Model: VMware Virtual S
>
> Sector size (logical/physical): 512/512 bytes
>
> Disk identifier (GUID): 0F4F1464-6A12-4C3C-9965-BD26B78AC9FB
>
> Partition table holds up to 128 entries
>
> Main partition table begins at sector 2 and ends at sector 33
>
> First usable sector is 34, last usable sector is 41943006
>
> Partitions will be aligned on 2048-sector boundaries
>
> Total free space is 35651517 sectors (17.0 GiB)

Number	Start (sector)	End (sector)	Size	Code	Name
1	2048	6291456	3.0 GiB	8E00	Linux LVM

步骤 6：输入 w 子命令将分区设置写入分区表→当提示最终确认时，输入 "y"。

> Command (? for help): **w**
>
> Final checks complete. About to write GPT data. THIS WILL OVERWRITE EXISTING
>
> PARTITIONS!!
>
> Do you want to proceed? (Y/N): **y**
>
> OK; writing new GUID partition table (GPT) to /dev/sdc.
>
> The operation has completed successfully.

步骤 7：执行 partprobe 命令，使操作系统内核获知新的分区表信息。

> [root@RHEL 8-1~]# **partprobe /dev/sdc**

任务 5-3　使用文件系统格式化分区

磁盘分区后，接下来的工作就是对分区进行格式化，也就是在分区上创建所需要的文件系统。对磁盘分区格式化会冲掉分区内原有的数据，而且不可恢复，因此，要确认分区上的源数据是否可用，可用数据先进行转移，而后开始格式化。格式化分区命令的一般格式为：

mkfs|mkfs.xfs|mkfs.ext4 ［选项］分区的设备名

常用的选项有：

-t 文件系统类型——当命令名为 mkfs 时，指定要创建的文件系统的类型（如：xfs、ext4、

vfat 等）。当命令名为 mkfs.xfs、mkfs.ext 4 等时，不需要该选项。

　　-c——建立文件系统前先检查坏块。

　　-V——输出建立文件系统的详细信息。

【例 5-1】在任务 5-1 中建立的 /dev/sdb 5 分区上创建 xfs 文件系统。

```
[root@RHEL 8-1~]# mkfs.xfs /dev/sdb5          // 此处也可用 "mkfs -t xfs /dev/sdb5" 命令代替
meta-data=/dev/sdb5         isize=512         agcount=4, agsize=393216 blks
         =                  sectsz=512        attr=2, projid32bit=1
         =                  crc=1             finobt=0, sparse=0
data     =                  bsize=4096        blocks=1572864, imaxpct=25
         =                  sunit=0           swidth=0 blks
naming   =version 2         bsize=4096        ascii-ci=0 ftype=1
log      =internal log      bsize=4096        blocks=2560, version=2
         =                  sectsz=512        sunit=0 cblks, lazy-count=1
realtime =none              extsz=4096        blocks=0, rtextents=0
```

　　提示：如果已有其他文件系统创建在此分区，必须在 mkfs.xfs 命令中加上选项 -f，表示强制地重新执行格式化，如：mkfs.xfs -f /dev/sdb5。

任务 5-4　挂载与卸载分区

1.手动挂载分区（或文件系统）

将磁盘进行分区并对分区格式化后，还必须将分区挂载到 Linux 系统中的相应目录下，然后才能用于存储文件、目录等数据。

挂载命令的一般格式为：

mount [-t 文件系统类型] 设备名　挂载点目录

其中："文件系统类型"通常可以省略；"设备名"为对应分区的设备名，如 "/dev/sdb 2"；"挂载点目录"是用于挂载分区的目录；mount 命令不带任何参数时可查看挂载信息。

【例 5-2】创建 "/data/pub" 目录，将例 5-1 中的分区 "/dev/sdb 5" 挂载到该目录。

```
[root@RHEL 8-1~]# mkdir -p /data/pub
[root@RHEL 8-1~]# mount /dev/sdb5 /data/pub
```

【例 5-3】插入一个 U 盘（FAT 32 分区格式），将其挂载到 "/mnt/usb" 目录下。

```
[root@RHEL 8-1~]# mkdir /mnt/usb
[root@RHEL 8-1~]# mount /dev/sdd1 /mnt/usb
```

　　提示：①若在虚拟机中无法识别 U 盘，则需在物理机的"服务"中启动"VMware USB Arbitration Service"项；若不确定所添加的 U 盘的设备名，可先执行"fdisk -l"进行查看确认。

②U 盘和 USB 硬盘都被当作 SCSI 设备来对待,如果没有进行分区,则使用相应的 SCSI 设备文件名来挂载使用;若存在分区,则使用相应分区的设备文件名进行挂载。

③例 5-3 是以 FAT32 格式的 U 盘为例完成挂载的,若 U 盘格式为 NTFS,则需下载和安装相应版本及 CPU 架构的 rpm 软件包 ntfs-3g,然后使用命令 mount -t ntfs-3g /dev/sdc1 /mnt/usb 完成挂载。

【例 5-4】插入光盘,将其挂载到 "/mnt/cdrom" 目录下,查看挂载的所有设备。

[root@RHEL 8-1~]# **mkdir /mnt/cdrom**

[root@RHEL 8-1~]# **mount /dev/sr0 /mnt/cdrom**

mount: /mnt/cdrom: WARNING: device write-protected, mounted read-only.

[root@RHEL 8-1~]# **df -h**   // 显示所有文件系统的磁盘使用情况

文件系统	容量	已用	可用	已用 %	挂载点
Devtmpfs	946M	0	946M	0%	/dev
Tmpfs	976M	0	976M	0%	/dev/shm
Tmpfs	976M	9.5M	967M	1%	/run
Tmpfs	976M	0	976M	0%	/sys/fs/cgroup
/dev/mapper/rhel-root 18G		4.8G	13G	27%	/
/dev/sda1	495M	215M	281M	44%	/boot
Tmpfs	196M	4.6M	191M	3%	/run/user/0
/dev/sr0	9.5G	9.5G	0	100%	/mnt/cdrom
/dev/sdb5	6.0G	33M	6.0G	1%	/data
/dev/sdd1	6.9G	4.9G	2.0G	72%	/mnt/usb

以上 devtmpfs 和 tmpfs 是 Linux 运行所需要的临时文件系统,并没有一个实际存放文件的介质,仅存在于内存或 swap 分区之中,因此也称为 "虚拟文件系统"。系统重启后,写入 devtmpfs 和 tmpfs 的文件都会消失。

提示:①应该在挂载目录的上级目录下进行挂载操作;挂载点目录在执行挂载时必须存在,且当前目录不能处在挂载点目录及子目录;一般而言,挂载点目录应该为空目录,否则目录中原有的数据文件会被系统隐藏而无法访问。

②不要在同一个挂载点目录下挂载两个文件系统,但同一分区可挂载到多个不同的目录上,当然这样做的意义不大。

③在图形界面下,U 盘、移动硬盘插入后会自动挂载。其挂载点的位置为 /run/media/登录用户名 / 文件系统创建时所取的名字。

2.卸载分区

要移除 USB 磁盘、U 盘、光盘和硬盘时,需要先卸载。卸载磁盘分区的命令为:

umount 挂载点目录或存储设备名

【例 5-5】卸载 U 盘、光盘。

[root@RHEL 8-1~]# **umount /mnt/usb**

```
[root@RHEL 8-1~]# umount  /dev/cdrom
```

①在卸载光盘之前，直接按光驱面板上的弹出键将无效；②对于光驱设备，还可以使用"eject"命令弹出光驱；③正在使用的文件系统(如打开了分区中的某个文件)不能卸载。

3.设置系统启动时自动挂载

手动挂载的分区会在系统重启后失效，若用户需要永久挂载分区，则需要通过编辑 /etc/fstab 文件来实现。 当系统启动的时候，系统会自动地从这个文件读取信息，并且会自动将此文件中指定的文件系统挂载到指定的目录。

【例 5-6】将新创建的"/dev/sdb 5"设备，永久挂载于"/data/pub"目录下。

步骤 1：用 vim 编辑器在 /etc/fstab 配置文件中加入相应的配置行：

```
[root@RHEL 8-1~]# vim  /etc/fstab
# /etc/fstab
# Created by anaconda on Thu Sep 30 10:56:48 2021
# Accessible filesystems, by reference, are maintained under '/dev/disk/'.
# See man pages fstab(5), findfs(8), mount(8) and/or blkid(8) for more info.
# After editing this file, run 'systemctl daemon-reload' to update systemd
# units generated from this file.
/dev/mapper/rhel-root                           /       xfs      defaults 0 0
UUID=ec7fd73a-17a2-4168-9ed1-78f5d13cf16e  /boot   xfs      defaults 0 0
/dev/mapper/rhel-swap                           none    swap     defaults 0 0
// 在文件末尾添加下一行内容
/dev/sdb5  /data/pub     xfs      defaults      0 0
```

在"/etc/fstab"文件中，每一行记录对应一个分区或设备的挂载配置信息，从左至右包括六个字段（使用空格或制表符分隔），各字段的含义如下所述：

●第 1 个字段：要挂载的设备。 可以是设备文件的名称（如 /dev/sdb 5）或 UUID（设备的唯一性序号，可用"blkid 设备名"命令显示）。

●第 2 个字段：文件系统的挂载点目录的位置。

●第 3 个字段：文件系统的类型，如 xfs、swap 等。

●第 4 个字段：挂载参数。 即 mount 命令"-o"选项后可使用的参数，如：defaults、ro（只读）、rw、suid、exec、auto、nouser、async 等。

●第 5 个字段：表示是否需要 dump 的备份功能的标志位，0 表示不需要，1 表示需要。

●第 6 个字段：设定在开机时是否要做检查的动作，0 表示不进行检查，1 表示优先检查，2 表示其次检查。 除了根分区应设为 1 之外，其他皆可视需要设定。

步骤 2：使用 mount 或 df -h 命令查看是否将 /dev/sdb 5 挂载于 /data/pub 目录下。

```
[root@RHEL 8-1~]# mount  -a           // 重新读取 etc/fstab 文件，将文件系统挂载到设置的位置
[root@RHEL 8-1~]# mount | grep  -w  /data
/dev/sdb5 on  /data/pub  type  xfs (rw,relatime,seclabel,attr2,inode64,noquota)
```

任务 5-5 管理交换分区 swap

在 Linux 系统中，swap 交换分区的作用类似于 Windows 系统中"虚拟内存"，当有程序被

调入内存后，但该程序又不是常被 CPU 所取用时，那么这些不常被使用的程序将会被放到硬盘的 swap 交换分区当中，而将速度较快的内存空间释放给真正需要的程序使用，以避免因为物理内存不足而造成系统效能低的问题。如果系统没有 swap 交换分区，或者现有交换分区的容量不够用时，可扩展 swap 交换分区。扩展 swap 交换分区的方式有两种：

- 以磁盘分区的方式扩展 swap 交换分区。
- 以镜像文件的方式扩展 swap 交换分区。

交换分区的有关操作命令见表 5-6。

表5-6　　　　　　　　　　　　　swap交换分区的有关操作命令

命令	功能
mkswap 分区设备名	将指定的分区格式化为 swap 交换文件系统
swapon 交换分区设备名 |-a	启用（或激活）指定的交换分区或所有交换分区
swapoff 交换分区设备名 |-a	禁用指定的交换分区或所有交换分区
swapon -s	查看交换分区的使用情况
free -m	以兆字节为单位显示物理内存、交换分区的使用情况

【例 5-7】用一个新建的分区扩展 swap 交换分区。

步骤 1：创建容量为 256 MB 的主分区。

[root@RHEL 8-1~]# **fdisk　/dev/sdb**

欢迎使用 fdisk (util-linux 2.32.1)。

更改将停留在内存中，直到您决定将更改写入磁盘。

使用写入命令前请三思。

命令 (输入 m 获取帮助)：**n**

分区类型

　p　主分区 (0 个主分区 ,1 个扩展分区 ,3 空闲)

　1　逻辑分区 (从 5 开始编号)

选择 (默认 p): **p**

分区号 (1,3,4, 默认 1): **1**

第一个扇区 (2048-41943039, 默认 2048):

上个扇区 ,+sectors 或 +size{K,M,G,T,P} (2048-1050623, 默认 1050623): **+256M**

创建了一个新分区 1, 类型为 "Linux", 大小为 256 MiB。

命令 (输入 m 获取帮助)：**p**

Disk /dev/sdb:20 GiB,21474836480 字节 ,41943040 个扇区

单元 : 扇区 / 1 * 512 = 512 字节

扇区大小 (逻辑 / 物理): 512 字节 / 512 字节

I/O 大小 (最小 / 最佳): 512 字节 / 512 字节

磁盘标签类型 : dos

磁盘标识符 :0xc7a0b4c2

设备	启动	起点	末尾	扇区	大小	Id	类型
/dev/sdb1		2048	526335	524288	256M	83	Linux
/dev/sdb2		1050624	22022143	20971520	10G	5	扩展
/dev/sdb5		1052672	13635583	12582912	6G	83	Linux

步骤 2：使用 "t" 指令转换分区类型（如：/dev/sdb 1）。如果需要可以使用 "1" 指令显示所有分区类型的十六进制代码表。

```
命令 ( 输入 m 获取帮助 ):t              // 输入字符 t, 转换分区类型
分区号 (1,2,5, 默认 5): 1              // 输入数字 1, 指定需要转换的分区序号
Hex 代码 ( 输入 L 列出所有代码 ):82    // 输入数字 82, 指定为交换分区类型的代码
已将分区 "Linux" 的类型更改为 "Linux swap / Solaris"。
命令 ( 输入 m 获取帮助 ):p
Disk /dev/sdb:20 GiB,21474836480 字节 ,41943040 个扇区
单元：扇区 / 1 * 512 = 512 字节
扇区大小 ( 逻辑 / 物理 ):512 字节 / 512 字节
I/O 大小 ( 最小 / 最佳 ):512 字节 / 512 字节
磁盘标签类型 :dos
磁盘标识符 :0xe51a55ed
```

设备	启动	起点	末尾	扇区	大小	Id	类型
/dev/sdb1		2048	526335	524288	256M	82	Linux swap / Solaris
/dev/sdb2		1050624	22022143	20971520	10G	5	扩展
/dev/sdb5		1052672	13635583	12582912	6G	83	Linux

```
命令 ( 输入 m 获取帮助 ): w
分区表已调整。
将调用 ioctl( ) 来重新读分区表。
正在同步磁盘。
[root@RHEL 8-1~]# partprobe  /dev/sdb
```

步骤 3：格式化交换分区。

```
[root@RHEL 8-1~]# mkswap  /dev/sdb1
正在设置交换空间版本 1, 大小 = 256 MiB (268431360  个字节 )
无标签 ,UUID=f8bb69a5-69e6-4294-b0d0-b1464835b499
```

步骤 4：手工临时启用新添加的交换分区。

```
[root@RHEL 8-1~]# free  -m              // 显示扩展前已启用的交换分区的大小
              total    used    free   shared buff/cache  available
Mem:        1950    1040    185     16       724        738
Swap:       2047    0       2047
[root@RHEL 8-1~]# swapon  -s
```

文件名	类型	大小	已用	权限
/dev/dm-1	partition	2097148	524	-2

[root@RHEL 8-1~]# **swapon /dev/sdb1** // 启用新添加的交换分区 /dev/sdb1

[root@RHEL 8-1~]# **free -m** // 显示扩展后已启用的交换分区的大小

	total	used	free	shared	buff/cache	available
Mem:	1950	1042	198	16	710	737
Swap:	2303	0	2303			

[root@RHEL 8-1~]# **swapon -s**

文件名	类型	大小	已用	权限
/dev/dm-1	partition	2097148	524	-2
/dev/sdb1	partition	262140	0	-3

步骤 5：在 /etc/fstab 文件中添加永久挂载并启用交换分区。

[root@RHEL 8-1~]# **blkid /dev/sdb1** // 查看新添加交换分区的 UUID

/dev/sdb1: UUID="f8bb69a5-69e6-4294-b0d0-b1464835b499"TYPE="swap" PARTUUID="c7a0b4c2-01"

[root@RHEL 8-1~]# **vim /etc/fstab**

...... // 省略若干行

// 在文件末尾添加以下一行：

UUID= f8bb69a5-69e6-4294-b0d0-b1464835b499 swap   swap   defaults 0   0

:wq // 保存退出

任务 5-6 使用 LVM 实现动态磁盘管理

1. 创建与使用逻辑卷

LVM 逻辑卷创建的主要过程是：物理磁盘的分区→物理卷→卷组→逻辑卷→格式化逻辑卷→挂载逻辑卷到目录→设置开机自动挂载逻辑卷。

【例 5-8】以磁盘 /dev/sdb 和 /dev/sdc 为基础，创建 LVM 逻辑卷。

具体操作步骤如下：

步骤 1：确定系统中是否安装了 LVM 工具（RHEL 8 默认已安装）。

[root@RHEL 8-1~]# **rpm -q lvm2**

lvm2-2.03.11-5.el8.x86_64

如果命令执行后没有输出信息，说明未安装 LVM 工具，则可以从系统光盘安装 LVM 的 rpm 包或从网络下载最新版本后进行安装。

步骤 2：使用 fdisk 命令的 "n" 指令和 "t" 指令，在 /dev/sdb 磁盘上添加 LVM 类型的分区（分区类型号为 8e），下面是对 /dev/sdb 磁盘完成分区后的结果。

[root@RHEL 8-1~]# **fdisk /dev/sdb**

欢迎使用 fdisk (util-linux 2.32.1)。

更改将停留在内存中，直到您决定将更改写入磁盘。

使用写入命令前请三思。

命令 (输入 m 获取帮助)：**p**

Disk /dev/sdb:20 GiB,21474836480 字节 ,41943040 个扇区

单元：扇区 / 1 * 512 = 512 字节

扇区大小 (逻辑 / 物理):512 字节 / 512 字节

I/O 大小 (最小 / 最佳):512 字节 / 512 字节

磁盘标签类型 :dos

磁盘标识符 :0xc7a0b4c2

设备	启动	起点	末尾	扇区	大小	Id	类型
/dev/sdb1		2048	526335	524288	256M	82	Linux swap / Solaris
/dev/sdb2		1050624	22022143	20971520	10G	5	扩展
/dev/sdb5		1052672	13635583	12582912	6G	83	Linux
/dev/sdb6		13637632	15734783	2097152	1G	8e	Linux LVM
/dev/sdb7		15736832	19931135	4194304	2G	8e	Linux LVM

步骤 3：将 /dev/sdb 6、/dev/sdb 7 和 /dev/sdc 1（任务 5-2 中的分区结果）三个 Linux LVM 分区转换为物理卷→使用 pvs 或 pvscan 命令查看当前系统中已建立的物理卷。

```
[root@RHEL 8-1~]# pvcreate /dev/sdb6 /dev/sdb7 /dev/sdc1
  Physical volume "/dev/sdb6" successfully created.
  Physical volume "/dev/sdb7" successfully created.
  Physical volume "/dev/sdc1" successfully created.
[root@RHEL 8-1~]# pvs                          // 查看当前系统的物理卷情况
  PV          VG     Fmt     Attr    PSize      PFree
  /dev/sda2   rhel   lvm2    a--     <19.70g    0
  /dev/sdb6          lvm2    ---     1.00g      1.00g
  /dev/sdb7          lvm2    ---     2.00g      2.00g
  /dev/sdc1          lvm2    ---     <3.00g     <3.00g
```

步骤 4：将物理卷 /dev/sdb 6 和 /dev/sdb 7 整合，创建名为 vg 01 的卷组→使用 vgs 命令扫描当前系统中已建立的卷组→使用 vgdisplay 命令查看卷组 vg 01 的详细信息。

```
[root@RHEL 8-1~]# vgcreate vg01 /dev/sdb6 /dev/sdb7
  Volume group "vg01" successfully created
[root@RHEL 8-1~]# vgs
  VG      #PV    #LV    #SN    Attr      VSize       VFree
  rhel    1      2      0      wz--n-    <19.50g     0
  vg01    2      0      0      wz--n-    2.99g       2.99g
[root@RHEL 8-1~]# vgdisplay vg01                // 查看卷组 vg01 的详细信息
  --- Volume group ---
  VG Name                vg01       // 当前卷组 VG 的名字
  System ID
```

Format	lvm2
Metadata Areas	2
Metadata Sequence No	1
VG Access	read/write
VG Status	resizable
MAX LV	0
Cur LV	0
Open LV	0
Max PV	0
Cur PV	2 // 当前卷组中有两个 PV, 即 /dev/sdb6 和 /dev/sdb7
Act PV	2
VG Size	2.99 GiB // 当前卷组 VG 的大小
PE Size	4.00 MiB // 卷组中每个 PE 的大小 (默认为 4 MB)
Total PE	766 // 当前卷组 PE 的数量
Alloc PE / Size	0 / 0
Free PE / Size	766 / 2.99 GiB
VG UUID	prFriA-Rcot-QdmB-4bpT-x9fC-NrGm-VP8NRt

vgcreate 在创建卷组 vg01 以外，还默认设置了大小为 4 MB 的 PE，这表示卷组上创建的所有逻辑卷都以 4 MB 为增量单位来进行扩充或缩减。 由于内核原因，PE 大小决定了逻辑卷的最大值，4 MB 的 PE 决定了单个逻辑卷最大容量为 256 GB，若希望使用大于 256 GB 的逻辑卷则创建卷组时应指定更大的 PE（使用 -s 指定）。PE 大小的范围为 8 KB ～ 512 MB，并且必须总是 2 的倍数，如：vgcreate -s 16M vg01 /dev/sdb6 /dev/sdb7。

步骤 5：在卷组 vg01 上创建一个名为"lv01"的逻辑卷，容量大小为 2.5 GB。

```
[root@RHEL 8-1~]# lvcreate -n lv01 -L 2.5GB vg01
Logical volume "lv01" created
```

lvcreate 命令中，可使用"-L"参数直接指定逻辑卷的空间大小，也可使用"-l"参数通过指定 PE 的数量（PE 数量 × 每个 PE 大小 = 空间大小）来指定所建逻辑卷的空间大小。

步骤 6：格式化逻辑卷（创建文件系统）→将逻辑卷自动挂载到指定目录。

```
[root@RHEL 8-1~]# mkfs -t xfs /dev/vg01/lv01    // 使用 xfs 文件系统格式化逻辑卷 lv01
[root@RHEL 8-1~]# mkdir -p /home/mylv        // 创建挂载目录
[root@RHEL 8-1~]# vim /etc/fstab          // 编辑能在系统启动时自动挂载逻辑卷
………// 省略若干行
/dev/vg01/lv01 /home/mylv xfs defaults 0  0    // 在文件末尾添加此行
[root@RHEL 8-1~]# mount -a          // 重新挂载 /etc/fstab 中的所有文件系统
[root@RHEL 8-1~]# echo "I am zhang3" > /home/mylv/zhang3.txt
                        // 向挂载后的逻辑卷中添文件
```

由此可见，逻辑卷挂载好后，可以像使用分区一样来对其进行文件操作。

2. 管理与调整 LVM 卷

（1）扩展卷组

根据前面的操作，卷组 vg01 中已包含了 /dev/sdb 6 和 /dev/sdb 7 两个物理卷，现添加 /dev/sdc 1 物理卷到 vg01 中，从而实现卷组的容量扩展，其操作命令如下：

```
[root@RHEL 8-1~]# vgs vg01              // 显示扩展前卷组 vg01 的容量
VG      #PV    #LV    #SN    Attr       VSize         VFree
vg01    2      1      0      wz--n-     2.99g         504.00m
[root@RHEL 8-1~]# vgextend vg01 /dev/sdc1    // 将物理卷 /dev/sdc1 添加到卷组 vg01
Volume group "vg01" successfully extended
[root@RHEL 8-1~]# vgs vg01              // 显示扩展后卷组 vg01 的容量
VG      #PV    #LV    #SN    Attr       VSize         VFree
vg01    3      1      0      wz--n-     <5.99g        <3.49g
```

（2）在线扩展逻辑卷

当逻辑卷不够用且卷组中还有剩余空间时，可以在线扩展逻辑卷的容量。扩展过程为：

```
[root@RHEL 8-1~]# lvs /dev/vg01/lv01            // 查看扩容前逻辑卷的容量
LV      VG      Attr       LSize Pool Origin Data% Meta% Move Log Cpy%Sync Convert
lv01    vg01    -wi-ao---- 2.50g
[root@RHEL 8-1~]# lvextend -L +3G /dev/vg01/lv01   // 将逻辑卷 lv01 的容量增加 3 GB
Size of logical volume vg01/lv01 changed from 2.50 GiB (640 extents) to 5.50 GiB (1408 extents).
Logical volume vg01/lv01 successfully resized.
[root@RHEL 8-1~]# lvs /dev/vg01/lv01            // 查看扩容后逻辑卷的容量
LV      VG      Attr       LSize Pool Origin Data% Meta% Move Log Cpy% Sync Convert
lv01    vg01    -wi-ao---- 5.50g
```

需要注意的是：虽然用 lvs 看到逻辑卷 /dev/vg01/lv01 由 2.5 GB 扩大到 5.5 GB，但用 df -hT 查看逻辑卷的大小还是 2.5 GB，这说明扩容后的逻辑卷还未被挂载点上的文件系统识别。

```
[root@RHEL 8-1~]# df -hT /home/mylv
文件系统                类型    容量    已用    可用    已用 %    挂载点
/dev/mapper/vg01-lv01   xfs     2.5G    51M     2.5G    2%        /home/mylv
```

对于 xfs 格式的文件系统，可使用"xfs_growfs 挂载点目录"命令在不需离线（卸载逻辑卷）的情况下将扩展后的逻辑卷扩展到挂载点上，对于 ext 2/3/4 格式的文件系统，可使用"resize 2fs 逻辑卷名称"命令将扩展后的逻辑卷扩展到挂载点上。

```
[root@RHEL 8-1~]# xfs_growfs /home/mylv      // 让系统重新识别文件系统的大小
……// 省略若干显示行
[root@RHEL 8-1~]# df -hT /home/mylv          // 查看重新识别文件系统后逻辑卷的容量
```

文件系统	类型	容量	已用	可用	已用 %	挂载点
/dev/mapper/vg01-lv01	xfs	5.5G	72M	5.5G	2%	/home/mylv

[root@RHEL 8-1~]# **cat /home/mylv/zhang3.txt**

I am zhang3   // 此行表明扩展前存储的文件在扩展后未被破坏

（3）缩小逻辑卷

对于 ext2/3/4 格式的文件系统，不仅可以扩展空间，还可以在离线状态下（卸载逻辑卷）缩小空间。xfs 文件系统只能扩展不能缩小空间。为此，将现有 5.5 GB 的逻辑卷 lv01 卸载后转换为 ext4 格式，然后缩小 1.5 GB，其操作过程如下：

[root@RHEL 8-1~]# **umount /dev/vg01/lv01**   // 卸载逻辑卷以便重新格式化

[root@RHEL 8-1~]# **mkfs -t ext4 /dev/vg01/lv01** // 使用 ext4 文件系统格式化逻辑卷 lv01

[root@RHEL 8-1~]# **lvs /dev/vg01/lv01**   // 查看缩小前的逻辑卷

LV	VG	Attr	LSize Pool Origin Data% Meta% Move Log Cpy%Sync Convert
lv01	vg01	-wi-a-----	5.50g

[root@RHEL 8-1~]# **mount /dev/vg01/lv01 /home/mylv**

[root@RHEL 8-1~]# **echo "I am zhang3" > /home/mylv/zhang3.txt**

[root@RHEL 8-1~]# **umount /dev/vg01/lv01**   // 卸载逻辑卷

[root@RHEL 8-1~]# **e2fsck -f /dev/vg01/lv01**   // 强制检查并修复逻辑卷

e2fsck 1.45.6 (20-Mar-2020)

第 1 步：检查 inode、块和大小

第 2 步：检查目录结构

第 3 步：检查目录连接性

第 4 步：检查引用计数

第 5 步：检查组概要信息

/dev/vg01/lv01:12/360448 文件 (0.0% 为非连续的), 44647/1441792 块

[root@RHEL 8-1~]# **resize2fs /dev/vg01/lv01 4G** // 重新定义文件系统的大小为 4 GB

resize2fs 1.45.6 (20-Mar-2020)

将 /dev/vg01/lv01 上的文件系统调整为 1048576 个块（每块 4k）。

/dev/vg01/lv01 上的文件系统现在为 1048576 个块（每块 4k）。

[root@RHEL 8-1~]# **lvreduce -L -1.5G /dev/vg01/lv01**   // 将逻辑卷 lv01 的容量减少 1.5 GB

  WARNING: Reducing active logical volume to 4.00 GiB.

  THIS MAY DESTROY YOUR DATA (filesystem etc.)

Do you really want to reduce vg01/lv01? [y/n]: y   // 输入 "y" 以确认缩小逻辑卷

  Size of logical volume vg01/lv01 changed from 5.50 GiB (1408 extents) to 4.00 GiB (1024 extents).

  Logical volume vg01/lv01 successfully resized.

[root@RHEL 8-1~]# **lvs /dev/vg01/lv01**   // 查看缩小后的逻辑卷

LV	VG	Attr	LSize Pool Origin Data% Meta% Move Log Cpy%Sync Convert
lv01	vg01	-wi-a-----	4.00g

[root@RHEL 8-1~]# **mount /dev/vg01/lv01 /home/mylv**   // 挂载容量缩小后的逻辑卷

[root@RHEL 8-1~]# **cat /home/mylv/zhang3.txt**

I am zhang3　　　　　　　　　　　　　　// 逻辑卷缩小后所存储的文件未被破坏

提示：逻辑卷的扩展可以在线执行，不需要卸载逻辑卷，但是在进行逻辑卷的缩小操作时，必须先卸载逻辑卷，然后缩小文件系统，最后缩小逻辑卷。缩小逻辑卷的操作是个危险的操作，稍不注意就可能损坏逻辑卷，造成文件的丢失或损坏。

（4）缩小卷组（将物理卷从卷组中移去）

要将一个物理卷从卷组中移去，首先要确认该物理卷有没有存储数据（可使用 pvs 命令查看），若存储了数据则数据备份到其他地方后再移去。如：卷组 vg01 中已包含 /dev/sdb6、/dev/sdb7 和 /dev/sdc1 三个物理卷，将物理卷 /dev/sdb6 从卷组 vg01 中移去的操作命令如下：

```
[root@RHEL 8-1~]# pvs
  PV          VG      Fmt     Attr    PSize       PFree
  /dev/sda2   rhel    lvm2    a--     19.51g      0
  /dev/sdb6   vg01    lvm2    a--     1020.00m    0
  /dev/sdb7   vg01    lvm2    a--     <2.00g      0
  /dev/sdc1   vg01    lvm2    a--     <3.00g      <1.99g
[root@RHEL 8-1~]# pvmove /dev/sdb6 /dev/sdc1    // 将 /dev/sdb6 上的数据迁移到 /dev/sdc1
  /dev/sdb6: Moved: 14.51%
  /dev/sdb6: Moved: 100.00%
[root@RHEL 8-1~]# pvs
  PV          VG      Fmt     Attr    Psize       PFree
  /dev/sda2   rhel    lvm2    a--     19.51g      0
  /dev/sdb6   vg01    lvm2    a--     1020.00m    1020.00m
  /dev/sdb7   vg01    lvm2    a--     <2.00g      0
  /dev/sdc1   vg01    lvm2    a--     <3.00g      1016.00m
[root@RHEL 8-1~]# vgreduce vg01 /dev/sdb6    // 将物理卷 /dev/sdb6 从卷组 vg01 中移去
  Removed "/dev/sdb6" from volume group  "vg01"
[root@RHEL 8-1~]# pvs
  PV          VG      Fmt     Attr    Psize       PFree
  /dev/sda2   rhel    lvm2    a--     19.51g      0
  /dev/sdb6           lvm2    ---     1.00g       1.00g       // 此处的 /dev/sdb6 已不属于卷组 vg01 了
  /dev/sdb7   vg01    lvm2    a--     <2.00g      0
  /dev/sdc1   vg01    lvm2    a--     <3.00g      1016.00m
```

（5）删除逻辑卷

先要将逻辑卷上面的文件系统卸载，然后才能进行删除，其操作如下：

```
[root@RHEL 8-1~]# umount /dev/vg01/lv01          // 卸载逻辑卷
[root@RHEL 8-1~]# lvremove /dev/vg01/lv01        // 删除逻辑卷
Do you really want to remove active logical volume vg01/lv01? [y/n]: y
  Logical volume "lv01" successfully removed
```

```
[root@RHEL 8-1~]# lvs  lv01
Volume group "lv01" not found
Cannot process volume group lv01
```

提示：删除逻辑卷 /dev/vg01/lv01 后，应在 /etc/fstab 文件中将该卷对应的自动挂载项屏蔽或删除，以免下次系统启动时不能进入登录界面。

（6）删除卷组

卷组删除时要确保该卷组中没有被任何逻辑卷使用。删除卷组 vg01 的命令如下：

```
[root@RHEL 8-1~]# vgremove  vg01
Volume group "vg01" successfully removed
[root@RHEL 8-1~]# vgs  vg01
Volume group "vg01" not found
Cannot process volume group vg01
```

（7）删除物理卷

删除物理卷就是将物理卷还原为普通的磁盘或分区，将物理卷 /dev/sdb6 删除的命令为：

```
[root@RHEL 8-1~]# pvremove  /dev/sdb6                // 将物理卷 /dev/sdb6 还原为普通分区
Labels on physical volume "/dev/sdb6" successfully wiped
[root@RHEL 8-1~]# pvs  /dev/sdb6
Failed to find physical volume "/dev/sdb6".
```

任务 5-7 管理磁盘配额

在 RHEL 8 中，使用 xfs_quota 命令管理 xfs 文件系统的磁盘配额，使用 quota 命令管理 ext4 文件系统的磁盘配额。

【例 5-9】以任务 5-3 中创建的 "/dev/sdb 5" 分区为例，在【例 5-1】【例 5-2】中对 "/dev/sdb 5" 分区完成格式化和挂载的基础上，针对用户 zhang 3 限制磁盘软限制为 100 MB、磁盘硬限制为 120 MB、文件数软限制为 3 个、文件数硬限制为 6 个。

其配置步骤如下：

步骤 1：检查系统中是否安装 xfs_quota 命令对应的软件包（RHEL 8 中默认已安装）→查看 "/dev/sdb 5" 分区的挂载信息。

```
[root@RHEL 8-1~]# rpm -qf 'which xfs_quota' // 查看 xfs_quota 文件所属的软件包，其中 "'"
                                            // 符号不是引号，而是【Esc】键下面的键
xfsprogs-5.0.0-8.el8.x86_64
[root@RHEL 8-1~]# mount | grep sdb5
/dev/sdb5 on /data/pub type xfs (rw,relatime,seclabel,attr2,inode64,logbufs=8,logbsize=32k,noquota)
```

步骤 2：创建被限额使用磁盘空间大小的用户及密码→创建挂载目录 /data/pub →将 /dev/sdb 5 分区的挂载目录 /data/pub 的所有权赋给创建的 zhang 3 用户，以此保证用户能读写目录中

的文件。

```
[root@RHEL 8-1~]# useradd  -p  123.com  zhang3
[root@RHEL 8-1~]# mkdir  -p  /data/pub
[root@RHEL 8-1~]# chown  zhang3  /data/pub
```

步骤 3：以支持配额的方式重新挂载 /dev/sdb 5 分区到指定的 /data/pub 目录。

```
[root@RHEL 8-1~]# umount  /dev/sdb5                                    // 卸载
[root@RHEL 8-1~]# mount -o  usrquota,grpquota  /dev/sdb5  /data/pub    // 重新挂载
[root@RHEL 8-1~]# mount | grep  sdb5                                   // 查看挂载情况
/dev/sdb5 on /data/pub type xfs(rw,relatime,seclabel,attr2,inode64,logbufs=8,logbsize=32k,usrquota,gr
pquota)
```

提示：若只限制用户帐号而不限制组帐号，则使用“-o usrquota”选项挂载分区。若 /dev/sdb5 分区事先已有非配额的普通挂载，需先用“umount /dev/sdb5”命令卸载后，再执行支持配额的挂载。

步骤 4：设置在系统启动时以支持磁盘配额的方式挂载磁盘分区到指定的目录。

```
[root@RHEL 8-1~]# vim  /etc/fstab
……              // 省略若干行
// 在文件末尾添加下一行内容
/dev/sdb5 /data/pub xfs defaults,usrquota,grpquota 0 0
[root@RHEL 8-1~]# mount -a          // 使文件 /etc/fstab 中设置的所有挂载设备立即生效
```

步骤 5：为 zhang 3 用户和 /data/pub 目录设置磁盘配额→查看设置的配额信息。

```
[root@RHEL 8-1~]# xfs_quota -x -c 'limit bsoft=100M bhard=120M isoft=3 ihard=6 -u
zhang3' /data/pub
[root@RHEL 8-1~]# xfs_quota -x -c 'report -ubih' /data/pub
User quota on /data/pub (/dev/sdb5)
```

	Blocks				Inodes			
User ID	Used	Soft	Hard	Warn/Grace	Used	Soft	Hard	Warn/Grace
root	0	0	0	00 [------]	3	0	0	00 [------]
zhang3	0	100M	120M	00 [------]	0	3	6	00 [------]

xfs_quota 命令的常用格式为：

xfs_quota -x -c ' 子命令 ' 挂载目录

其中的参数说明如下：

-x——使用专家模式，只有此模式才能设置配额。

-c ' 子命令 '——以交换式或参数的形式设置要执行的命令，其中，常用的子命令如下：

● report——显示配额信息。

● limit——设置配额。

● disable|enable——暂时关闭或启用磁盘配额限制。

● off——完全关闭磁盘配额限制，此时，无法用 enable 重启配额限制，只能通过卸载后再重新挂载才可恢复配额限制功能。

步骤 6：切换到 zhang 3 用户，验证磁盘配额限制是否生效。

```
[root@RHEL 8-1~]#su  zhang3                          //切换用户
// 下面的 dd 命令是向文件 /data/pub/test 中写入 90M 数据，以便验证磁盘配额的情况
[zhang3@RHEL 8-1 root]$ dd  if=/dev/zero of=/data/pub/test bs=1M  count=90
记录了 90+0 的读入
记录了 90+0 的写出                        // 在软限制范围内时成功写入文件
94371840 bytes (94 MB, 90 MiB) copied, 0.611318 s, 154 MB/s
// 向文件 /data//pub/test 中写入 110 M 数据
[zhang3@RHEL 8-1 root]$ dd  if=/dev/zero of=/data/pub/test bs=1M  count=110
记录了 110+0 的读入
记录了 110+0 的写出                       // 超出软限制但未超出硬限制时仍能成功写入
115343360 bytes (115 MB, 110 MiB) copied, 0.38263 s, 301 MB/s
// 向文件 /data/test 中写入 130 M 数据
[zhang3@RHEL 8-1 root]$ dd  if=/dev/zero of=/data/pub/test bs=1M  count=130
d: 写入 '/data/pub/test' 出错：超出磁盘限额
记录了 121+0 的读入
记录了 120+0 的写出                       // 在写入过程中超出硬限制时被中断，只写入部分
125829120 bytes (126 MB, 120 MiB) copied, 0.426004 s, 295 MB/s
```

步骤 7：在 root 用户与 zhang 3 用户之间切换，关闭或启用磁盘配额限制。

```
[zhang3@RHEL 8-1 root]$ su
密码：
[root@RHEL 8-1~]# xfs_quota -x -c 'disable' /data /pub           // 临时关闭磁盘配额限制
[root@RHEL 8-1~]# su  zhang3
[zhang3@RHEL 8-1 root]$ dd if=/dev/zero of=/data/pub/test bs=1M  count=130
记录了 130+0 的读入
记录了 130+0 的写出
136314880 bytes (136 MB, 130 MiB) copied, 0.273904 s, 498 MB/s   // 在配额关闭时超额存储成功
[zhang3@RHEL 8-1 root]$ su
密码：
[root@RHEL 8-1~]# xfs_quota -x -c 'enable' /data/pub           // 重启磁盘配额限制
[root@RHEL 8-1~]# su  zhang3
[zhang3@RHEL 8-1 root]$ dd  if=/dev/zero of=/data/pub/test bs=1M  count=130
dd: 写入 '/data/pub/test' 出错：超出磁盘限额
```

记录了 121+0 的读入

记录了 120+0 的写出

125829120 bytes (126 MB, 120 MiB) copied, 0.323026 s, 390 MB/s

[zhang3@RHEL 8-1 root]$ **su**

密码：

[root@RHEL 8-1~]# **xfs_quota -x -c 'off' /data/pub**　　　// 完全关闭磁盘配额的功能

[root@RHEL 8-1~]# **xfs_quota -x -c 'enable' /data/pub**

XFS_QUOTAON: 无效的参数　　　　　　　// 完全关闭配额后无法用 enable 重启配额

[root@RHEL 8-1~]# **umount /data/pub ; mount -a**　// 关闭配额后只有卸载后重新挂载方能恢复配额

 ## 项目实训5　管理Linux磁盘

【实训目的】

会对基本磁盘进行分区，并对分区格式化和挂载；能够运用 LVM 机制对磁盘容量进行动态调整；能使用 xfs_quota 工具实现磁盘配额。

【实训环境】

一人一台 Windows 10 物理机，1 台 RHEL 8/CentOS 8 虚拟机，虚拟机硬盘三块，虚拟机网卡连接至 VMnet 8 虚拟交换机。

【实训拓扑】（图 5-3）

图5-3　实训拓扑图

【实训内容】

1.在RHEL 8系统已启动的情况下，在虚拟机中添加两块20 GB的SCSI接口的硬盘，以root用户登录系统字符界面。

2.硬盘的分区与格式化

（1）按表 5-7 所示的要求分别用 fdisk、gdisk 命令对硬盘 /dev/sdb、/dev/sdc 进行分区，并用 mkfs 和 mkswap 格式化新分区。

表5-7　　　　　　　　　　　　　　　硬盘分区参数

使用工具	分区	容量	分区类型	文件系统	挂载点
fdisk	/dev/sdb1	50 MB	Linux	xfs	/disk2
	/dev/sdb2	100 MB	Linux LVM	xfs	/home/lvm
	/dev/sdb3	800 MB	Extended	无	无
	/dev/sdb5	600 MB	Linux LVM	xfs	/home/lvm
	/dev/sdb6	200 MB	Linux swap	swap	swap

续表

使用工具	分区	容量	分区类型	文件系统	挂载点
gdisk	/dev/sdc1	500 MB	Linux LVM	xfs	/home/lvm

（2）创建挂载目录 /disk2，将 /dev/sdb2 分区挂载到 /disk2。

（3）创建挂载目录 /mnt/cdrom，将光盘挂载到目录 /mnt/cdrom。

（4）插入 U 盘，使用 fdisk -l 查看其设备名，创建目录 /mnt/usb，将 U 盘挂载到目录 /mnt/usb。

（5）利用 /dev/sdb6 分区扩展 swap 交换分区。

3. 创建并使用LVM逻辑卷

（1）将 /dev/sdb2、/dev/sdb5 的分区类型设为 8e。

（2）使用 pvcreate 命令将 /dev/sdb2、/dev/sdb5 分区标记为物理卷。

（3）将物理卷 /dev/sdb2、/dev/sdb5 整合，创建名为 vg0 的卷组。

（4）在卷组 vg0 中创建一个名为 lv00 的逻辑卷，容量大小为 700 MB。

（5）对逻辑卷进行格式化，并挂载到 /home/lvm 目录下。

（6）将 /dev/sdc1 分区在线扩展到逻辑卷 lv00。

4. 基于li4用户进行磁盘配额

（1）检查系统中是否安装 xfs_quota 软件包。

（2）创建用户 li4 及其密码。

（3）使用 cat 命令查看 /etc/fstab 文件在修改前的内容。

（4）编辑 /etc/fstab 文件，设置开机启动时能自动以支持配额的方式挂载磁盘分区到用户 li4 的家目录上。

（5）使用 mount 命令使文件 /etc/fstab 中设置的所有挂载设备立即生效。

（6）使用 xfs_quota 命令在用户 li4 的家目录上设置用户和组的磁盘配额，其中限制磁盘软限制为 100 MB、磁盘硬限制为 120 MB、文件数软限制为 10 个、文件数硬限制为 12 个。

（7）切换到 li4 用户，验证磁盘配额的功能（用 dd、touch 命令产生的文件测试容量和个数）。

 项目习作5

一、选择题

1. 在 fdisk 分区命令的交互界面中，用于新建分区的指令是（　　）。

    A.l   B.p   C.t   D.n

2. 已知 Linux 系统中的唯一一块硬盘是第一个 SCSI 接口的 master 设备，该硬盘按顺序有 3 个主分区和一个扩展分区，该扩展分区又划分了 3 个逻辑分区，则该硬盘上的第二个逻辑分区在 Linux 中的设备名称是（　　）。

    A./dev/sda2   B./dev/sda4   C./dev/sda6   D./dev/sda5

3. 执行以下（　　）命令可以将 "/dev/sdb5" 分区格式化为 xfs 文件系统。

    A.fdisk -t xfs /dev/sdb5   B.mkfs -t xfs /dev/sdb5

    C.mkfs.xfs -f /dev/sdb5   D.mkfsxfs /dev/sdb5

4. 将 Windows 分区（sda1）挂载到 Linux 系统的 /winsys 目录下的命令是（   ）。

    A.mount dev/sda1 /winsys   B.mount -t vfat /dev/sda1 /winsys

    C.mount /dev/sda1 winsys   D.mount dev/sda1 winsys

5. 下列关于卸载的说法错误的是（   ）。

    A. 用户能在卸载前弹出光盘

    B. 默认条件下普通用户能使用卸载命令

    C.root 用户能利用卸载命令卸载任何路径下的文件系统

    D. 卸载文件系统后，挂载点目录原有的内容还可继续使用

6. 在 "/etc/sftab" 文件中设置自动挂载参数时，（   ）用于提供用户配额支持。

    A.usrquota   B.userquota   C.grpquota   D.groupquota

7. 以下（   ）命令可以查看 xfs 文件系统下用户的配额使用情况。

    A.quota   B.mount   C.xfs_quota   D.repquota

8. 使用 LVM 磁盘管理机制时，在（   ）中可以创建动态可扩展的文件系统。

    A. 物理卷   B. 卷组   C. 逻辑卷   D. 分区

二、简答题

1. 简述 RedHat Linux/CentOS 系统磁盘命名规则和 LVM 逻辑卷的基本思想。

2. 如何实现 FAT32 文件系统的自动挂载？

3./etc/fstab 文件中的某行如下：

/dev/sdb5 /mnt/dosdata msdos defaults，usrquota 1 2

请解释其含义。

项目6
管理软件包、
服务和进程

6.1
6.1 项目描述

德雅职业学校新购置了若干台服务器，并安装了 RHEL 8 操作系统。 然而，随操作系统一起安装的供用户使用的应用软件，只是为数不多的通用性软件。 为了满足不同用户的不同需求，首先需要安装相应的应用软件。 安装软件的作用仅仅是给该软件提供了一个可以运行的环境，要使软件发挥作用，为用户提供高效可靠的服务，还必须启动该软件让其投入运行，并能监控软件的运行状态，维护其正常、稳定地运行。

软件的安装、升级或卸载；软件的运行管理（开机时自动和手动启动、重启、重载和停止软件）；实时监控和查看软件运行状态等是系统管理员日常最基本的管理工作。

6.2 项目知识准备

6.2.1 管理软件包的两种工具——rpm和dnf

为便于软件的安装、更新和卸载，这些软件会按一定格式进行封装（打包和压缩）后供用户使用。 目前 RHEL 8 软件的安装包有 RPM 包和 TAR 包两种。通常，用 rpm 打包的是可执行程序，而用 tar 打包的则是源程序。RHEL 8 提供了管理 RPM 包的两种主要工具：rpm、dnf。

RPM 软件包的
管理

1.rpm管理工具

RPM（Redhat Package Manager，红帽包管理器）是由 RedHat 公司开发的 Linux 基本标准打包格式和基础包管理系统，它可使用户很容易地对 RPM 格式的软件包进行安装、升级、卸载、校验和查询等操作。 由于 RPM 格式的软件包的优良特性，如今已是众多 Linux 发行版中应用最广泛的软件包格式之一，被公认为一种软件包管理标准，因此掌握了 RPM 格式的软件包的操作使用，也就解决了 Linux 上的应用程序和系统工具的安装、管理。

RPM 软件包文件典型的命名格式为：

软件名 - 版本号 - 发行号 . 操作系统版本 . 硬件平台的类型 .rpm

例如，在 RHEL 8 中，libldb 软件包对应的软件包文件的名称为：

libldb-2.2.0-2.el 8.x 86_64.rpm

其中，"libldb" 为软件包的名称；"2.2.0-2" 为版本号（包括主版本、次版本、修订号和发行号）；"el8" 代表该软件包是提供给 el8（Enterprise Linux 8）版操作系统使用的；"x 86_64" 是指该软件包可以运行的 CPU 架构（此处为 64 位和兼容 32 位的 x 86 架构），此外还有 "i686" 或 "noarch"（不限定架构，可以通用）等；".rpm" 是反映文件类型的扩展名，说明是一个 RPM 包。

2.dnf管理工具

dnf（Dandified Yum，优美的 yum）是新一代的 RPM 软件包管理器，它取代了 yum 正式成为 RHEL 8 默认的 RPM 软件包管理器。dnf 克服了 yum 的一些瓶颈，提升了包括用户体验、内存占用、依赖分析、运行速度等多方面的性能。rpm 命令只能对本地主机中已有的 RPM 软件包进行查询、安装、卸载和升级等管理，而 dnf 除了能对本地主机中的 RPM 软件包进行管理外，还能够从网络中的其他主机上下载、安装 RPM 软件包，并且自动处理包之间的依赖关系，一次性安装所有依赖的软件包，无须烦琐地一次次下载、安装。

要实现 dnf 简单高效管理软件包的功能，需要事先在特定的文件中设置好软件仓库（dnf 源）的有关参数。所谓软件仓库是指存放了可供安装的 RPM 软件包和软件包之间依赖关系的地方。根据其位置的不同，dnf 源既可以是本地 dnf 源，即软件仓库在本地主机的光盘或硬盘中，也可以是 http 或 ftp 站点发布的网络 dnf 源，即软件仓库在网络中可以通过 http 协议或 ftp 协议访问其他服务器。

6.2.2　服务、端口与套接字

服务、端口与套接字

1.Linux服务的概念、分类与管理

（1）服务的概念与分类

服务是指为系统自身或网络用户提供某项特定功能的、运行在操作系统后台（不占用下达命令的终端窗口）的一个或多个程序。服务一旦启动会持续在后台执行，随时等待接收使用者或其他程序的访问请求，不管有没有被用到。服务通常会在操作系统启动时自动启动并持续运行至关机或被手工停止。Linux 作为一种网络操作系统，最主要的功能就是提供各种服务。

按其服务对象的不同，服务划分为两类：本地服务（系统服务）、网络服务

●本地服务：为本地计算机系统和用户提供的服务，如监视本地计算机活动的监视程序。

●网络服务：为网络中的其他计算机用户提供的服务，如 httpd 网页服务、ssh 远程登录服务等。

（2）管理服务的工具——systemctl 命令

在 RHEL 8 中主要通过 systemctl 命令实现对服务的一系列管理。

systemctl 命令的一般格式为：

systemctl ＜参数＞ 单元名

其中，常用的参数有查看 status、启动 start、停止 stop、重启 restart、重载 reload 等。

> 提示：在 systemctl 命令中若指定 "-H ＜用户名＞@＜主机名＞" 参数，还可以通过 ssh 连接，实现对其他机器的远程控制。

2.端口的概念与作用

在同一台计算机上经常会有多个服务同时启动，如既浏览网页又上 QQ 还发送电子邮件等。那么，为什么电子邮件的信息不会跑到 QQ 窗口中显示，而 QQ 的聊天记录也不会发送到电子邮箱中去呢？这是由于不同的服务，在同一台计算机上它们具体使用的网络协议会不同，人们为了区分不同的网络协议，为每个协议进行了编号，这个编号在计算机术语里面就叫端口号（简称端口）。基于 TCP/UDP 协议的不同，服务都是以不同的端口来区别的。

网络中传输的信息，是通过一个个数据包来实现的，在每个数据包中不仅包括了要传送的信息本身，还包含了网络协议的类型及相应的端口号。同一台主机中，系统会为不同的应用程序或服务分配不同的端口，这样就避免了通信的相互串位。

计算机通信时使用的端口从 0 ～ 65535，共有 65536 个。其中，从 0 ～ 1023 称为保留端口，通常这些端口的通信固定用于某种服务协议，比如：http 协议的端口号为 80，smtp 协议的端口号为 25，telnet 协议的端口号为 23 等。从 1024 ～ 65535 称为动态端口，这些端口通常不固定分配给某个服务，只要运行的程序向系统提出网络申请，系统自动从这些端口中分配一个可用端口供其使用。当然也有很多程序会固定使用动态端口号，如 SQL Server 使用了端口号 1433。标准端口号与相应服务协议的对应关系存放在 /etc/services 文件中。

3.套接字（Socket）

从单台主机来看，端口号是具有唯一性的标识符，但从网络整体来看，端口号并非是唯一性的标识符。因为端口号是在各个主机上独立使用的，相同的服务在不同的主机上其使用的端口号可能不同。所以在整个网络中需要将 IP 地址、网络协议和端口号整合在一起，并构成具有唯一性的标识符，才能区分不同主机下不同应用程序进程间的网络通信和连接。通过数据包中 IP 地址就可准确定位数据包要传送到网络中的哪一台主机，而通过数据包中的网络协议及端口号，就能定位到同一目标主机中不同的服务项目。总之，网络中的通信是通过通信双方的"IP 地址 + 网络协议 + 端口"建立连接的。这里"IP 地址 + 网络协议 + 端口"的整合就称为套接字（Socket）。可以说，套接字就是在纵横交错的网络中，一套能唯一标识两个进程间通信连接的信息关键字。

套接字（Socket）包含了进行网络通信必须的五种信息：连接使用的协议、本地主机的 IP 地址、本地进程的协议端口、远程主机的 IP 地址、远程进程的协议端口。Socket 原意是"插座"，通过将这些参数结合起来，与一个"插座"Socket 绑定，应用层就可以和传输层通过套接字接口，区分来自不同应用程序进程或网络连接的通信，实现数据传输的并发服务。

要在 Internet 上通信，至少需要一对套接字，其中一个运行于客户端，另一个运行于服务器端。服务器与客户机套接字的连接过程分为以下三个步骤：

●服务器监听：是指服务端套接字并不定位具体的客户端套接字，而是处于等待连接的状态，实时监控网络状态。

●客户端请求：是由客户端的套接字提出连接请求，要连接的目标是服务器端套接字。为此，客户端的套接字必须首先描述它要连接的服务器的套接字，指出服务器套接字的地址和端口号，然后再向服务器端套接字提出连接请求。

●连接确认：当服务器端套接字监听到或接收到客户端套接字的连接请求时，它就响应客户端套接字的请求，建立一个新的线程，把服务器端套接字的信息发送给客户端，一旦客户端确认了此连接，连接即可建立。而服务器端继续处于监听状态，继续接收其他客户端的连接请求。

6.2.3　认识系统和服务的管理器systemd

1.RHEL 8系统的启动过程

RHEL 8 系统的启动过程主要包括以下步骤：

（1）开机自检：服务器接通电源后，载入系统固件（UEFI 或 BIOS）运行自检程序，并对部分硬件设备进行初始化。

（2）按照 UEFI 或 BIOS 中配置的顺序搜索可启动设备，并将其中的主启动记录（MBR）调入内存。然后从磁盘读取驻留在 /boot 中的多系统引导器程序 Grub 2（GNU GRand Unified Boot Loader 2，第二代 GNU 项目的引导加载程序），系统将控制权交给 Grub 2。

（3）Grub 2 获得系统控制权后，读取自身的配置文件：/etc/grub.d/、/etc/default/grub、/boot/grub 2/grub.cfg，然后显示启动菜单供用户选择，在用户做出选择（或采用默认值）后，Grub 2 找到 Linux 内核（kernel）文件（预先编译好的特殊二进制文件，介于各种硬件资源与系统程序之间，负责资源分配与调度）。

（4）加载 Linux 内核文件和驻留在 RAM 中的初始化文件系统 initramfs（它包含执行必要操作所需要的硬件的内核模块程序和二进制文件，以此来最终挂载真实的根文件系统），然后将系统控制权转交给内核。

（5）内核接过系统控制权后，将完全掌控整个 Linux 操作系统的运行过程。当根文件系统被挂载后，接着便运行 /usr/lib/systemd/systemd 可执行程序，即启动 PID 为 1 的 systemd 进程。

（6）systemd 启动后，首先执行 initrd.target 目标的所有单元文件，包括挂载 /etc/fstab，接着根据 /etc/systemd/default.target 和 /etc/systemd/system/sysinit.target 配置文件中的规则初始化系统及 basic.target 准备操作系统。default.target 通常只是一个符号链接，如果它链接到 multi-user.target 文件，则启动字符界面，如果它链接到 graphical.target 文件，则启动图形界面。然后运行终端程序"/sbin/mingetty"，等待用户进行登录（登录过程由"/bin/login"程序负责验证），登录完成后正式进入系统，完成系统的启动过程。

2.systemd的特征

systemd 不仅是系统初始化工具，还是系统和服务的管理工具，一旦启动起来，就将监管整个系统。systemd 的特性如下：

（1）尽可能启动更少进程，减少系统资源消耗。在对系统初始化时，传统的 SysVinit 需要将所有可能用到的后台服务全部运行起来后，才允许用户登录，导致系统的启动时间过长和系统资源的浪费。systemd 提供了按需启动服务的能力，使得特定的服务只有在被真正请求时才启动。比如，蓝牙服务仅在蓝牙适配器被插入时才需要运行。

（2）尽可能将更多进程并行启动，缩短服务启动时间。在启动服务时，SysVinit 将启动服务脚本以编号的方式依次执行。systemd 则不然，它通过 Socket 缓存、D-Bus 缓存和建立临时挂载点等措施解决了启动进程之间的前后依赖关系，使得服务配置文件内的各执行单元尽可能多地并发启动，以提高系统和服务的启动速度。

（3）引入"单元"机制，实现对系统资源的一致性管理和配置。在 systemd 中，将与系统启动和维护相关的各种对象概括为各种不同类型的单元（unit），并提供了处理不同单元间依赖关系的能力。每个单元都对应了一个单元文件，单元文件包含单元的指令和行为信息，它是存放有关服务、设备、挂载点等信息的配置文件，单元文件的目录位置见表 6-1。

表6-1 systemd单元文件的存放位置

单元文件的存放目录	说明
/usr/lib/systemd/system/systemd	由系统预定义的单元文件的存放目录，不建议用户直接修改该目录下的单元文件
/run/systemd/system/system/	单元运行时创建，这个目录优先于默认安装目录
/etc/systemd/system	由系统管理员创建的单元文件的存放目录，优先级最高（当该目录下的单元配置文件与位于 /usr/lib/systemd/system/ 下单元文件同名时，本目录下的单元文件有效）

systemd 中主要的单元类型有以下几种：

●服务（service）单元：用于封装一个后台服务进程。在 RHEL 8 之前，服务管理（如启动、停止或重启服务）是通过执行 /etc/rc.d/init.d/ 目录中相应的服务脚本来实现的。在 RHEL 8 中，这些服务脚本被扩展名是 .service 的服务单元文件所替换。

●目标（target）单元：用于将多个单元在逻辑上组合在一起，并能将它们同时启动，实现预定的目标。target 单元是一个容器，它自身不能做什么，只是整合并调用其他单元而已。如，graphical.target 单元是使系统启动图形界面的单元，它整合了 GNOME 显示管理（gdm.service）单元、帐号服务（axxounts-daemon.service）单元，并且会激活 multi-user.target 单元，最终使系统进入图形界面。target 单元的这种功能与 SysVinit 中"运行级别"类似。为了兼容 SysVinit，systemd 预定义了一些 target 单元来对应相应的运行级别，见表 6-2。

表6-2 target单元与运行级别对应关系

RHEL7/8 中 systemd 的目标 target 单元	CentOS/RHEL5/6 中 SysVinit 的运行级别	功能说明
poweroff.target	0	关闭系统
rescue.target	1	单用户字符界面模式，只有 root 用户可以登录系统
multi-user.target	2、3、4	多用户字符界面模式
graphical.target	5	多用户图形界面模式
reboot.target	6	重新启动系统
rescue.target	rescue	救援模式（当文件系统出现故障时进入该模式后修复系统）
emergency.target	emergency	紧急模式进入小的系统环境，以便于修复系统，此时根目录以只读方式挂载，不激活网络，只启动很少的服务，进入紧急模式需要 root 密码

●套接字（socket）单元：用来创建进程间通信的套接字，并在访问套接字后，立即利用依赖关系间接地启动另一单元。

●挂载（mount）单元：此类单元封装文件系统结构层次中的一个挂载点，systemd 将对这个挂载点进行监控和管理。比如，可以在系统启动时自动将其挂载；可以在某些条件下自动卸载。为了兼容 SysVinit，systemd 会将 SysVinit 中实现自动挂载的脚本文件 /etc/fstab 中的条目都转换为挂载点单元，并在开机时处理。

●自动挂载（automount）单元：用于封装一个文件系统中的自动挂载点，也就是仅在挂载点确实被访问的情况下 systemd 才执行定义的挂载行为。

●设备（device）单元：用于封装 Linux 设备树中的设备文件及设备的激活。并非每一个设备文件都需要一个 device 单元，但是每一个被 udev 规则标记的设备都必须作为一个 device 单元出现。

●交换分区（swap）单元：用于封装一个交换分区或者交换文件。用户可以用交换分区单元来定义系统中的交换分区，可以让这些交换分区在启动时被激活。

●定时器（timer）单元：用于封装一个基于时间触发的由用户定义的动作。它取代了传统的 atd、crond 等任务计划服务。

●快照（snapshot）单元：快照单元是一组单元的聚合，它保存了系统当前的运行状态。

●文件系统路径（path）单元：用于根据文件系统上特定对象的变化来激活其他服务。

●资源控制组（slice）单元：用于控制特定 CGroup 内（例如一组 service 与 scope 单元）所有进程的总体资源占用。

●外部创建的进程（scope）单元：是由 systemd 根据 D-Bus 接口接收到的信息自动创建，可用于管理外部创建的进程。

此外，用户还可以根据自己开发的服务软件，创建自己的单元。总之，单元的数量会随着应用服务的扩大而不断增加。单元的名称由其单元文件的文件名决定，某些特定的单元名称具有特殊的含义。

（4）提供服务状态快照，恢复特定点的服务状态。系统的运行状态是动态变化的，systemd 快照提供了一种将当前系统运行状态保存并恢复的能力，为调整系统提供了方便。

（5）systemd 的作用远远不止是启动系统和初始化系统，还负责关闭系统，它还接管了系统服务和网络服务的启动、结束、状态查询和日志归档等职责，并支持定时任务和通过特定事件（如插入特定 USB 设备）和特定端口数据触发任务，实现了对所有其他程序和电源设备的启动、关闭等一系列控制。大量的管理工作，systemd 通过一条 systemctl 命令就可实现，替代了 SysVinit 中多条系统管理命令（如 service、chkconfig、telinit 和多条电源管理命令）。

（6）与 SysVinit 兼容。systemd 是 Linux 中一个与 SysV 初始化脚本兼容的系统和服务管理器。SysVinit 系统中已经存在的应用程序、服务和进程无须修改，便可向 systemd 迁移，systemd 无须经过任何修改便可以替代 SysVinit。

（7）管理远程系统。systemd 不仅可以管理本地系统，还可以通过 SSH 协议连接其他远程主机后，管理远程系统。

6.2.4 进程的概念、分类与管理

1.进程的概念

进程是已启动的可执行程序的运行中一个实例，是计算机中正在运行着的程序。进程与程序是有区别的：程序是保存在外部存储介质（如硬盘）中的指令和数据的静态集合；进程是由程序产生的、随时可能发生变化的、动态的、占用系统运行资源（如 CPU、内存、读写设备、网络带宽等）的实体。一个程序启动后可以创建一个或多个进程，如提供 Web 服务的 httpd 程序，当有大量用户同时访问 Web 页面时，httpd 程序会创建多个进程来提供服务，一个进程也可以包含若干个运行着的程序（如：一个运行着的程序可能会调用另一个程序）。

人们通常把具有一定功能的由一个或多个相关进程构成的整体称为一个作业（或任务）。程序（或指令）运行会产生相应的一个或多个进程，通过进程的活动来完成一个预定的作业（或任务），这就是程序、进程和作业（或任务）三者之间的关系。

2.进程的优先级

Linux 是一个多用户、多任务的操作系统。多用户是指多个用户可以在同一时间使用同一

个 Linux 系统；多任务是指在 Linux 系统中可以同时执行多个任务，这是由于 Linux 采用了分时管理的方法，所有的任务都放在一个队列中，操作系统根据每个任务的优先级为每个任务分配合适的时间片，每个时间片很短，用户根本感觉不到是多个任务在运行，从而使所有的任务共同分享系统资源。需要注意的是，虽然系统可以运行多个任务，但是在某一个时间点，一个 CPU 只能执行一个进程。

计算机一旦启动，会产生远比资源数量多得多的进程，这样就必然导致进程之间对资源（比如 CPU 的占用）的竞争。为了使计算机运行有序推进，操作系统会为每个进程赋予相应的优先级。进程的优先级通过"谦让度"数字指标来衡量，通过它来表明一个进程在同其他进程竞争 CPU 时应该如何对待这个进程（何时运行和接收多少 CPU 时间），谦让度的值越大，优先级越低，谦让度的值越小，优先级越高。谦让度的取值范围是 –20 至 +19。

每个进程都有相应的优先级，系统按照不同的优先级调度进程的运行。优先级相同的进程按照时间片轮流运行，从而平等地共享 CPU 资源。仅当具有不同优先级的两个进程争夺 CPU 时，优先级才起作用，即优先级高的进程会优先获得 CPU 的使用权。

3.进程的分类

Linux 进程有多种类型，常见分类方法及种类见表 6-3。

表6–3　　　　　　　　　　　　常见进程种类及其特征

分类标准	种类	特征
运行主体	系统进程	承担对内存资源分配和进程切换等管理工作；运行不受用户的干预（root 用户也不例外）运行
	用户进程	由执行用户程序、应用程序或内核之外的系统程序而产生；在用户的控制下运行或关闭
运行方式	交互式进程	由 shell 终端启动的进程，在执行过程中，需要与用户进行交互操作，运行于前台或后台
	批处理进程	该类进程是一个进程集合，负责按顺序启动其他的进程；不需要与用户交互，一般在后台运行
	守护进程	一直在后台运行；通常随系统启动时启动，在系统关闭时终止；独立于控制终端且周期性地执行某种任务或等待处理某些发生的事件。如 Web 服务器的 httpd 进程，一直处于运行状态，等待用户访问
隶属关系	父进程	是能创建、控制其他进程的进程
	子进程	被其他进程创建和管理的进程
运行环境	前台进程	在终端窗口中运行的命令，命令对应的进程在结束之前一直占用终端以接收命令运行中所需的输入数据或显示命令执行过程和结果，期间不能输入其他命令
	后台进程	在当前终端窗口输入命令后，命令对应的进程会释放当前终端窗口，以使用户能输入和执行其他命令。如，执行 vim 命令后可按【Ctrl+Z】键后挂起至后台

父、子进程的关系是管理和被管理的关系，当父进程终止时，子进程也随之终止。但子进程终止，父进程并不一定终止。在 RHEL 8 系统引导时，内核会创建一个名为 systemd 的特殊进程，他是"所有进程之父"，系统的所有进程不是由 systemd 创建，就是由其后代进程创建。systemd 进程的进程号（PID）为 1，且总是以 root 用户权限运行，任何用户都不能终止，只有关闭系统才能终止该进程。如果父进程在子进程退出之前就退出，那么所属子进程会变成孤儿

进程，若没有相应的处理机制的话，这些孤儿进程就会一直处于僵死状态，资源无法释放。

前、后台进程可以通过有关控制符、控制键或命令进行切换。

4.进程的管理

Linux 系统对进程的管理是通过一系列命令实现的，常用进程管理命令见表6-4。

表6-4　　　　　　　　　　　　　　**常用进程管理命令**

管理方式			命令	功能说明
查看进程			ps [选项]	查看进程静态统计信息
			top [选项]	查看进程动态信息
			htop [选项]	查看进程动态信息 ,top 的升级版
			pgrep [选项]	查询指定属性的进程信息
			pstree [选项]	查看进程树 , 明确进程间父子关系
启动进程	手工启动	前台启动	Shell 命令	在当前命令终端窗口中下达前台执行命令（命令结束前一直占用终端命令行，使得用户不能输入其他命令）
		后台启动	Shell 命令 &	将 "&" 符号置于命令的最后面，命令执行期间不占用终端窗口
	调度启动（计划任务）		at	制订只能执行一次的计划任务
			crontab	制订可周期性重复执行的计划任务
控制进程			kill [-9] 进程号	依据进程号 PID 终止进程及其子进程 ,-9 代表强制终止
			killall 进程名	依据进程的名称终止进程
			pkill [选项]	依据进程的名称、进程号、运行该进程的用户或进程所在终端终止进程
			xkill [选项]	桌面用的杀死图形界面的程序
			jobs [-l]	显示当前控制台中在后台运行的进程清单 (作业号、进程号、状态等)
			fg % 作业号	将调往后台的指定作业调回前台执行
			bg % 作业号	将后台挂起的作业在后台恢复执行 (此作业必须支持运行于后台)
			Ctrl+Z 组合键	将当前终端窗口 (控制台) 上运行的命令放入后台并处于暂停状态
			Ctrl+C 组合键	挂起进程

在进程管理中，当发现占用资源过多或无法控制的进程时，可以将其终止，以保护系统稳定安全地运行。

 项目实施

任务 6-1　利用 rpm 命令管理软件包

rpm 命令实现了几乎所有对 rpm 软件包的管理功能，它支持上百个选项，可归类为查询、安装、卸装、升级、刷新、校验和软件包建构等 7 种基本操作模式，这些操作都可以通过带有

不同参数选项的 rpm 命令来完成。

1. 查询 rpm 软件包

在 RHEL 8 系统的使用中，经常需要了解目前系统中某个软件是否已经安装、安装了哪些软件包、软件包的用途、软件包安装到系统后安装了哪些文件等相关信息，此时可通过 rpm 命令的查询功能来获得。查询（query）软件包使用 -q 参数，若要查询软件包中的其他信息，则可结合使用其他参数。

（1）查询已安装软件包的信息

查询已安装软件包信息的命令一般格式为：

rpm -q[选项 1 选项 2…] [安装文件 1] [安装文件 2]…

q 选项及与其他选项配合使用的功能见表 6-5。

表6-5   **q选项及其常用配合选项的功能**

选项	功能说明
-q	查询指定的一个或多个软件包是否安装
-qa	显示当前系统中已安装的全部 rpm 软件包清单
-qi	显示软件包的名称、版本、许可协议、用途等详细信息
-ql	显示指定的软件包在当前系统中安装的所有目录、文件列表
-qf	查询指定的目录或文件是由哪个软件包安装所产生的
-qc	显示指定软件包在当前系统中被标注为配置文件的文件清单

【例 6-1】查询 openssh、ppp 软件包是否已安装。

[root@RHEL 8-1~]# **rpm -q openssh ppp**

openssh-8.0p1-5.el8.x86_64

未安装软件包 ppp

当查询显示的信息太多时，为便于分屏浏览或只显示关注部分，可结合管道操作符和 less、grep 命令来实现，其命令格式为：

[root@RHEL 8-1~]# **rpm -qa | less**

[root@RHEL 8-1~]# **rpm -qa | grep ssl**

【例 6-2】查看已安装的 openssh 软件包的版本、用途等详细信息。

[root@RHEL 8-1~]# **rpm -qi openssh**

Name   : openssh

Version   : 8.0p1

Release   : 5.el8

Architecture: x86_64

Install Date: 2021 年 9 月 30 日 星期四 18 时 59 分 2 秒

Group　　: Applications/Internet

Size　　: 1918241

License　: BSD

Signature　: RSA/SHA256, 2020 年 03 月 30 日 星期一 18 时 47 分 43 秒, Key ID 199e2f91fd431d51

Source RPM : openssh-8.0p1-5.el8.src.rpm

……// 省略若干行

【例 6-3】显示已安装 openssh 软件包中所包含文件的文件名及安装位置。

[root@RHEL 8-1~]# **rpm -ql openssh|less**

……// 省略若干行

【例 6-4】查询系统中 firewalld.conf 文件是由哪个软件包安装的。

[root@RHEL 8-1~]# **rpm -qf /etc/firewalld/firewalld.conf**

firewalld-0.8.2-6.el8.noarch

【例 6-5】查询系统中 firewalld 软件包安装的配置文件列表。

[root@RHEL 8-1~]# **rpm -qc firewalld**

/etc/firewalld/firewalld.conf

/etc/firewalld/lockdown-whitelist.xml

/etc/sysconfig/firewalld

/usr/share/dbus-1/system.d/FirewallD.conf

（2）查询未安装的软件包信息

安装一个软件包前，需了解软件包的相关信息，比如：该软件包的描述信息、文件列表等。在表 6-5 中的参数基础上再添加 p 参数可实现对未安装的 rpm 软件包相应信息的显示。

【例 6-6】查询安装光盘中软件包 ppp-2.4.7-26.el8.x86_64.rpm 的文件列表。

步骤 1：将 RHEL 8 安装光盘放入光驱。依次单击【虚拟机】→【设置】菜单，打开【虚拟机设置】对话框，在左窗格中选择【CD/DVD（SATA）】→在右窗格中选择【使用 ISO 映像文件】→单击【浏览】按钮，找到并选择映像文件 rhel-8.4-x86_64-dvd.iso，将 RHEL 8 系统安装包置于虚拟光驱中→单击【确定】按钮，如图 6-1 所示。

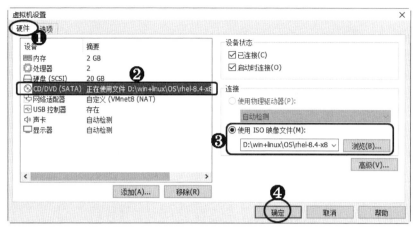

图6-1 将RHEL 8安装包置于虚拟机的虚拟光驱中

步骤2：执行以下挂载和查询命令：

[root@RHEL 8-1~]# **mount /dev/cdrom /mnt**

[root@RHEL 8-1~]# **rpm -qlp /mnt/BaseOS/Packages/ppp-2.4.7-26.el8.x86_64.rpm**

……// 省略全部显示行

2.安装、删除、升级rpm软件包

安装、删除和升级 rpm 软件包的命令一般格式如下：

安装命令：**rpm -i[vh] 软件包文件全路径名 [--force] [--nodeps]**

删除命令：**rpm -e 软件包名**

升级命令：**rpm -U[vh] 软件包文件全路径名 [--force] [--nodeps]**

选项说明见表 6-6。

表6-6 安装、删除、升级rpm软件包的常用选项

选项	功能说明
-i	在当前系统中安装（install）一个新的 rpm 软件包
-v	显示安装过程中较详细（verbose）的安装信息，有助于了解安装是否成功及出错原因
-h	在安装或升级过程中，以 hash 记号（"#"）显示安装的进度
-e	删除（erase）指定名称的已安装的软件包
-U	升级（upgrade）安装，先卸载旧版，再安装新版软件包，若指定的 rpm 包并未安装，则系统直接进行安装
--force	强制安装指定的软件包。当需要替换现已安装的软件包及文件或者安装一个比当前使用的软件版本更旧的软件时，可以使用此参数
--nodeps	在安装、升级或删除一个软件包时，不检查与其他软件包的依赖关系

【例 6-7】安装 ppp 软件包。

[root@RHEL 8-1~]# **rpm -ivh /mnt/BaseOS/Packages/ppp-2.4.7-26.el8.x86_64.rpm**

[root@RHEL 8-1~]# **rpm -q ppp**

ppp-2.4.7-26.el8.x86_64

提示：以任何用户帐号登录系统后，都可以使用 rpm 命令来查询软件包信息；但是要安装或删除软件包时，必须切换到 root 用户。

【例 6-8 】升级 ppp 软件包。

[root@RHEL 8-1~]# **wget https://mirrors.aliyun.com/centos/8.4.2105/BaseOS/x86_64/os/ Packages/ppp-2.4.7-26.el8_1.x86_64.rpm**   // 下载较新版本的 ppp 软件到当前目录下
[root@RHEL 8-1~]# **rpm -Uvh ppp-2.4.7-26.el8_1.x86_64.rpm**

【例 6-9 】删除 ppp 软件包。

[root@RHEL 8-1~]# **rpm -e ppp**

任务 6-2   使用 dnf 安装 rpm 软件包

dnf 是一个比 rpm 功能更加强大的命令行工具，可更加高效灵活地管理（查询、安装、升级和卸载）rpm 软件包，其使用前提是要准备好被安装软件包的软件仓库（dnf 源）。

【例 6-10 】以本地光盘为软件仓库创建 dnf 源，并利用该 dnf 源安装 httpd 软件包。

步骤 1 : 将 RHEL 8 安装光盘放入光驱（参见例 6-6 ）。

步骤 2 : 设置在系统启动时自动将光驱中的 RHEL 8 系统映像文件挂载到 /media 目录。

```
[root@RHEL 8-1~]# vim  /etc/fstab
# /etc/fstab
# Created by anaconda on Thu Sep 30 10:56:48 2021
# Accessible filesystems, by reference, are maintained under '/dev/disk/'.
# See man pages fstab(5), findfs(8), mount(8) and/or blkid(8) for more info.
# After editing this file, run 'systemctl daemon-reload' to update systemd
# units generated from this file.
/dev/mapper/rhel-root                          /       xfs       defaults          0 0
UUID=ec7fd73a-17a2-4168-9ed1-78f5d13cf16e      /boot   xfs       defaults          0 0
/dev/mapper/rhel-swap                          none    swap      defaults          0 0
// 在文件末尾添加下一行内容
/dev/cdrom                                     /media  iso9660   defaults,ro,loop  0 0
:wq!                          // 保存退出
[root@RHEL 8-1~]# mount -a    // 重新挂载文件 /etc/fstab 中设置的所有设备
```

步骤 3 : 创建并编辑文件 /etc/yum.repos.d/local.repo。

```
[root@RHEL 8-1~]# vim  /etc/yum.repos.d/local.repo
[local-BaseOS]                 // 第一个软件仓库的标识，全局唯一，不可重复
name=RHEL-BaseOS-8.4           // 第一个软件仓库的描述信息，原则上可以随便描述
baseurl=file:///media/BaseOS   // 第一个软件仓库（dnf 源）的位置，即本地光盘挂载路径
gpgcheck=0                     // 是否校验 GPG 签名，"1" 表示校验，"0" 表示不校验
```

```
enabled=1                          // 此仓库是否开启。"1"表示开启;"0"表示关闭
gpgkey=file:///etc/pki/rpm-gpg/RPM-GPG-KEY-redhat-release  // 密钥文件的位置
[local-AppStream]                  // 第二个软件仓库的标识
name=RHEL-AppStream-8.4            // 第二个软件仓库的描述信息
baseurl=file:///media/AppStream    // 第二个软件仓库(dnf 源)的位置
gpgcheck=0
enabled=1
gpgkey=file:///etc/pki/rpm-gpg/RPM-GPG-KEY-redhat-release
:wq!                               // 保存退出
```

步骤 4:清除旧有的 dnf 源缓存→重新构建缓存本地光盘 dnf 源中的软件包信息→显示系统中已启用的软件仓库。

```
[root@RHEL 8-1~]# dnf clean all
[root@RHEL 8-1~]# dnf makecache
Updating Subscription Management repositories.
Unable to read consumer identity
This system is not registered to Red Hat Subscription Management. You can use subscription-manager
to register.
RHEL-BaseOS-8.4              182 MB/s | 2.3 MB     00:00
RHEL-AppStream-8.4          159 MB/s | 6.8 MB     00:00
元数据缓存已建立。
[root@RHEL 8-1~]# dnf repolist
Updating Subscription Management repositories.
Unable to read consumer identity
This system is not registered to Red Hat Subscription Management. You can use subscription-manager
to register.
仓库 id                              仓库名称
local-AppStream                     RHEL-AppStream-8.4
local-BaseOS                        RHEL-BaseOS-8.4
```

提示:在 dnf 源的配置文件中,还可以添加"priority=1"配置行来指定优先级,数字越大,表示优先级越低。可以将重要的 dnf 源优先级排在前面,优先级高的源中的软件包会优先安装。

步骤 5:验证 dnf 源是否可用。使用命令行安装 httpd 服务软件包如下:

```
[root@RHEL 8-1~]# dnf -y install httpd
```

若能正确安装相应 rpm 包及其依赖包,则说明 dnf 源创建成功。

常用 dnf 命令见表 6-7。

表6-7	常用dnf命令
命令	功能
dnf info 包名	显示指定软件包的摘要信息
dnf search 模糊包名	显示模糊包名的软件包
dnf provides 文件名	显示指定的文件属于哪个软件包
dnf repolist [all]	显示系统中已启用（当选 all 时还包括禁用）的软件库
dnf list	显示用户系统上的所有来自软件库的可用软件包和所有已经安装在系统上的软件包
dnf list installed [包名]	显示已经安装的所有的或指定的 rpm 包（包名中可使用匹配符）
dnf list available	显示来自所有可用软件库的可供安装的软件包
dnf install [-y] 包 1 包 2 … 包 n	安装指定的软件包，若选 -y 则在工作过程中需要使用者响应，该参数可以直接回答 yes
dnf update [-y] 包 1 包 2 … 包 n	升级指定的软件包或主机中所有已安装的软件包
dnf check-update	检查系统中所有软件包的更新
dnf remove [-y] 包 1 包 2 … 包 n	卸载已经安装在系统中的指定的软件包
dnf autoremove	当没有软件依赖它们时，某一些用于解决特定软件依赖的软件包将会变得没有存在的意义，该命令就是用来自动移除这些没用的孤立软件包
dnf clean 包名 |all	在使用 dnf 的过程中，会因为各种原因在系统中残留各种过时的文件和未完成的编译工程。该命令可删除这些没用的垃圾文件
dnf grouplist [hidden]	查看仓库里面所有包组（若选 hidden 表示包含显示隐含的软件包）
dnf groupinfo " 包组名 "	查看指定包组里面的详细信息
dnf groupinstall " 包组名 "	安装指定包组里面的所有包
dnf groupupdate " 包组名 "	升级一个软件包组中的软件包
dnf groupremove " 包组名 "	删除一个软件包组

任务 6-3　使用 systemctl 命令管理服务

从 RHEL 7/CentOS 7 开始，已使用 systemd 替换 SysVinit 来监管整个系统，并提供了 systemctl 命令使用户在任何路径下均可使用该命令实施对系统和服务一系列管理，systemctl 命令会自动到相应的目录中查找并执行相应的服务单元文件完成指定的管理。

1.查看服务状态

查看服务状态的命令见表 6-8。

表6–8	查看服务状态的命令
命令	功能说明
systemctl status 服务名称 [.service]	查看指定服务的详细信息
systemctl is-active 服务名称 [.service]	查看指定服务当前是否启动
systemctl is-enabled 服务名称 [.service]	查看指定服务在开机时是否自动启动
systemctl list-unit-files --type=service	查看所有已安装的服务及其开机时是否启动的状态
systemctl list-units --type=service	查看所有已启用（正在运行）的服务
systemctl list-units --type=service --all	查看所有活动和不活动的服务状态信息
systemctl --failed --type=service	仅查看已失败的服务

【例 6-11】查询 sshd 服务的状态信息。

[root@RHEL 8-1~]# **systemctl status sshd**

❶● sshd.service - OpenSSH server daemon

　❷ Loaded: loaded (❸ /usr/lib/systemd/system/sshd.service; ❹ enabled; vendor preset: enabled)

　❺ Active: active (running) ❻ since Fri 2021-10-01 23:52:35 CST; 1h 0min ago

　　❼ Docs: man:sshd(8)

　　　　man:sshd_config(5)

❽ Main PID: 1200 (sshd)

　Tasks: 1 (limit: 12106)

　Memory: 1.9M

　❾ CGroup: /system.slice/sshd.service

　　　　└─1200 /usr/sbin/sshd -D -oCiphers=aes256-gcm@openssh.com,chacha20-poly1305@op>

❿ 10 月 01 23:52:34 RHEL 8-1.dyzx.com systemd[1]: Starting OpenSSH server daemon...

10 月 01 23:52:35 RHEL 8-1.dyzx.com sshd[1200]: Server listening on 0.0.0.0 port 22.

10 月 01 23:52:35 RHEL 8-1.dyzx.com sshd[1200]: Server listening on :: port 22.

10 月 01 23:52:35 RHEL 8-1.dyzx.com systemd[1]: Started OpenSSH server daemon.

lines 1-15/15 (END)

❶显示本服务的基本信息，包括前导点（"●"）、服务的名称和类别。在彩色终端上，使用不同颜色的前导点来标记单元的不同状态，白色表示"inactive"或"deactivating"状态；红色表示"failed"或"error"状态；绿色表示"active""reloading"或"activating"状态。

❷ Loaded 显示服务的加载状态："loaded"表示服务已被加载到内存中；"error"表示加载失败；"not-found"表示未找到服务文件；"masked"表示服务已被屏蔽。

❸该处显示启动本服务的配置文件的路径。

❹服务在开机时是否启动以及当前的启动状态。"enabled"表示开机时启动，"disabled"表示开机时不启动，"static"表示服务不可以自己启动，但可以被其他已启动的服务来唤醒；"mask"表示本服务由于被强制屏蔽而无法启动（通过 systemctl unmask 命令解除禁用后方可启动）。

❺ Active 行显示服务当前的运行状态。"active（running）"表示服务已启动；"inactive

（dead）"表示服务当前未启动；"active（exited）"仅执行一次就正常结束的服务，目前并没有任何程序在系统中执行（如：在开机或挂载时才会进行一次的 quotaon 服务不需要一直执行，只在执行一次之后，就交给文件系统去自行处理；"active（waiting）"服务正在运行中，但在等待其他的事件才能继续处理（如打印的相关服务）；"inactive"表示服务尚未启动；"activating"表示正在启动中；"deactivating"表示正在停止中；"failed"表示启动失败（崩溃、超时、退出码不为零等）。

❻服务启动的日期和时间。

❼Docs 行及后一行：提供了该服务在线帮助文档的地址。

❽Main PID 表示进程的 ID，接下来的 Tasks、Memory、CPU 分别是本服务包含的任务数量、内存和 CPU 的资源占用情况。

❾CGroup 描述的是本服务包括的子服务。

❿显示日志信息。

【例 6-12】查看 sshd、httpd 和 ppp 三个服务的当前运行状态，并查看在开机时是否随系统的启动而启动。

```
[root@RHEL 8-1~]# systemctl is-active sshd httpd ppp
active                        // 表明 sshd 服务正在运行
inactive                      // 表明 httpd 服务对应的软件包已安装但未运行
inactive                      // 表明 ppp 服务对应的软件包还未安装当然未运行
[root@RHEL 8-1 ~]# systemctl is-enabled sshd httpd ppp
enabled                       // 表明 sshd 服务开启了在系统启动时自动启动
disabled                      // 表明 httpd 服务未开启在系统启动时自动启动
Failed to get unit file state for ppp.service: No such file or directory    // 无法获取 ppp 状态及相应文
                                                                            // 件或目录
```

2. 设置服务的运行环境（或运行级别）

设置服务运行环境的命令见表 6-9。

表6-9   **设置服务运行环境的命令**

命令	功能说明
runlevel	查看当前的运行环境（或运行级别）
systemctl get-default	查看默认的运行环境（开机启动进入的环境或运行级别）
systemctl set-default graphical.target	设置默认的运行环境，使系统在下次启动后自动进入图形界面
systemctl set-default multi-user.target	设置默认的运行环境，使系统在下次启动后自动进入字符界面
systemctl isolate graphical.target 或 : systemctl isolate runlevel5.target	在不重启系统的情况下，进入多用户的图形界面运行环境
systemctl isolate multi-user.target 或 : systemctl isolate runlevel3.target	在不重启系统的情况下，进入多用户的字符界面运行环境
systemctl emergency	进入紧急运行环境
systemctl suspend	进入救援运行环境

【例 6-13】查看当前运行环境和开机后自动进入的运行环境。

[root@RHEL 8-1~]# **runlevel**
N 5
[root@RHEL 8-1~]# **systemctl get-default**
graphical.target

3.控制服务的运行状态

控制服务运行状态的命令见表 6-10。

表6–10   控制服务运行状态的命令

命令	功能说明
systemctl start 服务名称 [.service]	启动指定的服务
systemctl restart 服务名称 [.service]	重新启动指定的服务
systemctl reload 服务名称 [.service]	重新加载运行中指定服务的配置文件
systemctl try-restart 服务名称 [.service]	仅当服务运行的时候重启服务
systemctl stop 服务名称 [.service]	停止指定的服务
systemctl mask 服务名称 [.service]	彻底禁用指定的服务，使其无法手动启动或在系统启动时自动启动（一旦服务停止，则无法再启动，必须通过 unmask 解除禁用后方可再启动）
systemctl unmask 服务名称 [.service]	对指定的服务解除屏蔽（使它能启动）
systemctl kill 服务名称 [.service]	杀掉正在运行的指定服务
systemctl enable [--now] 服务名称 [.service]	设置指定的服务在系统启动时自动启动，--now 表示在设置自动启动的同时立即启动服务
systemctl disable [--now] 服务名称 [.service]	设置指定的服务在系统启动时禁止启动

提示：从 systemd 220 版本号开始（RHEL7.5 开始），systemctl 命令在 enable、disable 和 mask 子命令中添加了 --now 选项，能够实现在设置开机自动启动（或自动关闭）的同时启动（或关闭）服务。

【例 6-14】重新加载 httpd 网站服务，使修改过的网站配置文件能立即生效，并设置 httpd 服务在系统启动时能自动启动。

[root@RHEL 8-1 ~]# **systemctl reload httpd.service**
[root@RHEL 8-1 ~]# **systemctl enable httpd.service**
[root@RHEL 8-1 ~]# **systemctl is-enabled httpd.service**
enabled

提示：重启服务虽然可以让配置生效，但 restart 是先关闭服务，再开启服务，这样会对客户端的访问造成中断影响，而使用 reload 重新加载配置文件使其生效，不影响在线用户的访问。

任务 6-4　使用 ss 命令查看服务运行状态

ss（socket statistics，套接字统计）命令可以显示各类协议、各种状态的套接字信息，从而有效跟踪服务运行状态（如服务是否启动）和服务端与客户端的连接状态，其一般命令格式为：

ss [选项]

ss 命令常用的选项见表 6-11。

表6-11　　　　　　　　　　　　ss命令常用的选项

选项	作用	选项	作用
-a	显示所有（侦听中和已建立的）的套接字	-t	只显示 TCP 传输协议的套接字
-u	只显示 UDP 传输协议的套接字	-l	只显示处于侦听状态的套接字
-p	显示使用套接字的进程信息，包括启动该服务的程序名称、进程号等	-s	显示按协议统计信息。默认显示 IP、IPv6、ICMP、ICMPv6、TCP、TCPv6、UDP 和 UDPv6 的统计信息
-e	显示详细的套接字信息（包含了以太网的统计信息），此选项可以与 -s 选项组合使用	-m	显示套接字的内存使用情况
-n	不解析服务名称，以数字方式显示	-r	将输出信息中的 IP 解析到主机名后再显示
-4	显示 IPv4 的套接字信息	-6	显示 IPv6 的套接字信息

【例 6-15】以数字方式查看所有 TCP 协议连接情况。 其操作如下：

```
[root@RHEL 8-1~]# ss  -atn
State         Recv-Q    Send-Q    Local Address:Port        Peer Address:Port      Process
LISTEN        0         128       0.0.0.0:111               0.0.0.0:*
LISTEN        0         32        192.168.122.1:53          0.0.0.0:*
LISTEN        0         128       0.0.0.0:22                0.0.0.0:*
CLOSE-WAIT    32        0         192.168.8.10:49066        8.43.85.13:443
LISTEN        0         5         127.0.0.1:631             0.0.0.0:*
LISTEN        0         128       [::]:111                  [::]:*
LISTEN        0         128       [::]:22                   [::]:*
LISTEN        0         5         [::1]:631                 [::]:*
```

在上面的输出结果中，从左至右共有 5 个字段，各字段的含义如下：

● State——表示连接状态（共 11 种），如：LISTEN（表示服务端的 Socket 处于侦听状态，可以接受客户端的连接请求）、ESTABLISHED（表示服务端与客户端的连接已经建立）。

● Recv-Q——从远程主机传送过来的数据已经在本地接收缓冲，但是还没有被进程取走的字节数。

● Send-Q——表示对方没有收到的数据或者说没有应答 Ack 的字节数。

● Local Address:Port——表示本地地址和服务端口，默认显示主机名和服务名称，使用选项 -n 后显示主机的 IP 地址和端口号，若为"*"表示"所有"、若为"::"表示所有 IPv6 接口、

若为 "::1" 表示 IPv6 回环接口 lo。

● Peer Address:Port——表示与本机连接的远程主机的地址和端口，默认显示主机名和服务名称，使用选项 -n 后显示主机的 IP 地址及端口号。

【例 6-16】查看所有的 TCP 端口和使用它们的进程。

```
[root@RHEL 8-1~]# ss  -tnap
```

State	Recv-Q	Send-Q	Local Address:Port	Peer Address:Port	Process
LISTEN	0	128	0.0.0.0:111	0.0.0.0:*	users:(("rpcbind",pid=977,fd=4),("systemd",pid=1,fd=28))
LISTEN	0	32	192.168.122.1:53	0.0.0.0:*	users:(("dnsmasq",pid=1626,fd=6))
LISTEN	0	128	0.0.0.0:22	0.0.0.0:*	users:(("sshd",pid=1213,fd=5))
LISTEN	0	5	127.0.0.1:631	0.0.0.0:*	users:(("cupsd",pid=1214,fd=10))
CLOSE-WAIT	32	0	192.168.8.10:49066	8.43.85.13:443	users:(("gnome-shell",pid=2087,fd=54))
LISTEN	0	128	[::]:111	[::]:*	users:(("rpcbind",pid=977,fd=6),("systemd",pid=1,fd=31))
LISTEN	0	128	[::]:22	[::]:*	users:(("sshd",pid=1213,fd=7))
LISTEN	0	5	[::1]:631	[::]:*	users:(("cupsd",pid=1214,fd=9))

【例 6-17】查看服务器中当前已经连接、关闭、等待的 TCP 连接及连接的分类统计。

```
[root@RHEL 8-1~]# ss  -s
Total: 873
TCP:   8 (estab 0, closed 1, orphaned 0, timewait 0)
```

Transport	Total	IP	IPv6	
RAW	1	0	1	// 原始套接字 (允许对较低层次的协议直接访问的套接字) 的数量
UDP	8	5	3	// UDP 协议套接字的数量
TCP	8	5	3	// TCP 协议套接字的数量
INET	17	10	7	// 网络通信套接字 (即以上三类套接字) 的总量
FRAG	0	0	0	// 使用的 IP 地址段数量

任务 6-5　使用 ps 和 top 命令监视进程状态

作为一位管理员，定时查看当前系统中各个进程的具体状态，捕捉各种进程运行的异常，合理分配各类资源，特别是 CPU 资源分给不同的进程，对各类进程有计划地控制等，都属于进程管理的内容。系统提供了一系列的工具和命令，以便管理员完成管理工作。

1.ps命令——查看静态的进程状态（Processes Statistic）

ps 命令是 Linux 系统中最为常用的进程查看工具，主要用于显示包含当前运行的各进程完整信息的静态快照。其命令的一般格式为：

ps [选项]

常用的选项及含义如下：

-a——显示当前终端所有（all）用户的进程（包括其他用户的）。

u——使用以用户（user）为主的格式输出进程信息。

-u 用户名——显示特定用户的进程。

x——显示没有控制终端的进程。

-l——使用长（long）格式显示进程信息。

-w——宽行显示，可以使用多个 w 进行加宽显示。

-e——显示系统内的所有（every）进程（包括用户进程、没有控制终端系统进程）信息。

-f——使用完整（Full）的格式显示进程信息。

注意：选项带前缀"-"和不带前缀"-"是有区别的。

【例 6-18】仅显示当前终端的活动进程。

```
[root@RHEL 8-1~]# ps
PID      TTY      TIME        CMD
2465     pts/0    00:00:00    bash
2527     pts/0    00:00:00    ps
```

【例 6-19】以完整的输出格式显示系统中的所有进程。

```
[root@RHEL 8-1~]# ps  -ef
UID    PID    PPID    C    STIME    TTY    TIME       CMD
root   1      0       0    16:42    ?      00:00:02   /usr/lib/systemd/systemd --switched-root……
root   2      0       0    16:42    ?      00:00:00   [kthreadd]
root   3      2       0    16:42    ?      00:00:00   [rcu_gp]
……// 省略若干行
```

【例 6-20】显示指定用户（如 geoclue）的进程。

```
[root@RHEL 8-1~]# ps  -lu  geoclue
F S UID PID PPID C PRI NI ADDR   SZ    WCHAN   TTY  TIME      CMD
4 S 997 2165 1    0 80  0  -      91543 x64_sy   ?    00:00:00  geoclue
```

【例 6-21】查看各个进程占用 CPU 及内存等情况。

```
[root@RHEL 8-1~]# ps  aux
USER      PID    %CPU   %MEM   VSZ      RSS     TTY    STAT   START   TIME    COMMAND
root      1      0.1    0.8    188920   16412   ?      Ss     16:42   0:05    /usr/lib/systemd/……
root      2      0.0    0.0    0        0       ?      S      16:42   0:00    [kthreadd]
root      3      0.0    0.0    0        0       ?      S      16:42   0:00    [rcu_gp]
……// 省略若干行
geoclue   2165   0.0    1.0    366172   20848   ?      Ssl    16:43   0:00    /usr/libexec
……// 省略若干行
```

上述各例返回的结果是以列表形式出现的，列表中主要字段的含义如下：

● USER——启动该进程的用户名，即进程所有者的用户名。

● UID——进程所属的用户 ID，在当前系统中是唯一的。

● PID（Process ID）——该进程在系统中的标识号（ID 号）。

● PPID——进程的父进程标识号。

● %CPU——该进程占用的 CPU 使用率。

● %MEM——该进程占用的物理内存和总内存的百分比。

● TTY——表明该进程在哪个终端上运行，"？"表示为未知或不需要终端。

● VSZ /VIRT——占用的虚拟内存（swap 空间）的大小（单位是 KB）。

● RSS/RES——占用的固定内存（物理内存）的大小（单位是 KB）。

● SHR——进程使用的共享内存的大小（单位是 KB）。

● COMMAND/CMD——启动该进程的命令的名称。列中的信息用 [] 括起来则说明该进程为内核线程（kernel thread），一般以 k 开头。

● TIME——实际使用 CPU 的时间。

● STIME——进程的启动时间。

● TIME +——进程启动后占用的总的 CPU 时间（CPU 使用时间的累加）。

● STAT/S——进程当前的状态。进程状态主要有 A（活动的）、T（已停止）、Z（已取消）等；对于内核进程主要状态有 R（正在运行）、S（休眠）、s（父进程）、T（已停止）、Z（僵死或死锁）、<（优先级高的进程）、N（优先级较低的进程）、+（位于后台的进程）等。

● START——启动该进程的时间。

● PRI/PR——进程的优先级（riority），程序的优先执行顺序，数字越小越早被执行。

● NI——进程的友善度或谦让度（niceness），是以数字形式给内核的暗示，通过它来表明一个进程在同其他进程竞争 CPU 时应该如何对待这个进程，友善度值越高，优先级越低，友善度值越低或负值表示优先级越高。"友善度"的取值范围为 -20 至 19。

【例 6-22】结合 "-elf" 选项时，将以长格式显示所有的进程信息，并包含更多列（如 PPID 列表示进程的父进程）的信息。

```
[root@RHEL 8-1~]# ps -elf
F S  UID  PID PPID C PRI NI ADDR SZ    WCHAN STIME TTY TIME     CMD
4 S  root  1   0   0 80  0  -    46728 do_epo 16:46 ?   00:00:02 /usr/lib/systemd/systemd……
1 S  root  2   0   0 80  0  -    0     -      16:46 ?   00:00:00 [kthreadd]
1 I  root  3   2   0 60 -20 -    0     -      16:46 ?   00:00:00 [rcu_gp]
1 I  root  4   2   0 60 -20 -    0     -      16:46 ?   00:00:00 [rcu_par_gp]
1 I  root  6   2   0 60 -20 -    0     -      16:46 ?   00:00:00 [kworker/0:0H-events_highpri]
……// 省略更多信息行
```

【例 6-23】通过管道操作符及有关筛选命令，在所有进程信息中筛选出包含指定进程的信息，以便确认该进程相对应的服务是否启动。如：确认 Firewalld 防火墙服务是否启动（对应的进程为 firewalld），若已启动则有以下两行显示，若未启动则仅有其中的末行显示。

```
[root@RHEL 8-1~]# ps aux | grep firewalld
root  1122 0.0 2.0 306884 41556 ?  Ssl 10 月 01  0:00 /usr/libexec/platform-python -s /usr/sbin/
firewalld --nofork --nopid
root 3448 0.0 0.0 12348 1040 pts/0 S+ 00:55  0:00 grep --color=auto firewalld
```

2. top命令——查看进程的动态信息

ps 命令只能显示进程某一时刻的静态信息，top 命令则能以实时、动态刷新（默认每 3 秒刷新一次）的方式显示进程状态，从而为系统管理员及时、有效地发现系统的缺陷提供方便。其显示界面如图 6-2 所示。

```
                                    root@RHEL8-1:~                              ×
文件(F)  编辑(E)  查看(V)  搜索(S)  终端(T)  帮助(H)
[root@RHEL8-1 ~]# top
top - 08:55:14 up 8 min,  1 user,  load average: 0.05, 0.25, 0.21
Tasks: 302 total,   1 running, 301 sleeping,   0 stopped,   0 zombie
%Cpu(s):  0.2 us,  0.5 sy,  0.0 ni, 99.2 id,  0.0 wa,  0.0 hi,  0.2 si,  0.0 st
MiB Mem :  1950.9 total,   104.5 free,  1115.5 used,    731.0 buff/cache
MiB Swap:  2048.0 total,  2040.4 free,     7.5 used,    613.7 avail Mem

  PID USER      PR  NI    VIRT    RES    SHR S  %CPU  %MEM     TIME+ COMMAND
 2789 root      20   0   65760   5016   4148 R   1.0   0.3   0:00.34 top
   33 root      39  19       0      0      0 S   0.3   0.0   0:00.53 khugepaged
 1035 root      20   0  292504  11252   9640 S   0.3   0.6   0:01.47 vmtoolsd
 2041 root      20   0 3152840 193356 109092 S   0.3   9.7   0:22.52 gnome-shell
    1 root      20   0  187064  14832   9636 S   0.0   0.7   0:03.80 systemd
    2 root      20   0       0      0      0 S   0.0   0.0   0:00.02 kthreadd
    3 root       0 -20       0      0      0 I   0.0   0.0   0:00.00 rcu_gp
    4 root       0 -20       0      0      0 I   0.0   0.0   0:00.00 rcu_par_gp
```

图6-2 top命令的交互式显示界面

第 1 行：正常运行时间行。显示系统当前时间、系统已运行的时间、当前已登录的用户数、1/5/10 分钟前到现在系统平均负载（≤ 1 时属于正常，若持续 ≥ 5 表明系统很忙碌）。

第 2 行：进程统计行。包括进程的总量，以及正在运行、挂起、暂停、僵尸进程的数量。

第 3 行：CPU 统计行。包括用户空间占用 CPU 的百分比、系统内核空间占用 CPU 的时间、用户进程中修改过优先级的进程占用 CPU 的百分比、空闲 CPU 百分比、等待输入输出 CPU 时间百分比、服务于硬件中断所耗费 CPU 时间百分比、服务于软件中断所耗费 CPU 时间百分比、st（Steal Time）服务于其他虚拟机所耗费 CPU 时间百分比。

第 4 行：内存统计行。包括物理内存总量，以及已用、空闲、缓冲区内存量。

第 5 行：交换分区和缓冲区统计行。包括交换分区总量、已使用交换分区总量、空闲交换分区总量和缓存交换分区总量。

第 6 行：显示的是此后各行的标题，各标题栏的含义与 ps 命令相同。

在 top 命令使用过程中，可以使用一些交互子命令来定制自己的输出和其他功能，这些子命令是通过按快捷键启动的，见表 6-12。

表6-12   top命令的子命令（快捷键）及其功能

快捷键	功能	快捷键	功能
空格	立刻刷新	P	根据 CPU 使用率，按降序显示进程列表
T	根据时间、累计时间排序。	q	退出 top 命令
m	切换显示内存信息	t	切换显示进程和 CPU 状态信息
c	切换显示命令名称和完整命令行	M	根据内存使用率，按降序显示进程列表
W	将当前显示配置写入 ~/.toprc 文件中，以便下次启动 top 时使用	K	结束进程的运行键后在列表上方将出现 "PID to kill:" 提示，在其后输入指定进程的 PID 号，按【Enter】键后即可结束指定进程的运行
N	根据启动时间进行排序	r	修改进程的优先级
f	更改选择显示或隐藏列内容	o	更改显示列的顺序

3. 前/后台进程（作业）的切换与管理

任何命令既可以在前台执行也可以在后台执行，前台进程是在终端窗口中运行的进程，后台进程是不占用终端窗口的进程。由于从终端启动的所有进程共享相同的会话 ID，即在人机会话的交互过程中，一次只能有一个进程处于前台，时常需要系统管理员对进程进行前后切换并对前台或后台中的进程进行控制管理。其操作举例如下：

```
[root@RHEL 8-1~]# sleep 1000&        // 在后台执行延时 1000 秒
[1] 2945
[root@RHEL 8-1~]# jobs -l             // 查看当前终端中的后台作业
[1]+  2945 运行中      sleep 1000 &
[root@RHEL 8-1~]# fg %1               // 将作业号为 1 的后台进程调回前台
sleep 1000
^Z                                    // 按【Ctrl+Z】将前台进程调入后台并暂停执行进程
[1]+  已停止         sleep 1000
[root@RHEL 8-1~]# jobs -l
[1]+  2945 停止        sleep 1000
[root@RHEL 8-1~]# bg %1               // 将作业号为 1 的处于暂停状态的后台进程恢复到运行状态
[1]+ sleep 1000 &
[root@RHEL 8-1~]# jobs -l
[1]+  2945 运行中      sleep 1000 &
[root@RHEL 8-1~]# kill -9 %1          // 强行终止作业号为 1 的进程
[1]+  已杀死         sleep 1000
[root@RHEL 8-1~]# jobs -l             // 查看当前终端中的后台作业为空 ( 无显示信息 )
```

任务 6-6 使用 at 和 crontab 命令实施计划任务管理

在 Linux 系统中，除了让用户立刻执行输入的命令以外，还可以实现在将来的某个时间点执行预先计划好的一条或多条命令以完成相应的管理任务，如定期备份、定期采集系统监视数据等。RHEL 8 默认会自动安装 at、vixie-cron 软件包，并自动启动 atd 和 crond 两个守护进程分别实现一次性、周期性的计划任务。

1.使用at命令制订一次性执行的计划任务

at 命令的一般格式为：

at [选项] [执行任务的时间] [执行任务的日期]

（1）常用的选项有：

-m——当 at 工作完成后，即使没有输出信息，也会以 mail 通知用户：工作已完成。

-l——显示当前正在等待执行的计划任务队列（等同于 atq 命令）。

-d 任务编号——删除指定编号且尚未执行的计划任务（等同于 atrm 命令）。

（2）时间的指定方式有：

●绝对时间——HH: MM[am|pm]：如 5:30pm、17:30。

● 相对时间——now+count time-units：其中，now 就是当前时间；count 是时间的数量；time-units 是时间单位，如 minutes（分钟）、hours（小时）、days（天）、weeks（星期）。如，"now+3min" 表示当前系统时间的 3 分钟后。

●模糊词语：如 midnight（深夜）、noon（中午）、teatime（饮茶时间，一般是下午 4 点）等。

（3）日期的指定方式有：

●日期格式：month day（月 日）、mm/dd/yy（月 / 日 / 年）、dd.mm.yy（日 . 月 . 年）、YYYY-MM-DD（年 - 月 - 日）。如：Feb 24、2/24/2018、24.2.2018、2018-2-24。

●模糊词语：today（今天）、tomorrow（明天）。

在 at 命令中，若只指定时间则表示当天的该时间，若该时间已过期，则代表第二天的该时间；若只指定日期则表示该日期的当前时间。

at 命令下达后将出现 "at>" 提示符等待用户编辑任务，每行只能设置一条计划执行的命令，若有多条命令需要执行，则需分行输入，命令输入完毕后按【Ctrl+D】组合键提交任务。此时，系统会将以上在 "at>" 提示符下输入的命令序列以文件的形式保存在 /var/spool/at 目录下。一旦所设置的执行任务的时间点到来，系统便会自动依次执行文件中的命令。

【例 6-24】设置两个独立的计划任务：①在当前系统时间的 8 分钟后自动执行以下的计划任务：在 /tmp/ 目录中创建一个文本文件 data.txt，文件内容为 "Hello World"；②在当天的 17：30 自动关机。

步骤 1：由于 at 命令依赖于 atd 服务，因此首先要确认系统服务 atd 已经启动，并确认开机时自动启动（避免中途关机而再开机时未自动启动，使计划任务失效）。

```
[root@RHEL 8-1~]# systemctl is-active atd
active
[root@RHEL 8-1~]# systemctl is-enabled atd
enabled
```

步骤 2：使用 at 命令设置两个一次性计划任务。

```
[root@RHEL 8-1~]# at now+8min              // 设置在 8 分钟后要完成的任务
warning: commands will be executed using /bin/sh
at> echo "Hello World" > /tmp/date.txt     // 输入 8 分钟后要执行的命令（创建一个文件）
at><EOT>                                    // 任务设置完毕后按【Ctrl+D】组合键提交任务
job 1 at Sun Oct  3 09:40:00 2021
[root@RHEL 8-1~]# at 17:30                  // 设置在当天 17:30 要完成的任务
warning: commands will be executed using /bin/sh
at> systemctl poweroff                      // 关闭系统
at><EOT>
job 2 at Sun Oct  3 17:30:00 2021
```

步骤 3：对已设置但还未执行（未到时间点）的计划任务，使用 atq 或 at -l 命令查看设置的将要执行的计划任务（已执行过的 at 任务将不会出现在显示清单中）。

```
[root@RHEL 8-1~]# atq
1 Sun Oct  3 09:40:00 2021 a root
2 Sun Oct  3 17:30:00 2021 a root
```

步骤 4：删除计划于 17：30 分执行的关机任务（任务编号为 2 的 at 任务）。

```
[root@RHEL 8-1~]# atrm  2
[root@RHEL 8-1~]# atq
1 Sun Oct  3 09:40:00 2021 a root
```

删除后的 at 任务将不会被执行，并且不会显示在 atq 命令结果中。 已经被执行过的任务无法删除。

步骤 5：验证计划任务的执行结果。

```
[root@RHEL 8-1~]# cat  /tmp/data.txt              // 等过了计划时间后验证命令结果
Hello World
```

可以在文件 /etc/at.allow 和 /etc/at.deny 中定义用户，用来限制对 at 命令的使用（root 用户不受其控制），即限制用户是否能做计划任务。 这两个使用控制文件的格式都是每行一个用户（不允许空格），且文件修改后，atd 守护进程不需重启。 如果 at.allow 文件存在，那么只有其中列出的用户才被允许使用 at 命令，并且 at.deny 文件会被忽略。 如果 at.allow 文件不存在，那么所有在 at.deny 中列出的用户都将禁止使用 at。 如果 at.allow 文件存在，所有在 at.deny 文件中列出的用户都被禁止使用 at。

2.使用crontab命令制订周期性执行的计划任务

使用 at 命令设置的计划任务只能在指定的时间点执行一次，对于周期性重复管理操作（如定期备份）则显得不便。 为此，可利用 crontab 命令设置周期性重复操作。

（1）crontab 命令的格式与功能

crontab 命令的一般格式为：

```
crontab [ 选项 ]
```

常用的选项有：

-e——针对当前用户或指定用户编辑计划任务。

-u 用户名——指定执行计划任务的用户。 若缺省此参数则表示当前用户，一般只有 root 用户有权限使用此选项用于编辑、删除其他用户的计划任务。 本参数要与其他参数配合使用。

-l——显示当前用户或指定用户的计划任务。

-r——删除当前用户或指定用户的计划任务。

crontab 命令的功能：编辑（创建或修改）、显示和删除周期性计划任务。 仅从编辑功能而言，crontab 是一个专门用于编辑周期性计划任务书的特殊编辑器，其编辑内容的符号和格式有其特定的含义和要求，其编辑的结果会保存到系统指定目录（/var/spool/cron）的文件中（文件名与对应的用户帐号同名），而编辑的方法和 vim 编辑器相同。

（2）crontab 命令的编辑格式

下面以编辑完成的一个计划任务为例，说明其符号含义和对格式的要求。

```
[root@RHEL 8-1~]# crontab  -e                 // 为当前的 root 用户编辑一份周期性计划任务
50        7        *        *  *    systemctl  start  sshd
50        22       *        *  *    systemctl  stop  sshd
0         *        */5      *  *    rm  -rf  /var/ftp/pub/*
```

30	7	*	*	6	systemctl restart httpd
30	17	*	*	1,3,5	tar jcvf httpdconf.tar.bz2 /etc/httpd
:wq					// 保存退出

执行 "crontab -e" 命令后，将打开计划任务编辑界面（此后的操作方法与 vim 相同），通过该界面用户可以自行添加具体的任务配置，每行代表一个任务配置记录，每个记录包括 6 个字段，每个字段的含义依次为分钟、小时、日期、月份、星期和执行的命令。每个配置记录的功能是当前 5 个字段描述的时间日期的条件均被满足时，系统将执行第 6 个字段的命令或脚本程序。每个字段的取值见表 6-13。

表6-13　　　　　　　　　　crontab任务配置字段的取值说明

字段	一般取值	特殊取值
分钟	0 到 59 之间的任意整数	星号 "*"：代表 "每" 的意思，即取值范围中的任意值
小时	0 到 23 之间的任意整数	斜杠 "/"：代表 "每隔" 的意思，如 "5/" 表示每隔 5 个单位值
日期	1 到 31 之间的任意整数（如果指定了月份，必须是该月份的有效日期）	减号 "-"：用于连续的取值范围，如 1-4 表示整数 1、2、3、4
月份	1 到 12 之间的任意整数	逗号 ","：用于间隔不连续的多个取值，如 3、4、6、8
星期	0 到 7 之间的任意整数，0 或 7 代表星期日	当使用整点时间的时候，如：7:00，则分钟需要写 0 星期也可以英文缩写 sun, mon, tue, wed, thu, fri, sat 表示 日期和星期同时写的时候，二者是或者的关系，其他是且的关系
命令	Linux 命令	用户自己编写的程序脚本

对照以上符号含义的说明，上述 5 个配置记录所能完成的计划任务依次是：每天早上 7:50 自动开启 sshd 服务；每天 22:50 关闭 sshd；每隔 5 天清空一次 FTP 服务器公共目录 "/var/ftp/pub" 中的数据；每周六的 7:30 重新启动系统中的 httpd 服务；每周一、周三、周五的 17:30 时，使用 tar 命令自动备份 "/etc/httpd" 目录。

与 at 命令一样，crontab 命令也有控制用户是否能做计划任务的 /etc/cron.allow 和 /etc/cron.deny 两个文件，其使用方式和书写格式与 at 命令的用户控制文件相同。

此外，系统还有一个决定 crontab 命令执行环境和书写要求的配置文件 /etc/crontab。其文件内容及配置项的功能说明如下：

```
[root@RHEL 8-1~]# cat /etc/crontab
SHELL=/bin/bash                  // 用于配置执行计划任务的 shell 环境
PATH=/sbin:/bin:/usr/sbin:/usr/bin   // 用于定义可执行命令及程序的路径
MAILTO=root                      // 用于指定将任务输出信息发送到指定用户的邮箱
// 以下各行为注释信息，说明了任务配置项各字段的含义和取值范围
# For details see man 4 crontabs
# Example of job definition:
# .--------------- minute (0 - 59)
#| .------------- hour (0 - 23)
#| | .---------- day of month (1 - 31)
#| | | .------- month (1 - 12) OR jan,feb,mar,apr ...
```

```
#| | | | .---- day of week (0 - 6) (Sunday=0 or 7) OR sun,mon,tue,wed,thu,fri,sat
#| | | | |
# * * * * * user-name  command to be executed
05 4 * * * root /usr/sbin/aide --check
```

/etc/crontab 文件及其内容是在系统及程序安装时自动生成，一般不需要人为地修改。

【例 6-25】为 zhang 3 用户设置一份 crontab 计划任务列表，在每周日的 23:55 时将"/etc/passwd"文件的内容复制到宿主目录中，保存为"pwd.txt"文件。

步骤 1：确认系统服务 crond 已经运行，并确认开机时自动启动。

```
[root@RHEL 8-1~]# systemctl is-active crond
active
[root@RHEL 8-1~]# systemctl is-enabled crond
enabled
```

步骤 2：使用 crontab 命令为 zhang 3 用户编辑计划任务配置文件的内容。

```
[root@RHEL 8-1~]# crontab -e -u zhang3
55  23  *  *  7   /bin/cp /etc/passwd /home/zhang3/pwd.txt
:wq        // 保存退出
```

步骤 3：确认 zhang 3 用户的计划任务列表的内容。

```
[root@RHEL 8-1~]# crontab -l -u zhang3
55  23  *  *  7   /bin/cp /etc/passwd /home/zhang3/pwd.txt
[root@RHEL 8-1~]# ls -l /var/spool/cron/zhang3
-rw-------. 1 root root 69 10 月 3 10:56 /var/spool/cron/zhang3
```

步骤 4：创建 zhang 3 用户并设置其密码为 123.com。

```
[root@RHEL 8-1~]# useradd -p 123.com zhang3
```

步骤 5：使用 zhang 3 用户登录系统，查看并删除 zhang 3 用户的计划任务列表。

```
[root@RHEL 8-1~]# su zhang3
[zhang3@RHEL 8-1~]$ crontab -l
55  23  *  *  7   /bin/cp /etc/passwd /home/zhang3/pwd.txt
[zhang3@RHEL 8-1~]$ crontab -r
[zhang3@RHEL 8-1~]$ crontab -l
no crontab for zhang3
```

在设置用户的 crontab 计划任务时，每条配置记录虽然能书写多条命令，但必须在一个编辑行内写完，对于需要大量命令才能完成的计划任务，可以将相关命令编写成脚本文件，然后在计划任务配置中加载该脚本文件，以完成复杂计划任务的制订。

项目实训6 安装、运行软件与状态监控

【实训目的】

能使用 rpm、yum 命令查询、安装、升级和删除 rpm 软件包；会创建以本地光盘和硬盘为软件仓库的 yum 源；会管理服务运行状态和监控进程；会制订计划任务。

【实训环境】

一人一台 Windows 10 物理机，1 台 RHEL 8/CentOS 8 虚拟机，rhel-8.4-x86_64-dvd.iso 或 CentOS-8.4.2105-x86_64-dvd1.iso 安装包，虚拟机网卡连接至 VMnet8 虚拟交换机。

【实训拓扑】（图6-3）

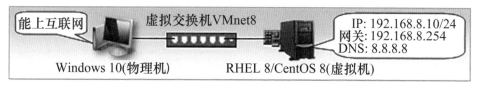

图6-3 实训拓扑图

【实训内容】

1.RPM软件包的管理

（1）执行 rpm -qa|less 命令，查询当前系统所安装的软件包程序，查看完后用 q 命令退出 less 命令。

（2）查询显示当前所安装的软件包中，包含 tel 关键字的软件包。

（3）查询已安装的 openssh 软件包所包含的文件及其安装位置。

（4）查询当前系统是否安装 telnet-server 软件包，若未安装，则将其安装，然后查询安装是否成功。

2.本地硬盘yum源的创建与管理

（1）将 rhel-server-8.4-x86_64-dvd.iso 或 CentOS-8.4.2105-x86_64-dvd1.iso 安装包放入虚拟光驱，使用 mount 命令将光驱挂载到 /mnt 目录中，使用 mkdir 命令建立 /RHEL 8yum 目录，使用 cp 命令将 /mnt 下所有文件复制到 /RHEL 8yum 目录下。

（2）用 yum-config-manager 命令生成一个 yum 源的模板文件 localhd.repo。

（3）使用 vim 命令编辑 /etc/yum.repos.d/localhd.repo 文件，使其成为 yum 源配置文件。

（4）导入公钥文件，以校验 GPG 签名，查看系统中所有的 yum 资源库配置信息。

（5）清除旧有的 yum 源缓存，重新缓存本地硬盘 yum 源中的软件包信息。

（6）使用 yum 命令安装 httpd 服务软件包，验证本地硬盘 yum 源是否可用。

（7）使用 yum 命令删除 httpd 服务软件包。

3.服务的管理

（1）使用 systemctl 命令查询 firewalld 防火墙服务是否已启动、在开机时是否自动启动。

（2）使用 ss 命令查看 firewalld 服务运行的状态（本地地址、服务端口等）。

4.进程查看与管理

（1）使用 ps 命令查看系统所有进程。

（2）使用 top 命令实时显示系统中各个进程的资源占用情况。

（3）将正在执行的 top 命令调至后台暂停。

（4）在根目录 / 下，使用 vim 新建一个名为 test 的文件，打开编辑器后，进入编辑模式，输入 "test"。

（5）将 vim 编辑器调至后台暂停，然后在前台查看后台进程有哪些，再将后台的 vim 编辑器调至前台运行，进入末行模式后保存退出。

（6）使用 jobs 命名查看（3）中调至后台暂停执行的 top 命令所对应的进程号，杀死该进程，最后查看当前终端中后台运行的进程，以确定该进程是否被杀死。

5. 计划任务的制订与管理

（1）通过 at 设置定时任务，在两分钟后向所有登录的客户端发送消息 "hello"，在二十分钟后重启系统。

（2）删除（1）中重启系统的计划任务，并查询当前等待的任务，检查是否删除成功。

（3）通过 crontab 命令设置计划任务，实现每天每小时的第 30 分钟，将 /home 目录实施压缩打包，打包文件名为 /home.tar.gz。

（4）查询当前等待的 crontab 任务，删除（3）中制订的 crontab 任务，再查询是否删除成功。

项目习作6

一、选择题

1. 使用带（　　　）选项的 rpm 命令可用于安装一个新的 rpm 软件包。

    A.-U   B.-i   C.-F   D.-e

2. 假如需要找出 /etc/my.conf 文件属于哪个软件包，可以执行（　　　）。

    A.rpm -q /etc/my.conf   B.rpm -requires /etc/my.conf

    C.rpm -qf /etc/my.conf   D.rpm -q | grep /etc/my.conf

3. 利用 yum 安装 telnet 服务器的命令是（　　　）。

    A.yum update telnet   B.yum install telnet

    C.yum update telnet-server   D.yum install telnet-server

4. （　　　）不是进程和程序的区别。

    A. 程序是一组有序的静态指令，进程是一次程序的执行过程。

    B. 程序只能在前台运行，而进程可以在前台或后台运行。

    C. 程序可以长期保存，进程是暂时的。

    D. 程序没有状态，而进程是有状态的。

5. RHEL 8 系统引导过程中，第一个初始化进程是（　　　）。

    A.system   B.init   C.systemd   D.systemctl

6. 在 at 命令中，可以表示下午四点的时间是（　　　）。

    A.4:00pm   B.teatime   C.noon+4 hours   D.16:00

7. 在 ps 命令中（　　　）参数是用来显示所有用户的进程。

    A.-a   B.-b   C.-u   D.-x

8. 关于进程调度命令，（　　　）是不正确的。

　　A. 当日晚 11 点执行 clear 命令，使用 at 命令：at 23:00 today clear

　　B. 每年 1 月 1 日早上 6 点执行 date 命令，使用 at 命令：at 6am Jan 1 date

　　C. 每日晚 11 点执行 date 命令，crontab 文件中应为：0 23 * * * date

　　D. 每小时执行一次 clear 命令，crontab 文件中应为：0 */1 * * * clear

二、简答题

1. 简述 rpm 命令和 yum 命令的作用。

2. 简述 RHEL 8 中引入的新"管家"——systemd 的特性。

3. 什么是套接字？套接字的作用是什么？

4. 简述软件、服务和进程之间的关系。

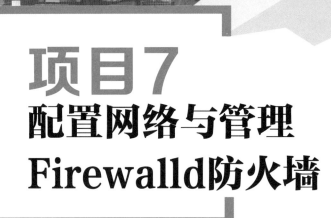

项目7 配置网络与管理 Firewalld防火墙

7.1 项目描述

德雅职业学校校园网由路由器或具有路由功能的交换机连接起来的多个子网构成，并通过租用电信 400 MB 光纤接入互联网。 为了实现校园网内部各子网和校园网与互联网的连通，网络管理员需要从以下三个方面实施网络配置：

●网络主机（终端节点）的联网配置：对网络中所有计算机或服务器的主机名、网络接口（网卡）的配置（包括 IP 地址、子网掩码、默认网关、DNS 服务器的 IP 地址等），以便使同一子网中的主机之间能相互连通。

●网络互连设备的配置：对内部网络中连接各子网的路由器和交换机的配置。 其目的是实现不同子网中的主机之间能够相互连通，主要是路由信息的配置。

●网关设备的配置：是指在校园网与外部互联网的交界处的设备上所实施的配置。 主要包括防火墙和 NAT 服务的配置。 通过防火墙规则设置以保护校园内部网络中的主机（主要是服务器）；通过 NAT 服务的配置以允许校园网内所有配置私网 IP 地址的主机能访问外部互联网，同时，外网的用户也可以访问校园网内的某些服务器。

本项目将通过对 RHEL 8 主机的配置，完成以上三个层级的网络配置任务，在保障校园网畅通的基础上为用户提供安全、稳定可靠的访问服务。

7.2 项目知识准备

7.2.1 网络配置的主要文件和对象

1.网络配置的主要文件及目录

在 Linux 系统中，网络服务的配置参数都存储在相应的文本文件中，这些文件称为网络配置文件。 在启动系统或网络服务时，系统通过读取这些网络配置文件来获得相应的参数，从而实现对网络设备的控制。RHEL 8 的主要网络配置文件见表 7-1。

表7-1	RHEL 8的主要网络配置文件
路径及文件名	功能
/etc/hostname	用于设置和保存静态主机名
/etc/machine-info	用于设置和保存灵活主机名
/etc/hosts	用于设置主机名映射为 IP 地址，从而实现主机名的解析
/etc/sysconfig/network-scripts/	网络接口（网卡）配置文件的存放目录
/etc/resolv.conf	用于对主机的 DNS 服务器 IP 地址进行配置
/etc/nsswitch.conf	用于指定域名解析顺序
/etc/services	用于设置主机的不同端口对应的网络服务（一般无须修改）
/etc/sysctl.conf	用于开启或关闭路由转发功能，从而使数据包能在不同子网之间转发
/etc/sysconfig/network-scripts/route-ensXX	用于设置并保存静态路由信息，从而将 Linux 服务器构建为软路由器

2.网络配置的主要对象——网络接口与网络连接

网络接口是指网络中的计算机或网络设备与其他设备实现通信的进出口。这里，主要是指计算机的网络接口，即网卡设备。

从 RHEL 7 开始引入了一种新的"一致网络设备命名"的方式为网络接口命名，该方式可以根据固件、设备拓扑、设备类型和位置信息分配固定的名字。带来的好处是命名自动化，名字完全可预测，在硬件坏了以后更换不会影响设备的命名，这样可以让硬件的更换无缝化。

网络接口的名称由两部分信息决定：前两个字符为网络类型符号。如：en 表示以太网（Ethernet）、wl 表示无线局域网（wlan）、ww 表示无线广域网（wwan）；接下来的字符根据设备类型或位置选择，如：

o<index>：表示内置（onboard）于主板上的集成设备（集成网卡）及索引号；

s<slot>：表示插在可以热插拔的插槽上的独立设备及索引号；

x<MAC>：表示基于 MAC 地址命名的设备；

p<bus>：表示 PCI 插槽的物理位置及编号。

如，以太网网络接口设备名称 ens 160 中，en 代表 enthernet（以太网）接口类型，s 代表热插拔插槽，其后的数字由主板的某种索引编号自动生成，以便保证其唯一性。

网络接口（网卡）是物理设备，设备只有通过相应的配置（如设置 IP 地址、子网掩码、默认网关等）才能发挥其网络通信的功能，而网络连接则是为网络接口实施配置的设置集合。在同一个网络接口上，可以有多套不同的设置方案，即一个网络接口可以有多个网络连接，但同一时间只能有一个网络连接处于活动状态。为了区分不同的网络连接，每个网络连接都具有一个用于标识自身的名称。为了持久保存网络连接中包含的设置信息，系统将以文件的形式存储在特定的文件中，其路径和文件名为 /etc/sysconfig/network-scripts/ifcfg- 网络连接标识名。编辑网络连接文件的工具有 vim、nmtui（network manager text user interface）和 nmcli 等。

7.2.2　认识防火墙

1.什么是防火墙？

防火墙是指设置在不同网络（如可信任的企业内部网和不可信的公共网）或不同网络安全

域之间用于获取安全性方法的一系列部件的组合。它是不同网络或网络安全域之间信息的唯一出入口，能根据设置的安全策略控制（允许、拒绝、监测）出入网络的信息流，且本身具有较强的抗攻击能力。在逻辑上，防火墙是一个分离器、限制器和分析器，它能有效地监控内部网与 Internet 之间的任何活动，保证了内部网络的安全。

2. 防火墙的功能

从总体上看，防火墙具有以下基本功能：

（1）对进入和流出网络的数据包进行过滤，屏蔽不符合要求的数据包和访问行为。如防火墙可以禁止诸如众所周知的不安全的 NFS 协议进出，这样外部的攻击者就不可能利用这些脆弱的协议来攻击内部网络。

（2）对进出网络的访问行为做日志记录，并提供网络使用情况的统计数据，实现对网络存取和访问的监控审计。

（3）对网络攻击进行监测和告警。防火墙可以保护网络免受基于路由的攻击（如：IP 选项中的源路由攻击和 ICMP 重定向中的重定向路径攻击），在遭遇攻击时能及时通知防火墙管理员。

（4）提供数据包的路由选择和网络地址转换（NAT），从而满足局域网中主机通过私有 IP 地址顺利访问外部网络的应用需求。

3. 防火墙的种类

目前，市面上的防火墙产品较多，依据不同的标准可以分为不同类型。

（1）按采用的技术划分

防火墙技术有许多，主要分为以下两种：

① 包过滤型防火墙

包过滤型防火墙在网络层和传输层对经过的数据包进行筛选。筛选的依据是系统内设置的过滤规则，通过检查数据流中每个数据包的 IP 源地址、IP 目的地址、传输协议（TCP、UDP、ICMP 等）、TCP/UDP 端口号等因素，来决定是否允许该数据包通过。由于过滤的依据只是网络层和传输层的有限信息，因而各种安全要求不可能完全满足；大多数过滤规则中缺少审计和报警机制，它只能依据包头信息，而不能对用户身份进行验证，很容易受到"地址欺骗型"攻击。通常是和应用网关配合使用，共同组成防火墙系统。

② 代理服务器型防火墙（或应用网关型防火墙）

代理服务器型防火墙实际上是运行在防火墙之上的一种应用层服务器程序，它通过对每种应用服务编制专门的代理程序，实现监视和控制应用层数据流的功能。由于采取了这种代理机制，内、外部网络之间的通信不是直接的，而是需要先经过代理服务器审核，通过后再由代理服务器代为连接，从而避免入侵者使用数据驱动类型的攻击方式入侵内部网。另外，由于代理服务器型防火墙工作于最高层，所以它可以对网络中任何一层数据通信进行筛选保护，而不是像包过滤那样，只是对网络层和传输层的数据包进行过滤。当然，内、外部网络用户建立连接需要时间，使得代理服务器型防火墙速度相对慢些。

（2）按实现的环境划分

按实现环境的不同，防火墙可划分为软件防火墙和硬件防火墙。

① 软件防火墙：运行于普通计算机和普通的操作系统（如：Linux）或经过裁剪和简化的操作系统之上。此类防火墙采用的是别人的内核，会受到操作系统本身的安全性影响。

② 硬件（芯片级）防火墙：基于专门的硬件平台和固化在芯片中的专用操作系统，具有速

度快、处理能力强、性能高、价格比较昂贵的特点。硬件防火墙一般至少应具备三个接口：用于连接 Internet 网的外网接口、用于连接代理服务器或内部网络的内网接口、专用于连接提供服务的服务器群的 DMZ（非军事化区）接口。

7.2.3 Linux防火墙的历史演进与架构

Linux 防火墙是典型的包过滤防火墙，由于基于内核编码实现，因此具有非常稳定的性能和效率，被广泛地作为软件防火墙的解决方案。

1.Linux防火墙的历史

从 1.1 内核开始，Linux 系统就已经具有包过滤功能了，随着 Linux 内核版本的不断升级，Linux 的包过滤系统经历了如下 4 个阶段：

- 在 2.0 内核中，包过滤机制是 ipfw，管理防火墙的工具是 ipfwadm。
- 在 2.2 内核中，包过滤机制是 ipchain，管理防火墙的工具是 ipchains。
- 在 2.4 内核中，包过滤机制是 netfilter，管理防火墙的工具是 iptables。
- 在 3.10 之后的内核中，包过滤机制是 netfilter，管理防火墙的工具有 firewalld、iptables 等。

2.Linux防火墙的架构

Linux 防火墙系统由以下三层架构的三个子系统组成：

内核层的 netfilter：是集成在 Linux 内核中对数据包进行过滤处理的一系列规则的集合。为便于管理这些规则，采用了"表"、"链"和"规则"的分层结构来组织规则，即 netfilter 是表的容器，表是链的容器，而链又是规则的容器，如图 7-1 所示。

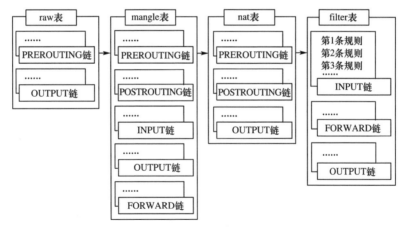

图7-1　Linux防火墙默认提供的表及包含的链的结构图

中间层服务程序：是连接内核和用户的与内核直接交互的监控防火墙规则的服务程序或守护进程，它将用户配置的规则交由内核中的 netfilter 来读取，从而调整防火墙规则。

用户层工具：是 Linux 系统为用户提供的用来定义和配置防火墙规则的工具软件。

7.2.4 RHEL 8中防火墙的体系结构

从 RHEL 7 开始，系统形成了 firewalld 和 iptables 两套防火墙体系，其中，firewalld 是 RHEL 7 中新引入的防火墙系统，并且是 RHEL 7 和 RHEL 8 默认安装的系统，firewalld 和 iptables 防火墙体系结构如图 7-2 所示。

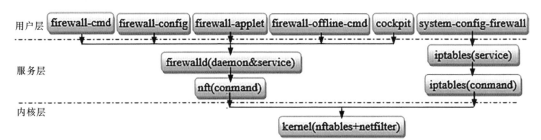

图7-2　RHEL 8中防火墙体系结构

在 RHEL 8 中配置 firewalld 防火墙规则的工具或方法有以下五种：

● firewall-config：图形化配置工具。

● firewall-cmd：命令行工具。

● firewall-applet：图形化的小程序配置工具。

● firewall-offline-cmd：离线命令行操作模式，因为直接作用于 firewalld 永久配置中，所以在 firewall 运行时不建议直接操作。

● cockpit：Web 图形界面的远程管理工具（包含了对 firewalld 防火墙的管理项目）。

为了简化防火墙管理，firewalld 将所有网络流量划分为多个区域。根据数据包源 IP 地址或传入网络接口等条件，流量将转入相应区域的防火墙规则，firewalld 提供的几种预定义的区域及包含的默认配置见表 7-2。

表7-2　　　　　　　　　　　　　firewalld区域及默认配置

区域名称	默认配置
trusted（受信任的）	允许所有流入的数据包
home（家庭）	拒绝流入的数据包，除非与输出流量数据包相关或是 ssh、mdns、samba-client 与 dhcpv6-client 预定义服务则允许
internal（内部）	与 home 区域相同
work（工作）	拒绝流入的数据包，除非与输出流量数据包相关或是 ssh、dhcpv6-client 、ipp-client 预定义服务则允许
public（公开）	拒绝流入的数据包，除非与输出流量数据包相关或是 ssh、dhcpv6-client 预定义服务则允许
external（外部）	拒绝流入的数据包，除非与输出流量数据包相关或是 ssh 预定义服务则允许，默认启用了伪装
dmz（隔离区）	拒绝流入的数据包，除非与输出流量数据包相关或是 ssh 预定义服务则允许
block（阻塞）	拒绝流入的数据包，除非与输出流量数据包相关
drop（丢弃）	不做出任何响应地丢弃任何流入的数据包，除非与输出流量数据包相关

数据包要进入内核必须要通过这些区域（zone）中的一个，不同的区域里预定义的防火墙规则不一样（信任度或过滤的强度不一样），人们可以根据计算机所处的不同的网络环境和安全需求将网卡连接到相应区域（默认区域是 public），并对区域中现有规则进行补充完善，进而制订出更为精细的防火墙规则来满足网络安全的要求。一块物理网卡可以有多个网络连接（逻辑连接），一个网络连接只能连接一个区域，而一个区域可以接纳多个网络连接。

根据不同的语法来源，firewalld 包含的规则有以下三种：

●标准规则：利用 firewalld 的基本语法规范所制订或添加的防火墙规则。

●直接规则：当 firewalld 的基本语法表达不够用时，通过手动编码的方式直接利用其底层的 iptables 或 ebtables 的语法规则所制订的防火墙规则。

●富规则：firewalld 的基本语法未能涵盖的，通过富规则语法制订的复杂防火墙规则。

7.2.5　NAT 技术的概念、分类与工作过程

1. NAT 技术的概念及分类

目前几乎所有防火墙的软、硬件产品都集成了 NAT 功能，firewalld 也不例外。所谓 NAT（Network AddressTranslation，网络地址转换）是一种用另一个地址来替换 IP 数据包头部中的源地址或目的地址的技术。

NAT 技术的概念、分类与工作过程

根据 NAT 替换数据包头部中地址的不同，NAT 分为源地址转换 SNAT（Source NAT）（IP 伪装）和目的地址转换 DNAT（Destination NAT）两类。

SNAT 技术主要应用于在企事业单位内部使用私网 IP 地址的所有计算机能够访问互联网上服务器，实现共享上网，并且能隐藏内部网络的 IP 地址。在 RHEL 8 系统内置的防火墙中的 IP 伪装功能就是 SNAT 技术具体实现方式。

DNAT 技术则能让互联网中用户穿透到企事业的内部网络，访问使用私网 IP 地址的服务器，即无公网 IP 的内网服务器发布到互联网（如发布 Web 网站和 FTP 站点等）。

2. NAT 服务器的工作过程

NAT 服务器的工作过程如图 7-3 所示。

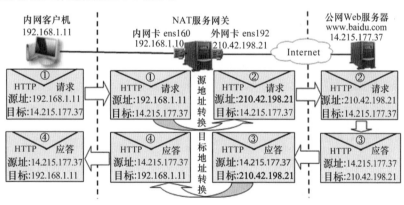

图7-3　NAT服务器的工作过程

当内网中使用私网 IP 地址（如 192.168.1.11）的客户机访问公网中 Web 服务器（如：www.baidu.com，14.215.177.37）的过程如下：

①当内网中访问 Internet 的 HTTP 请求包到达 NAT 服务器时，NAT 服务器进行路由选择，若发现该数据包要从外网卡 ens192 向外转发，则将该数据包的源 IP 地址（192.168.1.11）修改为 NAT 服务器的外网卡的 IP 地址（210.42.198.21），并且将该转换关系的连接记录保存下来，然后通过 NAT 服务器的路由转发功能，将数据包由网卡 ens160 转发到网卡 ens192。

②由于地址转换后的 HTTP 请求包中的源 IP 地址和目标 IP 地址均为公网 IP，可在 Internet 上正确路由，因此，HTTP 请求包最终会送达目的 Web 站点（14.215.177.37）。

③Web 站点接收 HTTP 请求包后，会根据其要求返回 HTTP 应答包，由于应答包的源 IP 地址和目的地址分别是原请求包的目的地址和源 IP 地址，因而返回的应答数据包经过 Internet 可

到达 NAT 服务器。

④ NAT 服务器接收应答包后再根据之前建立的转换映射关系，将应答数据包中的目标 IP 地址转换为内网中客户机的 IP 地址，并由此将应答包返回给内网中的客户机。

7.3 项目实施

任务 7-1　配置主机名

从 RHEL 7 开始，新增了 hostnamectl 命令实现对主机名的查看和修改，并引入了静态（static）、瞬态（transient）和灵活（pretty）三种主机名。"静态"主机名也称为内核主机名，是系统在启动时从 /etc/hostname 自动初始化的主机名。"瞬态"主机名是在系统运行时临时分配的主机名，例如，通过 DHCP 或 DNS 服务器分配。静态主机名和瞬态主机名都遵从作为互联网域名同样的字符限制规则，而"灵活"主机名则是允许使用自由形式（可包括特殊 / 空白字符）的主机名，以展示给终端用户（如 Tom's Computer）。

1. 查看主机名

查看主机名的命令一般格式如下：

hostnamectl [status] [--static|--transient|--pretty]

其中有关可选项说明如下：

status——可同时查看静态、瞬态和灵活三种主机名及其相关的设置信息。

--static——仅查看静态（永久）主机名。

--transient——仅查看瞬态（临时）主机名。

--pretty——仅查看灵活主机名。

```
[root@RHEL 8-1~]# hostnamectl  status
   Static hostname: RHEL 8-1.dyzx.com
         Icon name: computer-vm
           Chassis: vm
        Machine ID: ac1164e4038e41f8bba60ca58f8c1c25
           Boot ID: e56df7c5e2644e1c9ade271ea6e8d79e
    Virtualization: vmware
  Operating System: Red Hat Enterprise Linux 8.3 (Ootpa)
       CPE OS Name: cpe:/o:redhat:enterprise_linux:8.4:GA
            Kernel: Linux 4.18.0-305.el8.x86_64
      Architecture: x86-64
```

2. 修改主机名

修改主机名的命令一般格式如下：

hostnamectl [--static|--transient|--pretty] set-hostname <新主机名>

查看、修改瞬态（临时）主机名的命令如下：

```
[root@RHEL 8-1~]# hostnamectl --transient          // 查看修改前的瞬态主机名
RHEL 8-1.dyzx.com
[root@RHEL 8-1~]# hostnamectl --transient set-hostname server1 // 修改瞬态主机名
[root@RHEL 8-1~]# hostnamectl --transient          // 查看修改后的瞬态主机名
server1
```

查看、修改静态（永久）主机名的命令如下：

```
[root@RHEL 8-1~]# hostnamectl --static             // 查看修改前的静态主机名
RHEL 8-1.dyzx.com
[root@RHEL 8-1~]# hostnamectl --static set-hostname server2.com // 修改静态主机名
[root@RHEL 8-1~]# hostnamectl --static             // 查看修改后的静态主机名
server2.com
```

在设置新的静态主机名后，会立即修改内核主机名，只是在提示符中"@"后面的主机名还未自动刷新，此时，只要执行重新开启 Shell 登录命令，便可在提示符中显示新的主机名。

```
[root@RHEL 8-1~]# bash              // 重启 Shell 使修改后的主机名生效
[root@server2~]#
```

当用 hostnamectl 命令修改静态主机名后，/etc/hostname 文件中保存的主机名会被自动更新，而 /etc/hosts 文件中的主机名却不会自动更新，因此，在每次修改主机名后，一定要手工更新 /etc/hosts 文件，在其中添加新的主机名与 IP 地址的映射关系，否则，系统在启动时会较慢，而且会导致某些通过主机名的方式与其他主机之间进行连接和通信的网络服务出现故障（如：Window 7/10 不能访问 Samba 共享目录的原因多数就在这里）。

```
[root@server2~]#vim /etc/hosts
127.0.0.1               localhost localhost.localdomain localhost4 localhost4.localdomain4
::1                     localhost localhost.localdomain localhost6 localhost6.localdomain6
10.1.80.61              sever2.com      // 添加此行，其中 10.1.80.61 是本机的 IP 地址
:wq                                     // 保存退出
同时修改静态、瞬态和灵活三种主机名的命令如下：
[root@ server2 ~]# hostnamectl set-hostname "Zhang3's Computer"
[root@ server2 ~]# hostnamectl --static          // 查看静态主机名
zhang3scomputer
[root@ server2 ~]# hostnamectl --transient       // 查看瞬态主机名
zhang3scomputer
[root@ server2 ~]# hostnamectl --pretty          // 查看灵活主机名
Zhang3's Computer
```

由上可见，在修改静态 / 瞬态主机名时，任何特殊字符或空白字符会被移除，并且大写字母会自动转化为小写字母，而灵活主机名则保持了原样，这正是起名为灵活主机名的缘由。

任务 7-2　配置网络接口（网卡）

任何一台计算机要连接到网络，都需要对该机的网络接口进行配置，而对网络接口的配置，实际上就是在网络接口上添加一个或多个网络连接。添加网络连接的方式有两种：

● 添加临时生效的网络连接：该方式适合在调试网络时临时使用。这种方式虽然在设置后能马上生效，但由于是直接修改目前运行内核中的网络参数，并未改动网络连接配置文件中的内容，因此在系统或网络服务重启后会失效。

● 持久生效的网络连接配置：此方式是对存放网络连接参数的配置文件进行修改或设置，适合在长期稳定运行的计算机上使用。其配置工具有 vim、nmtui 和 nmcli 等。

1. 使用ip命令配置临时生效的网络连接

ip 命令可用来查看、配置、启用或禁用网络连接，其常用的使用格式见表 7-3。

表7-3　　　　　　　　　　　　**ip命令常用的使用格式**

命令用法	功能
ip [-s] addr show [网卡设备名]	查看网卡在网络层的配置信息，加 -s 表示增添显示相关统计信息，如接收（RX）及传送（TX）的数据包数量等
ip [-s] link show [网卡设备名]	查看网卡在链路层的配置信息
ip [-4] addr add|del IP 地址 [/ 掩码长度] dev 网卡连接名 ip -6 addr add|del IP 地址 [/ 掩码长度] dev 网卡连接名	添加或删除网卡的临时 IPv4 地址 添加或删除网卡的临时 IPv6 地址
ip link set dev 网卡的设备名　down|up	禁用 | 启用指定网卡

【例 7-1】在 RHEL 8-1 主机上，为网卡 ens160 临时添加一个 IP 地址 192.168.1.1/24，并查看其配置结果。在重启网卡后再次查看配置的结果。

操作的命令如下：

[root@RHEL 8-1~]# **ip addr show ens160**　　　// 查看接口 ens160 当前的 IP 地址和子网掩码
　2: ens160: <BROADCAST,MULTICAST,UP,LOWER_UP> mtu 1500 qdisc mq state ❶ UP group default qlen 1000
　　　❷ link/ether 00:0c:29:a3:d6:ed brd ff:ff:ff:ff:ff:ff
　　　❸ inet 10.1.80.61/24 ❹ brd 10.1.80.255 scope global noprefixroute ens160
　　　　valid_lft forever preferred_lft forever
　　　❺ inet6 fe80::e651:5b7e:a0e4:b4bb/64 scope link noprefixroute
　　　　valid_lft forever preferred_lft forever

❶ 已启用的活动接口的状态为 UP，禁用接口的状态为 DOWN。
❷ link 行指定网卡设备的硬件（MAC）地址。
❸ inet 行显示 IPv4 地址和网络前缀（子网掩码）。
❹ 广播地址、作用域和网卡设备的名称。
❺ inet6 行显示 IPv6 信息。

[root@RHEL 8-1~]#**ip addr add 192.168.1.1/24 dev ens160** // 在接口 ens160 上添加临时 IP 地址

```
[root@RHEL 8-1~]# ip addr show ens160
2: ens160: <BROADCAST,MULTICAST,UP,LOWER_UP> mtu 1500 qdisc mq state UP group default
qlen 1000
        link/ether 00:0c:29:a3:d6:ed brd ff:ff:ff:ff:ff:ff
        inet 10.1.80.61/24 brd 10.1.80.255 scope global noprefixroute ens160
            valid_lft forever preferred_lft forever
        inet 192.168.1.1/24 scope global ens160
            valid_lft forever preferred_lft forever
        inet6 fe80::e651:5b7e:a0e4:b4bb/64 scope link noprefixroute
            valid_lft forever preferred_lft forever
```

[root@RHEL 8-1~]# **nmcli con up ens160**　　　　// 激活指定的网卡 ens160
[root@RHEL 8-1~]# **ip addr show**　　　　　　　　// 显示所有网络接口的网络参数
// 省略显示结果

　　提示：①每块物理网卡都有一个名称为 lo(loopback 的缩写）的回环网络接口，它是一块虚拟网络接口，并不真实地从外界接收和发送数据包，而是在系统内部接收和发送数据包，其 IP 地址默认为 127.0.0.1，一般是用来测试一个本地网络程序是否正常。
　　②在网卡上通过 ip addr 命令临时添加的 IP 地址，在系统重启或网卡激活后会失效。

2. 用 vim 直接编辑持久生效的网卡配置文件

　　在 /etc/sysconfig/network-scripts 目录中，每块网卡的每个网络连接都有一个存放网络设置参数的配置文件，其文件名的格式为：ifcfg- 网络连接名。

【例 7-2】在 RHEL 8-1 主机上，编辑网络连接配置文件为网卡 ens160 配置网络参数。其配置的方法与内容如下：

```
[root@ RHEL 8-1 ~]# vim /etc/sysconfig/network-scripts/ifcfg-ens160
TYPE=Ethernet              // 指定网络类型为以太网模式
PROXY_METHOD=none          // 设置代理模式（当前为关闭状态）
BOOTPROTO=none             // 指定启动地址协议的获取方式 (dhcp 或 bootp 为自动获取,none
                           // 为放弃自动获取, 一般用于网卡绑定时,static 为静态指定 IP
DEFROUTE=yes               // 是否把这个 ens160 设置为默认路由
IPV4_FAILURE_FATAL=no      // 如果 IPv4 配置失败, 设备是否被禁用
IPV6INIT=yes               // 允许在该网卡上启动 IPv6 的功能
IPV6_AUTOCONF=yes          // 是否使用 IPv6 地址的自动配置
IPV6_DEFROUTE=yes          // IPv6 是否可以为默认路由
NAME=ens160                          // 网络连接标识名
UUID=dcadea95-1b19-410b-bb07-ad93183a0964   // 网卡全球通用唯一识别码
DEVICE=ens160                        // 网卡设备名
ONBOOT=yes                           // 设置开机时是否自动启用网络连接
IPADDR=10.1.80.61                    // 设置 IP 地址
PREFIX=24                            // 设置子网掩码
```

```
GATEWAY=10.1.80.254                    // 设置网关
DNS1=8.8.8.8                           // 设置 DNS 的 IP 地址
:wq                                    // 保存退出
[root@RHEL 8-1~]# nmcli con reload     // 重新载入网络配置文件
[root@RHEL 8-1~]# nmcli con up ens160  // 激活网卡，使配置生效
```

提示：①网卡是一个物理设备 (DEVICE)，其自身并没有 IP 地址，也没法与外界通信，只有在其上建立网络连接后，方可获取 IP 地址，进而和外界通信。因此网卡设备和网络连接是两个独立的概念。二者的名称可以相同，也可以不同。一块网卡设备可以有多个网络连接，但同时只有一个网络连接生效。

②在同一个网络连接上可以设置多个 IP 地址，其中第 n 个 IP 地址、子网掩码和默认网关的设置参数可写成 IPADDRn、PREFIXn、GATEWAYn（$n \geq 2$）。

3. 用 nmtui 工具修改网卡配置文件

nmtui（network manager text user interface，网络管理文本用户界面）是以直观易用的文本窗口方式对网卡配置文件中的参数进行配置的工具。

【例 7-3】使用 nmtui 工具，为 RHEL 8-1 主机的第二块网卡设备 ens192 添加第二个连接并配置其网络参数。

其步骤如下：

步骤 1：检查 nmtui 工具相应的服务是否启用。RHEL 8 默认已安装，并已开启相应的服务（NetworkManager.service）。若 nmtui 工具的安装包已卸载可用以下命令进行安装、启用并检查启用状态。

```
[root@RHEL 8-1~]# yum install NetworkManager-tui
[root@RHEL 8-1~]# systemctl start NetworkManager.service
[root@RHEL 8-1~]# systemctl status NetworkManager.service
```

步骤 2：在命令行执行以下命令：

```
[root@RHEL 8-1~]# nmtui
```

步骤 3：在打开的【网络管理器文】窗口中按【Tab】键将焦点移至【编辑连接】→按【Enter】键→在打开的窗口中按【Tab】键将焦点移至【添加】→按【Enter】键→在打开的【新建连接】窗口中按【Tab】键将焦点移至【以太网】→按【Tab】键将焦点移至【创建】按钮，按【Enter】键→在打开的【编辑连接】窗口中使用箭头键在屏幕中导航，按【Enter】键选择列表中的内容或填入相应的配置值→输入完毕后，按【Tab】键将焦点移到屏幕底部右侧的【确定】按钮→按【Enter】键，如图 7-4 所示。

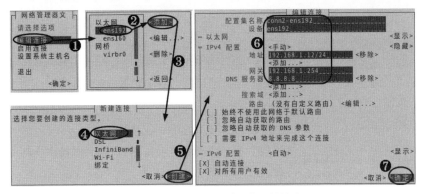

图7-4 使用nmtui工具创建网络连接的过程

步骤 4：系统返回【以太网】窗口，按【Tab】键将焦点移至【＜返回＞】→按【Enter】键→在返回的【网络管理器文】窗口→使用光标下移键将焦点移至【启用连接】选项→按【Enter】键→在弹出的连接窗口中选择要启用（激活）的连接（如：conn2-ens192）→使用【Tab】键将焦点移至【激活】选项→按【Enter】键→使用【Tab】键将焦点移至【返回】选项→按【Enter】键→在返回的【网络管理器文】窗口→使用【Tab】键将焦点移至【退出】选项→按【Enter】键后系统退出 nmtui 工具，如图 7-5 所示。

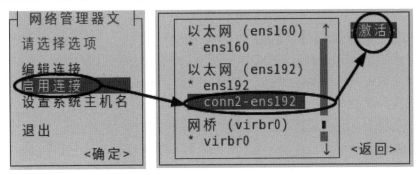

图7-5 使用nmtui工具启用（激活）网络连接的过程

提示：一台电脑上可以安装多块网络接口（网卡）设备；每块网络接口设备可以设置多个网络连接,但同一网络接口的多个网络连接(如: ens192 和 conn2-ens192)最多只能激活一个;每个网络连接可以绑定一个或多个IP 地址。

4. 使用nmcli命令配置网络连接

nmcli（network manager command line interface，网络管理命令行界面）命令是一个能非常丰富和灵活地管理、配置网络的命令行工具，使用 nmcli 命令执行的编辑修改操作，实际上是直接修改网卡对应的网络连接配置文件。其常用的使用格式见表 7-4。

表7-4   **nmcli命令常用的使用格式**

命令用法	功能
nmcli dev status	显示所有网络设备的状态
nmcli con show [-active] [网络连接名]	显示所有或活动的或指定的网络连接
nmcli con add con-name 网络连接名 type ethernet ifname 网络设备名 [ip4 ip 地址 / 前缀] [gw4 默认网关]	在指定的网络设备上添加添加一个新的网络连接，并以 "ifcfg- 网络连接名"名称保存其配置文件

续表

命令用法	功能
nmcli con mod 网络连接名 [+|-]ipv4.add ip 地址 / 前缀 [+|-]ipv4.gateway 默认网关 [+|-]ipv4.dns IP 地址 [+|-]ipv4.routes "目标网络 / 掩码网关"	修改并保存指定网络连接中的 IP 地址 / 子网掩码、网关地址、DNS 的 IP 地址和静态路由,其中"+""-"表示添加、删除相应网络参数
nmcli con reload	重载所有网卡的所有网络连接配置文件(不会立即生效)
nmcli dev reapply | connect 网络设备名	刷新网卡配置文件,使修改后的网卡配置文件立即生效
nmcli con up|down 网络连接名	激活或关闭指定的网络连接
nmcli dev dis 网络设备名	在指定的网络设备上停用并断开当前的网络连接
nmcli con del 网络连接名	删除指定的网络连接及其配置文件

nmcli 是由很多对象和子命令组成的,如果忘记要操作对象的具体名称,或者忘记对象对应有哪些子命令,可以使用 tab 键补全。

【例 7-4】使用 nmcli 命令完成以下系列操作。

①断开(关闭)网卡设备 ens160,查看当前主机中所有网卡设备的状态信息。

```
[root@RHEL 8-1~]#nmcli con down ens160
[root@RHEL 8-1~]#nmcli dev status

DEVICE          TYPE          STATE          CONNECTION
ens192          ethernet      已连接          conn2-ens192
ens160          ethernet      已断开          --
lo              loopback      未托管          --
```

②查看网络连接的信息。

```
[root@RHEL 8-1~]# nmcli con show ens160     // 查看指定网络连接的详细信息
connection.id:                              ens160
connection.uuid:                            dcadea95-1b19-410b-bb07-ad93183a0964
connection.stable-id:                       --
connection.type:                            802-3-ethernet
connection.interface-name:                  ens160
// 省略若干行
[root@RHEL 8-1~]# nmcli con show            // 查看所有网络连接
NAME            UUID                                    TYPE        DEVICE
conn2-ens192    5126ac94-2196-4108-b610-fdf67e880b07    ethernet    ens192
ens160          dcadea95-1b19-410b-bb07-ad93183a0964    ethernet    --
ens192          a23253bf-c7a2-42c6-b77b-a9e51da59519    ethernet    --
```

当 DEVICE(设备)栏的显示为"--"时,表示该行对应的网络连接处于关闭状态,根据需要可使用"nmcli con up 网络连接名"命令激活指定的网络连接,从而使主机能快速地切换到不同的网络。

③在 ens160 网卡设备上添加网络连接名为 ens160-1 的新连接。

[root@RHEL 8-1~]# **nmcli con add con-name ens160-1 type ethernet ifname ens160 ipv4.addr 10.1.85.1/24 ipv4.gateway 10.1.85.254**

连接 "ens160-1"（f0d0ba97-769b-472a-9b0f-29b95adbc7b8）已成功添加。

④修改 ens160-1 网络连接中的 IP 地址、默认网关，添加首选 DNS 的 IP 地址。

[root@ RHEL 8-1 ~]# **nmcli con modify ens160-1 ipv4.addr 10.1.88.61/24 ipv4.gateway 10.1.88.254 +ipv4.dns 10.10.1.2**

在网络连接设置中很多配置项可能有多个值（如：IP 地址，DNS），通过在设置名称的开头添加 "+" 或 "-" 符号，可以从列表中添加或删除特定值。

⑤增加 / 删除 IP 地址、DNS 地址。

[root@RHEL 8-1~]# **nmcli con modi ens160-1 +ipv4.addr 10.1.1.1/24 +ipv4.dns 8.8.8.8**
[root@RHEL 8-1~]# **nmcli con modi ens160-1 -ipv4.addr 10.1.88.61/24 -ipv4.dns 10.10.1.2**

⑥修改 ens160-1 网络连接，使得开机时能自动启动，并将 IP 地址 / 前缀修改为 10.1.85.121/24。

[root@ RHEL 8-1 ~]# **nmcli con modi ens160-1 autoconnect yes ipv4.add 10.1.85.121/24**

⑦重载网络连接配置文件，激活网络连接使修改后的配置立即生效。

[root@RHEL 8-1~]# **nmcli con reload**
[root@RHEL 8-1~]# **nmcli con up ens160-1**

⑧删除网络连接 ens160-1 及其配置文件。

[root@RHEL 8-1~]# **nmcli con delete ens160-1**

成功删除连接 "ens160-1"（f0d0ba97-769b-472a-9b0f-29b95adbc7b8）。

5. 为 Linux 主机指派域名解析

任何一台主机若要通过对方的主机名（或域名）访问对方，都需要将对方的主机名解析为对方的 IP 地址后才能实现。

（1）通过 /etc/hosts 文件实现域名解析

/etc/hosts 文件是早期实现域名解析的一种方法，其中保存了经常需要访问的主机的主机名与 IP 地址的对应记录。当本机使用主机名访问其他主机时，系统会首先读取该文件中的内容，并根据主机名对应的 IP 地址去访问其他主机。

【例 7-5】在 /etc/hosts 文件中添加主机名 www.baidu.com 与 IP 地址 183.232.231.172 的对应记录。

[root@RHEL 8-1~] # **vim /etc/hosts**
127.0.0.1   localhost localhost.localdomain localhost4 localhost4.localdomain4
::1   localhost localhost.localdomain localhost6 localhost6.localdomain6
10.1.80.61   RHEL 8-1.dyzx.com
183.232.231.172   www.baidu.com

完成以上添加后会立即生效，在本机上的用户可通过域名快速地访问到百度网站。

（2）通过 /etc/resolv.conf 文件指派域名解析服务的地址

在 Linux 系统中，除了在网卡的网络连接配置文件中指派 DNS 服务器的 IP 地址外，还可在 /etc/resolv.conf 中指派 DNS 服务器的 IP 地址。

【例 7-6】为当前主机设置如下 DNS 主机地址：222.246.129.80、8.8.8.8。

```
[root@RHEL 8-1~] # vim /etc/resolv.conf
#Generated by NetworkManager
nameserver 222.246.129.80
nameserver 8.8.8.8
```

在上述文件中可以设置并保存多个 DNS 服务器的 IP 地址，当超过三个以上时，只有前三个有效。当在本机上使用域名访问其他主机时，系统会自动搜索该文件，并优先找到第一个设置的 IP 地址的主机帮助其完成域名解析。当排在前面的 DNS 主机无法响应解析请求时，就会去尝试向下一台 DNS 服务器查询，直到发送到最后一台 DNS 服务器为止。

提示：当以 RHEL 8 作为客户端指派 DNS 服务器的 IP 时，也可以在网卡配置文件 /etc/sysconfig/network-scripts/ifcfg-ensN 中设置，其格式为"DNS1=IP 地址 1""DNS2=IP 地址 2"，而且此处的设置值，会随着系统或网络服务的重启自动添加到 /etc/resolv.conf 文件中。

（3）指定域名解析的顺序

/etc/hosts 和 /etc/resolv.conf 文件均可响应域名解析的请求，其响应的先后顺序可在文件 /etc/nsswitch.conf 中设置，其默认解析顺序为 hosts 文件、resolv.conf 文件中的 DNS 服务器。

```
[root@RHEL 8-1~] # grep hosts /etc/nsswitch.conf
# hosts: files dns
# hosts: files dns # from user file
hosts: files dns myhostname          // 其中的 files 代表用 hosts 文件来进行名称解析
```

6.测试网络的连通性

（1）使用 ping 命令测试网络的连通性

ping 命令通过向目标主机发送一个个数据包以及接收数据包的回应来判断当前主机和目标主机之间的网络连接情况。其命令格式一般为：

ping [选项] < 目标主机名或 IP 地址 >

常用选项：

-c 数字——用于设定本命令发出的 ICMP 消息包的数量，若无此选项，则会无限次发送消息包直到用户按下【Ctrl+C】组合键才终止命令。

-s 字节数——设置 ping 命令发出的消息包的大小，默认发送的测试数据大小为 56 字节；自动添加 8 字节的 ICMP 协议头后，显示的是 64 字节；再添加 20 字节的 IP 协议头，则显示的为 84 字节。最大设置值为 65507 B。

-i 时间间隔量——设定前后两次发送 ICMP 消息包之间的时间间隔，无此选项时，默认时间间隔为 1 秒。为了保障本机和目标主机的安全，一般不要小于 0.2 秒。

-t——设置存活时间 TTL（Time To Live）。

【例 7-7】使用 ping 命令，向百度网站主机（www.baidu.com）发送三个测试数据包。

```
[root@RHEL 8-1~] # ping  -c  3  www.baidu.com
PING www.a.shifen.com (183.232.231.172) 56(84) bytes of data.
64 bytes from 183.232.231.172 (183.232.231.172): icmp_seq=1 ttl=56 time=24.6 ms
64 bytes from 183.232.231.172 (183.232.231.172): icmp_seq=2 ttl=56 time=24.5 ms
64 bytes from 183.232.231.172 (183.232.231.172): icmp_seq=3 ttl=56 time=24.8 ms
--- www.a.shifen.com ping statistics ---
3 packets transmitted, 3 received, 0% packet loss, time 6ms
rtt min/avg/max/mdev = 24.527/24.623/24.780/0.170 ms
```

（2）使用 tracepath 命令跟踪并显示网络路径

tracepath 命令的功能是跟踪从当前主机到指定目标主机的网络路径，并显示路径上每个网络节点的 IP 地址或主机名、连接状况（响应时间）。其命令格式一般为：

tracepath [选项] ＜目标主机名或目标 IP 地址＞

常用选项：

-n——对沿途各主机节点，仅仅获取并输出 IP 地址，不在每个 IP 地址的节点设备上通过 DNS 查找其主机名，以此来加快测试速度。

-b——对沿途各主机节点同时显示 IP 地址和主机名。

-l 包长度——设置初始的数据包的大小。

-p 端口号——设置 UDP 传输协议的端口（缺省为 33434）。

【例 7-8】跟踪从本主机到目标主机（如 www.rednet.cn）的路由途径。

```
[root@RHEL 8-1~] # tracepath  www.rednet.cn
 1?: [LOCALHOST]                        pmtu 1500
 1:  no reply
 2:  10.0.1.2                           2.957ms
 3:  61.187.10.65                       6.423ms
 4:  222.247.26.141                     4.335ms
 5:  61.137.6.213                       9.024ms
 6:  61.137.6.222                       8.319ms asymm  7
 7:  no reply
 8:  no reply
 9:  175.6.226.30                       7.941ms reached
     Resume: pmtu 1500 hops 10 back 10
```

在 tracepath 命令执行中，有时会看到有些行是以 no reply 表示的，出现这种情况可能是防火墙封掉了 ICMP 的返回信息，只要看到包能到达最后的目的地表明路径是通的。

在网络测试与排错过程中，ping 命令可以测试从当前主机到目的主机之间是否连通，在不能连通的情况下，tracepath 命令则可以准确定位网络的中断点。

任务 7-3 架设软路由器实现多子网连通

本任务针对图 7-6 中（具有 3 个子网）各主机及其网卡（网卡 1～网卡 6）进行配置，使得主机 PC1 与主机 PC2 之间的链路能双向连通。

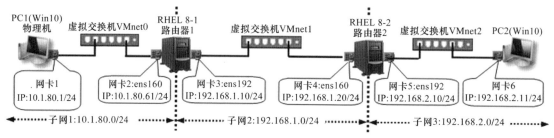

图7-6 三个子网连接示意图

其配置步骤如下：

步骤1：按任务 7-2 中介绍的方法，依据图 7-6 标示的 IP 地址、子网掩码等网络参数配置各网卡。

步骤2：分别在 RHEL 8-1 和 RHEL 8-2 两台主机上开启内核 IP 转发功能，以使各主机中的网卡不仅能收发数据包还能在不同的网卡间转发数据包。RHEL 8 中默认已开启内核 IP 转发功能，若已关闭则可按以下步骤完成开启（在 RHEL 8-1 主机上开启 IP 转发的过程）：

```
[root@RHEL 8-1~]# vim  /etc/sysctl.conf
……                                    // 省略若干行
net.ipv4.ip_forward=1                   // 添加此行或将此行中的 "0" 改为 "1"
:wq                                     // 保存退出
[root@RHEL 8-1~]# sysctl  -p            // 使修改生效
[root@RHEL 8-1~]#cat /proc/sys/net/ipv4/ip_forward
1
```

提示：①若要临时开启主机的 IP 转发功能可执行 "echo 1 >/proc/sys/net/ipv4/ip_forward" 命令。

②在 RHEL 8-1 和 RHEL 8-2 主机开启 IP 转发功能后，表明这两台主机已经成为两台路由器了，而与各自路由器直连的各子网之间可实现连通，即子网 1 与子网 2 以及子网 2 与子网 3 之间能够连通，但子网 1 与子网 3 之间仍然不能连通。此时，必须在 RHEL 8-1 和 RHEL 8-2 主机上分别添加到达非直连子网的路由记录。

步骤3: 为了实现子网 1 与子网 3 之间的双向连通，需要在路由器 RHEL 8-2 的 ens160 网卡上添加从子网 3 到其他子网的默认路由，以及在路由器 RHEL 8-1 的 ens192 网卡上添加从子网 1 到子网 3 的路由：

```
[root@RHEL8-2~]# nmcli con mod ens160 +ipv4.routes "0.0.0.0/0 192.168.1.10"
                       // 添加从子网 3 到子网 1 及其他子网的默认路由
[root@RHEL8-2~]# nmcli con reload               // 重新载入网络配置文件
[root@RHEL8-2~]# nmcli con up ens192            // 重连网卡使配置生效
[root@RHEL8-1~]# nmcli con mod ens192 ipv4.routes "192.168.2.0/24 192.168.1.20"
                       // 添加从子网 1 到子网 3 的路由
[root@RHEL8-1~]# nmcli con reload
[root@RHEL8-1~]# nmcli con up ens192
```

[root@RHEL8-1~]# **ip route show**　　　　　　　// 查看 RHEL8-1 的路由信息

❶ 10.1.80.0/24 dev ens160 proto kernel scope link src 10.1.80.61 metric 100

❷ 192.168.1.0/24 dev ens192 proto kernel scope link src 192.168.1.10 metric 101

❸ 192.168.2.0/24 via 192.168.1.20 dev ens192 proto static metric 101

在以上输出的路由信息中，每一行表示一个路由记录，其中：

❶行和❷行：是系统内核自动生成的与路由器 1 直连子网转发数据包的路径。

❸行：是用户添加的一条静态路由记录，表明当数据包的目的地址为 192.168.2.0/24 网段时，本路由器（路由器 1）将通过 ens192 网卡发送出去并转发给下一个路由器（路由器 2）的 IP 地址为 192.168.1.20 的接口。每条路由记录包含以下信息：

● 目的地址——是数据包达到的目的位置，可以是一个网络地址或单个主机地址。当目的地址为 0.0.0.0/0 时，表示是默认路由。默认路由是指在路由表中找不到与数据包的目的地址相匹配的路由记录项时，路由器所选择的转发数据包的路径。若路由表中没有默认路由，则无匹配的数据包将被丢弃。可见默认路由的设置必不可少。当主机或路由器处在只有一个进出口的末梢网络时，默认路由的设置能减少主机或路由器的路由记录数量和匹配时间，加快包转发速度，提高网络性能。通常将访问流量最大的目的地（如公网）设置为默认路由。

● 网络接口——是数据包从本路由器的哪个接口出去的网络接口的名称。

● 网关地址——是将数据包转发给另一个相邻路由器的进入接口的 IP 地址。

● metric——路由的代价，通常为到达目的主机所经过的跳数（路由节点数）。

在 Linux 系统和 Windows 系统中常用路由命令的格式见表 7-5。

表7-5　　　　　　　　　　　　　常用路由命令的使用格式

命令功能	Linux 系统中的命令格式	Windows 系统中的命令格式
显示路由表	ip route show	route print [-4|-6]
添加或删除	ip route add|del 目标地址 / 子网掩码 via 网关	route [-p] add|delete 目标地址 mask 掩码 网关 metric 跃点数
添加或删除默认路由	ip route add|del default via 网关 dev 网络接口	route [-p] add|delete 0.0.0.0 mask 掩码 网关 metric 跃点数（-p 表示添加或删除保存到注册表中的永久路由记录）

步骤 4：在 PC1 上添加永久生效的能到达子网 2（192.168.1.0/24）和子网 3（192.168.2.0/24）的静态路由，在 PC2 上添加永久生效的能到达其他子网的默认路由，如图 7-7 所示。

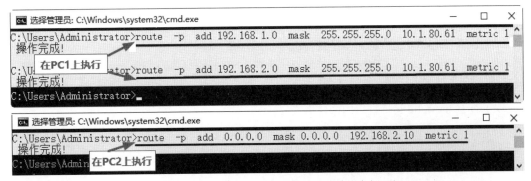

图7-7　在PC1和PC2主机上先后添加永久生效的路由记录

步骤5：验证连通性。在 PC1 和 PC2 主机上关闭各自的防火墙→使用 ping 命令 "ping" 对方的 IP 地址来测试连通性，如图 7-8 所示→使用 tracert 命令跟踪并显示所经过的路径，如图 7-9 所示。

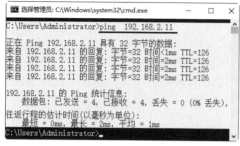
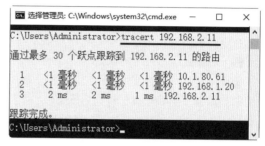

图7-8　测试连通性　　　　　　　　图7-9　跟踪、显示路径

任务 7-4　安装与运行管理 Firewalld 防火墙

1. 安装 firewalld 软件包

在 RHEL 8 系统中，默认已安装了 firewalld 软件包，可通过下面命令检查是否已安装：

```
[root@RHEL 8-1~]# rpm -qa |grep firewalld
firewalld-filesystem-0.8.2-6.el8.noarch
firewalld-0.8.2-6.el8.noarch
```

若输出了以上信息，则表明系统已安装；若无显示，则可执行以下命令进行安装：

```
[root@RHEL 8-1~]# yum -y install firewalld firewall-config
```

其中：firewalld 为防火墙服务包，firewall-config 为图形界面配置工具。

2. firewall 服务的运行管理

（1）firewalld 防火墙的状态查看、启动、停止、重启、重载服务的命令格式为：

```
systemctl status | start| stop|restart|reload firewalld.service
```

（2）开机自动启动或停止 firewalld 服务的命令格式为：

```
systemctl enable |disable [--now] firewalld.service
```

（3）检查 firewalld 进程的命令格式为：

```
ps -ef | grep firewalld
```

（4）查看 firewalld 运行端口的命令格式为：

```
ss -nutap | grep firewalld
```

任务 7-5　使用图形工具 firewall-config 配置防火墙

1.安装与认识firewall-config的工作界面

在默认情况下 RHEL 8 未安装防火墙图形工具 firewall-config，其安装与启动步骤如下：

> [root@RHEL 8-1~]# **mount　/dev/cdrom　/mnt**
>
> [root@RHEL 8-1~]# **rpm　-ivh　/mnt/AppStream/Packages/firewall-config-0.8.2-6.el8.noarch.rpm**
>
> Verifying...　　　　　####################################### [100%]
>
> 准备中 ...　　　　　####################################### [100%]
>
> 正在升级 / 安装 ...
>
> 　1:firewall-config-0.8.2-6.el8　############################### [100%]
>
> [root@RHEL 8-1~]# **firewall-config**　　　　// 启动 firewalld 防火墙图形界面配置工具

firewalld 防火墙图形工具的工作界面如图 7-10 所示，利用该工具可以比较直观地实现对防火墙的配置。

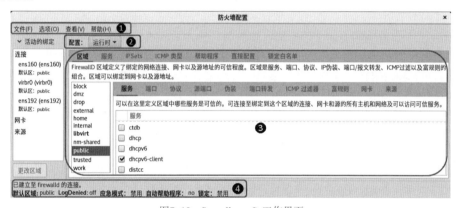

图7-10　firewall-config工作界面

firewall-config 工作界面分为四个操作区：主菜单、配置选项卡、区域设置区和状态栏。

（1）firewall-config 主菜单

firewall-config 主菜单包括四个一级菜单：文件、选项、查看和帮助。

① "文件"菜单——仅包含"退出"二级菜单项，即完成 firewall-config 的退出操作。

② "选项"菜单——包括以下 8 个二级菜单项：

●重载防火墙：选择此菜单项后能将当前永久配置的规则变成当前生效的运行时配置。

●更改连接区域：用于更改网络连接所属的区域。

●改变默认区域：更改网络连接的默认区域。

● 修改 LogDenied：可选项有 all、unicast（单播）、broadcast（广播）、multicast（组播）和 off。

●配置自动帮助程序指派：可选的指派方式有 yes、no 和 system。

●应急模式：用于禁用和启用应急模式。应急模式启用后会丢弃所有传入和传出的数据包，禁止所有的网络连接，一切服务的请求被拒绝。只在服务器受到严重威胁时启用。

●锁定：对防火墙配置进行加锁，只允许白名单上的应用程序进行改动。锁定特性为 firewalld 增加了锁定本地应用或者服务配置的简单配置方式。

●将 Runtime 设定为永久配置：单击此项后，会将当前"运行时"的所有配置规则保存为"永久"配置，原有的"永久"配置规则被覆盖。

③"查看"菜单——用于勾选"IPSets"、"ICMP 类型"、"帮助程序"、"直接配置"、"锁定白名单"和"活动的绑定"，使其能在"区域设置区"直接显示，以便快速查看和编辑相应规则。

④"帮助"菜单——仅包含"关于"二级菜单，选择后可打开"关于""鸣谢""许可"信息窗口以便用户查看。

（2）配置选项卡

在 firewall-config 图形化界面中分为两种配置模式：运行时和永久。

●运行时：运行时配置为当前使用的配置规则。其设置的规则保存在内存中，当系统或者服务重启、停止时，所有配置将会丢失并非永久有效。

●永久：配置规则存储在配置文件中，对于在永久模式下设置的规则不会马上生效，需要系统或者 firewalld 服务启动、重启、重新加载时将自动恢复并生效。永久配置规则在系统或者服务重启时使用。

（3）区域设置区

区域设置区是 firewall-config 的主要设置界面，包含了区域、服务、IPSets、ICMP 类型、帮助程序、直接配置和锁定白名单等 7 个选项卡（其中 IPSets、ICMP 类型、帮助程序、直接配置和锁定白名单选项需要在"查看"下拉菜单中勾选之后才能显示出来）。

●"区域"选项卡：包括 1 个区域列表框，以及服务、端口、协议、源端口、伪装、端口转发、ICMP 过滤器、富规则、网卡和来源等 10 个标签，其设置功能见表 7-6。

表7-6　　　　　　　　　　　　　　　"区域"选项卡中10个标签的设置功能

标签名称	标签的设置功能
服务	定义哪些区域的服务是可信的。可信的服务可以绑定该区的任意连接、接口和源地址
端口	用于添加并设置允许访问的主机或者网络的附加端口或端口范围
协议	用于添加所有主机或网络均可访问的协议
源端口	添加额外的源端口或范围，它们对于所有可连接至这台主机的所有主机或网络都需要是可以访问的
伪装	将本地的私有网络的多个 IP 地址进行隐藏并映射到一个公网 IP，伪装功能目前只能适用于 IPv4
端口转发	将本地系统的（源）端口映射为本地系统或其他系统的另一个（目标）端口，此功能只适应于 IPv4
ICMP 过滤器	可以选择 Internet 控制报文协议的报文。这些报文可以是信息请求亦可是对信息请求或错误条件创建的响应
富规则	用于同时基于服务、主机地址、端口号等多种因素，进行更详细、更复杂的规则设置，优先级最高
网卡	用于为所选区域绑定相应的网络接口（网卡）
来源	用于为所选区域添加来源地址或地址范围

在区域列表框中列出了由系统预定义的 11 个区域，每个区域预定义的规则是不一样的，用户可以根据不同的安全要求添加相关规则。由于所有的数据都是从网卡出入，到底哪个区域的

规则生效，取决于在该区域上是否绑定了网卡。一个区域可以绑定多块网卡，一块网卡只能绑定一个区域，每个区域可以绑定到接口和源地址。

● "服务"选项卡：用于添加、编辑服务对应的端口、协议、源端口、模块和目标地址等信息。此处的修改不能针对运行时的服务，只能针对永久配置的服务。

● "IPSets"选项卡：使用 IPSets 创建基于 IP 地址、端口号或者 MAC 地址的白名单或黑名单条目（允许或阻止流入或流出防火墙）。本项目只针对永久配置进行设置。

● "ICMP 类型"选项卡：ICMP（Internet Control Message Protocol，互联网控制报文协议）主要用于检测主机或网络设备间是否可通信、主机是否可达、路由是否可用等网络状态，并不用于传输用户数据。在 firewalld 中可以使用 ICMP 类型来限制报文交换。

● "帮助程序"选项卡：用于指派连接跟踪程序，以确保相应的数据不被防火墙拦截。

● "直接配置"选项卡：firewalld 的规则是通过调用底层的 iptables 规则实现的，当 firewalld 对规则的表述不够用时，可直接将 iptables 规则插入 firewalld 管理的区域中。

● "锁定白名单"选项卡：锁定特性为 firewalld 增加了锁定本地应用或者服务配置的简单配置方式，它是一种轻量级的应用程序策略。

（4）状态栏

firewall-config 界面的最底部是状态栏，状态栏显示五个信息，从左到右依次是：连接状态、默认区域、LogDenied、应急模式、自动帮助程序、锁定（LockDown）。若在左下角连接状态显示"已连接"字符，则标志着 firewall-config 工具已经连接到用户区后台程序 firewalld。

> 提示：firewall-config 图形工具中没有保存 / 完成按钮，这意味着只要修改便会生效并自动保存。

2. firewall-config 的使用

【例 7-9】允许其他主机访问本机的 http 服务，仅当前生效。

设置过程为：启动 firewall-config →进入【防火墙配置】界面→在【配置】选项卡的下拉菜单中选择【运行时】选项→单击【区域】选项卡→在【区域】列表框中选择需要更改设定的区域（如 public）→单击【服务】标签→勾选【http】复选框。如图 7-11 所示。

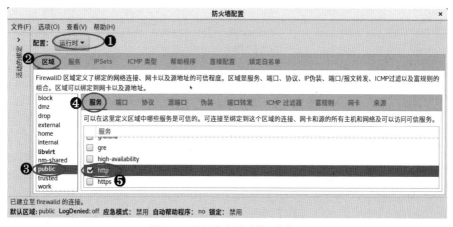

图7-11　设置允许通过的服务协议

【例 7-10】开放本机的 8080-8088 端口且重启后依然生效。

设置过程为：进入【防火墙配置】界面→在【配置】选项卡下的下拉菜单中选择【永久】选项→单击【区域】选项卡→在【区域】列表框中选择想更改设定的网络区域（如 public）→选择【端口】标签→单击【添加】按钮→在打开的【端口和协议】对话框中输入端口号或者端口范围→在【协议】下拉按钮中选择【tcp】→单击【确定】按钮，如图 7-12 所示。

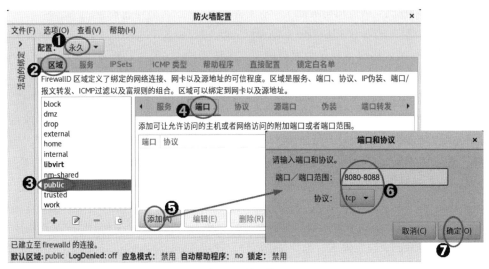

图7-12　端口设置

【例 7-11】过滤 "echo-reply" 的 ICMP 协议报文数据包，仅当前生效。

设置过程为：进入【防火墙配置】界面→选择想更改设定的网络区域（如 public）→选择【ICMP 过滤器】标签→在【ICMP 类型】列表区勾选【echo-reply】选项，如图 7-13 所示。

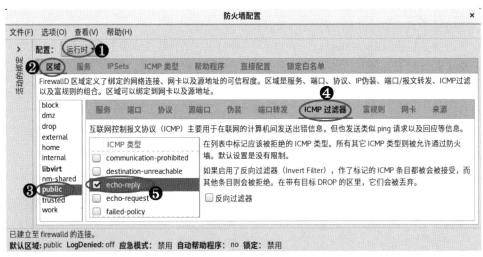

图7-13　设置过滤 "echo-reply" 类型的数据包

【例 7-12】仅允许 192.168.1.58 主机访问本机（192.168.1.10）的 1520 端口，且立即生效。

设置过程为：进入【防火墙配置】界面→在【配置】区选择【运行时】→在【区域】列表区选择拟更改设定的区域（如 public）→选择【富规则】标签→单击【添加】按钮→打开【富规则】对话框，根据题目要求在【元素】、【端口】、【源】、【目标】、【日志】和【审计】设置项上进行选择或输入配置值→设置完毕后单击【确定】按钮，如图 7-14 所示。

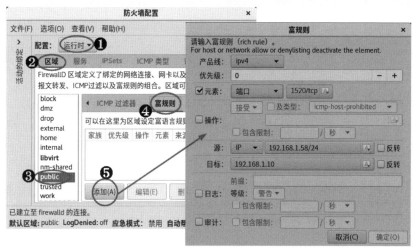

图7-14　设置【富规则】

【例 7-13】将本机的网卡 ens 192 从 public 区域添加到 dmz 区域，仅运行时生效。

设置过程为：进入【防火墙配置】界面→在【配置】区选择【运行时】→在【区域】列表区选择拟更改设定的区域（如 public）→选择【网卡】标签→在接口列表区选择网卡（如 ens 192）→单击【编辑】按钮→在打开的对话框中，单击【为连接'ens 192'选择区域】下拉按钮选择目标区域（如 dmz）→单击【确定】按钮，如图 7-15 所示。

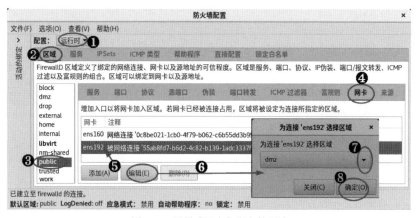

图7-15　设置【网卡】绑定的区域

任务 7-6　使用命令行工具 firewall-cmd 配置防火墙

RHEL 8 系统提供的配置防火墙的字符界面工具为 firewall-cmd 命令，其一般格式为：

firewall-cmd 参数 1 [参数 2] [参数 3] …

其中：常用命令参数见表 7-7。

表7-7　　　　　　　　　　　　**firewall-cmd命令的常用参数**

参数	作用
--state	查询当前防火墙状态

续表

参数	作用
--panic-on	拒绝所有包
--permanent	永久生效的设置。永久选项不直接影响运行时的状态，仅在重载或者重启服务时可用
--reload	重新加载永久生效的配置规则，使其立即生效，否则要重启后才生效
--zone=<区域名称>	指定区域，若未指定区域则为当前默认区域
--get-active-zones	列出当前活动区域（已经有网络接口连接的区域）
--get-service --permanent	列出当前服务配置是否重启后还生效
--get-default-zone	列出当前默认的区域
--set-default-zone=<区域名称>	将指定区域设置为默认区域。此命令会改变运行时配置和永久配置
--list-ports	显示默认或指定区域的端口
--list-services	显示默认或指定区域的所有放行的服务
--list-all [--zone=<区域名>]	显示指定区域全部启用的特性。若省略区域，将显示默认区域的信息
--list-all-zones	显示所有区域的特性（网卡配置参数，资源，端口以及服务等信息）
--get-zones	列出当前所有可用的区域
--get-services	列出预先定义的所有服务
--get-active-zones	列出当前正在使用（被网卡或源关联）的所有区域
--add-source=	将来源于此 IP 或子网的流量导向指定的区域
--remove-source=	不再将此 IP 或子网的流量导向到指定区域
--add-interface=<网卡名称>	将来自于指定网卡的所有流量都导向到指定区域
--change-interface=<网卡名称>	将指定的网卡接口修改添加到指定的区域
--remove-interface=<网卡名称>	从默认或指定的区域中删除指定的网卡接口
--query-interface=<网卡名称>	查询区域中是否包含指定的网卡接口
--add-service=<服务名>	在默认或指定区域上添加开放的服务
--remove-service=<服务名>	在默认或指定区域上删除指定的服务
--query-service=<服务名>	在默认或指定区域上查询指定的服务是否启用
--add-port=<端口号>[-<端口号>]/协议>	启用区域中的一个端口 - 协议组合
--remove-port=<端口号>[-<端口号>]/协议>	禁用区域中的一个端口 - 协议组合
--query-port=<端口号>[-<端口号>]/协议>	查询区域中的端口 - 协议组合是否启用
--add-masquerade [--zone=<zone>]	启用区域中的伪装的状态。私有网络的地址将被隐藏并映射到一个公有 IP，常用于路由。伪装功能目前仅可用于 IPv4

续表

参数	作用
--remove-masquerade [--zone=\<zone>]	禁止区域中的伪装的状态
--query-masquerade [--zone=\<zone>]	查询区域中的伪装的状态
--add-rich-rule="rule family=ipv4 source address=\<address> port protocol=\<protocol> port=\<port> accept|drop"	添加允许或禁止指定的 IP 地址访问本机的指定端口的富规则
--remove-rich-rule="rule family=ipv4 source address=\<address> port protocol=\<protocol> port=\<port> accept|drop"	删除允许或禁止指定的 IP 地址对本机指定端口的访问的富规则
--list-rich-rules	显示默认或指定区域中的 rich-rules（富规则）
--add-forward-port=port=\<port>[-\<port>]:proto=\<protocol> {:toport=\<port>[-\<port>]|:toaddr=\<address>:toport= \<port>[-\<port>]:toaddr=\<address> } [--zone=\<zone>]	在指定区域或默认区域中启用端口转发或映射
--panic-on|off	启动 / 关闭应急状况模式，应急状况模式启动后会禁止所有的网络连接，一切服务的请求也都会被拒绝

【例 7-14】假设在内网架设了一台 Web 服务器，IP 地址是 192.168.1.20，端口是 80，设置内网网段 192.168.1.0/24 中的主机均可以访问此 Web 服务器，如图 7-16 所示。

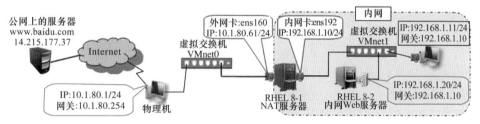

图7-16　使用NAT服务器连接内、外网

步骤 1：按图 7-16 所示配置各主机和网卡参数→在 RHEL 8-2 主机上重启 Firewalld 防火墙→查看当前防火墙的配置。

```
[root@RHEL 8-2~] # systemctl  restart  firewalld.service
[root@RHEL 8-2~] # firewall-cmd  --list-all
public (active)
  target: default
  icmp-block-inversion: no
  interfaces: ens160
  sources:
  services: dhcpv6-client ssh
  ports:
  protocols:
  masquerade: no
  forward-ports:
  source-ports:
```

icmp-blocks:

rich rules:

由上可见，当前默认的区域是 public，且在该区域上已启用的网络接口是 ens160 和 ens192，未设置 sources，只有 dhcpv6-client 和 ssh 服务的数据包允许进入该主机。

步骤 2：查看当前的默认区域→查询 ens160 网卡所属的区域→设置默认区域为 dmz →将 ens160 网卡永久移至 dmz 区域→重新载入防火墙设置使上述设置立即生效。

```
[root@RHEL 8-2~] # firewall-cmd --get-default-zone
public
[root@RHEL 8-2~] # firewall-cmd --get-zone-of-interface=ens160
public
[root@RHEL 8-2~] # firewall-cmd --set-default-zone=dmz
[root@RHEL 8-2~] # firewall-cmd --permanent --zone=dmz --change-interface=ens160
[root@RHEL 8-2~] # firewall-cmd --reload
```

步骤 3：安装 httpd 服务软件包→启用 httpd 服务→创建网站的测试首页。

```
[root@RHEL 8-2~] # yum -y install httpd
[root@RHEL 8-2~] # systemctl start httpd.service
[root@RHEL 8-2~] # echo " 防火墙配置测试 " > /var/www/html/index.html
```

步骤 4：测试。在本机可成功访问网站→在网段 192.168.1.0/24 中的其他主机上访问失败。

```
[root@RHEL 8-2~] # curl http://192.168.1.20
防火墙配置测试                                          // 在本机 RHEL 8-2 上访问成功
[root@RHEL 8-1~]# curl http://192.168.1.20
curl: (7) Failed connect to 192.168.1.20:80; 没有找到主机的路由 // 在其他主机 RHEL 8-1 上访问失败
```

步骤 5：在 dmz 区域允许 http 服务流量通过，要求立即生效且永久有效。

```
[root@RHEL 8-2~] # firewall-cmd --permanent --zone=dmz --add-service=http
[root@RHEL 8-2~] # firewall-cmd --reload
```

步骤 6：在网段 192.168.1.0/24 的其他主机上再次访问网站便可成功。

```
[root@RHEL 8-1~] # curl http://192.168.1.20
防火墙配置测试
```

提示：在图 7-16 中，如果 RHEL 8-1 已开启路由转发，在关闭防火墙后，PC1 主机（10.1.80.1）也可成功访问 RHEL 8-2 中的 Web 网站。

【例 7-15】为了安全起见，设置【例 7-14】中的 Web 服务器工作在 8080 端口，现要求通过端口转换，让用户能通过 "http://192.168.1.20" 的地址格式访问。

步骤 1：配置 httpd 服务，使其工作在 8080 端口→重启 httpd 服务。

```
[root@RHEL 8-2~] # vim  /etc/httpd/conf/httpd.conf
……                                      // 省略若干行
Listen  8080                              //45 行：将 httpd 监听端口修改为 8080
……                                      // 省略若干行
:wq                                       // 保存退出
[root@RHEL 8-2~] # systemctl  restart  httpd.service
```

步骤 2：允许 8080 到 8088 端口流量通过 dmz 区域，立即生效且永久生效；查看对端口的操作是否成功。

```
[root@RHEL 8-2~] # firewall-cmd --permanent --zone=dmz --add-port=8080-8088/tcp
[root@RHEL 8-2~] # firewall-cmd --reload
[root@RHEL 8-2~] # firewall-cmd --zone=dmz --list-ports
8080-8088/tcp
[root@RHEL 8-2~] # firewall-cmd --permanent --zone=dmz --list-ports
8080-8088/tcp
```

步骤 3：初步测试。在本机和其他主机上使用"http://192.168.1.20：8080"格式访问均能成功，而使用"http://192.168.1.20"格式访问均失败。

```
[root@RHEL 8-1~]# curl  http://192.168.1.20:8080
防火墙配置测试
[root@RHEL 8-2~]# curl  http://192.168.1.20:8080
防火墙配置测试
[root@RHEL 8-2~]# curl  http://192.168.1.20
curl: (7) Failed connect to 192.168.1.20:80; 拒绝连接
```

步骤 4：添加一条永久生效的富规则，把从 192.168.1.0/24 网段进入的数据流的目标 80 端口转换为 8080 端口→让以上配置立即生效→查看 dmz 区域的配置结果。

```
[root@RHEL 8-2~]# firewall-cmd  --permanent  --zone=dmz  --add-rich-rule="rule family=ipv4
 source address=192.168.1.0/24 forward-port port=80 protocol=tcp to-port=8080"
[root@RHEL 8-2~] # firewall-cmd  --reload
[root@RHEL 8-2~] # firewall-cmd  --list-all  --zone=dmz
dmz (active)
target: default
icmp-block-inversion: no
interfaces: ens160
sources:
services: http ssh
ports: 8080-8088/tcp
protocols:
masquerade: no
```

forward-ports:

source-ports:

icmp-blocks:

rich rules:

  rule family="ipv4" source address="192.168.1.0/24" forward-port port="80" protocol="tcp"

to-port="8080"

  步骤 5：测试。在网段 192.168.1.0/24 的某台 Windows 主机中，在打开的浏览器的地址栏中输入 "http://192.168.1.20"，若能成功访问，则表明防火墙成功地将 80 端口转换为 8080 端口，如图 7-17 所示。

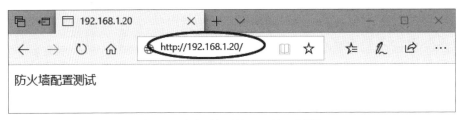

图7-17　通过80端口访问8080端口的网站

  通过端口转发，使非标准的 Web 服务端口（8080）转换为标准的 80 端口，使网络用户能通过 80 端口方便地访问内网中 8080 端口的 Web 服务器。

  端口可以映射到另一台主机的同一端口，也可以是同一主机或另一主机的不同端口。端口号可以是一个单独的端口 <port> 或者是端口范围 <port>-<port>。协议可以为 TCP 或 UDP。目标端口可以是端口号 <port> 或者是端口范围 <port>-<port>。

  步骤 6：添加一条富规则，拒绝 192.168.8.0/24 网段的用户访问 http 服务。

[root@RHEL 8-2~] #**firewall-cmd --permanent --zone=dmz --add-rich-rule="rule family=ipv4 source address=192.168.8.0/24 service name=http reject"**

任务 7-7　使用 Firewalld 防火墙部署 NAT 服务

【例 7-16】部署 SNAT 和 DNAT 服务，使得内部网络的计算机均能访问互联网且互联网中的用户能访问内部网络中的 Web 服务器，网络结构及配置参数如图 7-16 所示。

1. 使用SNAT技术实现共享上网

  SNAT 服务主要通过在连接互联网的外部网卡上配置 "伪装" 来实现，其步骤如下：

  步骤 1：在 NAT 服务器上，开启防火墙→将网卡 ens160 移至外部区域（external）→将网卡 ens192 移至内部区域（internal），并确保设置永久生效和立即生效。

[root@RHEL 8-1~] # **systemctl start firewalld**

[root@RHEL 8-1~] # **firewall-cmd --change-interface=ens160 --zone=external --permanent**

[root@RHEL 8-1~] # **firewall-cmd --change-interface=ens160 --zone=external**

[root@RHEL 8-1~] # **firewall-cmd --change-interface=ens192 --zone=internal --permanent**

[root@RHEL 8-1~] # **firewall-cmd --change-interface=ens192 --zone=internal**

步骤 2：查看在外网卡所属的外部区域（external）上是否添加伪装（masquerading）功能（默认已添加），若未添加，则执行添加命令。

> [root@RHEL 8-1~] # **firewall-cmd --list-all --zone=external**
>
> [root@RHEL 8-1~] # **firewall-cmd --zone=external --add-masquerade --permanent**

步骤 3：在 NAT 服务器上开启内核 IP 转发服务（RHEL 8 中默认已开启）。

> [root@RHEL 8-1~] # **echo net.ipv4.ip_forward=1 >> /etc/sysctl.conf**
>
> [root@RHEL 8-1~] # **sysctl -p**　　　　　　　　　 // 使修改后的配置生效

步骤 4：将 NAT 服务器内部区域（internal）设置为默认区域→重载防火墙规则，将以上设置的永久状态信息在当前运行下生效。

> [root@RHEL 8-1~] # **firewall-cmd --set-default-zone=internal**
>
> [root@RHEL 8-1~] # **firewall-cmd --reload**

步骤 5：测试。将内网中的服务器或客户机的默认网关设置为 NAT 服务器的内网卡的 IP 地址，若以下 ping 命令能 ping 通，表明 SNAT 服务搭建成功。

> [root@RHEL 8-2~] # **ping -c 2 www.baidu.com** //"ping"外部网站服务器的域名

2.使用DNAT技术向互联网发布服务器

DNAT 服务主要通过不同主机间的"端口转发"（或端口映射）来实现，其配置步骤如下：

步骤 1：在内网的 RHEL 8-2 主机上搭建好要发布的 Web 服务器（8080 端口）并准备好测试页面→开启 http 服务和 8080 端口，并使其立即生效和永久生效→在本地访问测试。

> [root@RHEL 8-2~] # **firewall-cmd --permanent --zone=dmz --add-service=http**
>
> [root@RHEL 8-2~] # **firewall-cmd --permanent --zone=dmz --add-port=8080/tcp**
>
> [root@RHEL 8-2~] # **firewall-cmd --reload**
>
> [root@RHEL 8-2~] # **echo "DNAT 测试 "> /var/www/html/index.html**
>
> [root@RHEL 8-2~] # **systemctl start httpd.service**
>
> [root@RHEL 8-2~] # **curl http://192.168.2.20:8080**
>
> DNAT 测试

步骤 2：将流入 NAT 服务器外网卡 ens160（10.1.80.61）的 80 端口的数据包转发给 Web 服务器（192.168.1.20）的 8080 端口。

> [root@RHEL 8-1~]# **firewall-cmd --permanent --zone=external --add-forward-port=port=80:proto=tcp:toport=8080:toaddr=192.168.1.20**
>
> [root@RHEL 8-1~]# **firewall-cmd --reload**

步骤 3：在 NAT 服务器上开启 IP 包转发功能。

[root@RHEL 8-1~] # **echo net.ipv4.ip_forward=1 >> /etc/sysctl.conf**

[root@RHEL 8-1~] # **sysctl -p**　　　　　　　　　　// 使修改后的配置生效

　　步骤 4：在外网的 Windows 10 主机（此处为 IP 地址为 10.1.80.1 的物理机）上，添加一条经过 NAT 服务器的外网卡（10.1.80.61）到内网段 192.168.1.0/24 的路由，其命令如下：

C:\Users\Administrator> **route add -p 192.168.1.0 mask 255.255.255.0 10.1.80.61 metric 1**

　　提示：若外网的主机是 RHEL 主机，则在其上添加路由的命令为：ip route add 192.168.1.0/24 via 10.1.80.61。

　　步骤 5：测试。在外网（模拟外网）客户机（此处为物理机）的浏览器地址栏中输入 NAT 服务器外网卡的 IP 地址。成功访问结果如图 7-18 所示。

图7-18　外网客户机访问内网的Web网站

项目实训7　配置网络与Firewalld防火墙

【实训目的】

　　会设置主机的主机名及网卡的 IP 地址、网关和域名服务器的 IP 地址；能将主机配置成软路由器实现多个子网的连通；会使用 Firewalld 防火墙搭建 SNAT 服务器，实现内网的主机能访问 Internet 中的服务器；会搭建 DNAT 服务器实现外网的客户机能访问内网的服务器。

【实训环境】

　　一人一台 Windows 10 物理机且能连接到 Internet 网，3 台 RHEL 8/CentOS 8 虚拟机，rhel-8.4-x86_64-dvd.iso 或 CentOS-8.4.2105-x86_64-dvd1.iso 安装包，虚拟机网卡连接至 VMnet0、VMnet1 和 VMnet2 虚拟交换机。

【实训拓扑】（图 7-19）

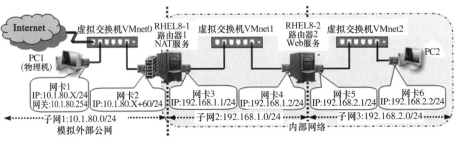

图7-19　实训拓扑图

【实训内容】

1.配置主机名

（1）启动 RHEL 8-1 虚拟机，并用 root 用户登录字符界面。

（2）使用 hostname 命令显示当前的主机名，并以自己姓名缩写重新设置主机名。

（3）再次显示当前的主机名，确认修改成功。

2.配置网卡

（1）RHEL 8-1 虚拟机上，利用 nmtui 命令来修改网卡 2 的 IP 地址（10.10.X.2）、子网掩码（255.255.255.0）默认网关（10.1.80.254）和域名服务器地址（8.8.8.8），更改后重启网络服务功能，使配置生效。

（2）在 RHEL 8-1 虚拟机上，添加第二块网卡（拓扑图中的网卡 3）利用 vim 编辑器编辑网卡 3 的配置文件，设置 IP 地址为 192.168.1.10/24、默认网关为 192.168.1.254，然后保存配置退出，重启网络服务功能，使配置生效。

（3）用 ip addr 命令查看所有网卡，并从输出信息中，找到各网卡的 IP 地址和 MAC 地址。

（4）在 RHEL 8-1 虚拟机上，用 ping 命令"ping"物理机的 IP 地址能否"ping"通？"ping"百度网站的域名"www.baidu.com"能否"ping"通？

（5）用 tracepath 命令跟踪从本主机到"www.baidu.com"的路由途径。

3.配置软路由器

（1）按图 7-19 所示要求，正确配置其他主机的网络参数。

（2）在 RHEL 8-1 和 RHEL 8-2 上分别开启 Linux 内核 IP 包转发功能：编辑 /etc/sysctl.conf 配置文件，将 net.ipv4.ip_forward=0 配置项修改为 net.ipv4.ip_forward=1；然后执行 sysctl -p 使配置生效。

（3）在 RHEL 8-1、RHEL 8-2 和 PC 2 上添加静态路由，使得子网 1 和子网 3 之间能相互连通。

（4）测试：在物理机和 PC 2 虚拟机上使用 ping 命令"ping"对方，是否能"ping"通？

4.配置SNAT策略

（1）在虚拟机 1（NAT 服务器）上检查是否安装 firewalld，若未安装则安装。

（2）在 NAT 服务器上，开启防火墙，将网卡 2 移至外部区域（external），将网卡 3 移至内部区域（internal），并确保设置永久生效和立即生效。

（3）查看在网卡 2 所属的外部区域（external）上是否添加伪装（masquerading）功能（默认已添加），若未添加，则执行添加命令。

（4）在 NAT 服务器上开启 IP 转发服务。

（5）将 NAT 服务器内部区域（internal）设置为默认区域，重载防火墙规则，将以上设置的永久状态信息在当前运行下生效。

（6）测试：将内网中的服务器或客户机的默认网关设置为 NAT 服务器的内网卡（网卡 3）的 IP 地址，此后，若能访问外网（互联网）的服务器则表明配置成功。

5.配置DNAT策略

（1）在 RHEL 8-2 虚拟机上安装好测试用 Web 服务，并开放其 80 端口。

（2）在 RHEL 8-1 上使用 firewall-cmd 命令将流入网卡 2（10.1.80.61）的 80 端口的数据包转发给 RHEL 8-2（192.168.1.20）的 80 端口。

（3）在 RHEL 8-1 上开启 Linux 内核 IP 转发功能。

（4）在外网的物理机（10.1.80.1）上，添加一条经过网卡 2（10.1.80.61）到内网段 192.168.0.0/16 的路由。

（5）测试：在物理机上若能访问 RHEL 8-2 中的 Web 服务器，则表明 DNAT 搭建成功。

项目习作7

一、选择题

1. Linux 系统中，存放网络接口 ens160 的配置信息的文件是（   ）。

    A./etc/sysconfig/network-scripts/ifcfg-lo

    B./etc/sysconfig/network-scripts/ifcfg- ens160

    C./etc/sysconfig/ifcfg- ens160

    D./etc/ifcfg- ens160

2. 测试自己的主机和某一主机是否通信正常，应使用（   ）命令。

    A.telnet   B.host   C.ping   D.ifconfig

3. 修改了多个网卡的配置文件后，使用（   ）命令可以使全部的配置生效。

    A.systemctl restart network   B.systemctl start network

    C.systemctl stop network   D.ifup ens160

4. RHEL 8 中，显示内核路由表的命令是（   ）。

    A.ip route   B.ifconfig   C.netstat   D.ifup

5. Linux 内核中实现 netfileer/firewalld 防火墙属于（   ）。

    A. 硬件防火墙   B. 软件防火墙   C. 固件防火墙   D. 动态防火墙

6. Linux 中的包过滤防火墙的功能是在（   ）中实现的。

    A. 内核   B.shell   C. 服务程序   D. 应用程序

7. 在 RHEL 8 中启用内核 IP 转发功能的配置文件是（   ）。

    A./etc/network   B./usr/lib/sysctl.d/00-system.conf

    C./etc/sysct1.conf   D./var/run/network

8. 以下说法中，正确的是（   ）。

    A. 一个区域可以绑定多个网卡，一个网卡只能绑定到一个区域

    B.DNAT 技术能够让多个内网用户使用单一 IP 地址进入公网

    C.iptables 服务已经被 firewalld 取代，iptables 命令不能使用了

    D. 通过端口映射技术可以将使用私网地址的服务器发布到互联网

二、简答题

1. 简述 /etc/hosts 配置文件的作用是什么。

2. 什么是防火墙？防火墙主要有哪些类型？

3. firewalld 防火墙管理工具中区域的作用是什么？

教学情境 3
网络服务配置

国产操作系统展台

市场占有率的排头兵——麒麟系列操作系统

麒麟系列操作系统包括：中标麒麟、银河麒麟、优麒麟和麒麟信安。麒麟系列皆脱胎于国防科技大学，具有相同的历史渊源。

中标麒麟（NeoKylin）：是 2010 年由中标软件有限公司与国防科技大学联合研发的、面向桌面应用和服务器应用的图形化操作系统。中标麒麟是民用、军用"核高基"项目桌面操作系统项目的重要研究成果，中标麒麟操作系统全面支持国内外主流的硬件平台，覆盖桌面端和服务器端，已经适配兼容了超过 4000 款核心软件和硬件。中标麒麟操作系统不仅广泛应用于金审、金纪、金关、金安、金税、金盾等"十二金"重大国家工程中；也应用在中央多个部委和地方多个省市的电子政务网络系统中。根据赛迪顾问数据，中标麒麟操作系统在中国 Linux 市场占有率已经超过三成，连续八年保持领先，目前处于国产操作系统市场主流位置。

银河麒麟（Kylin）：是由天津飞腾与国防科技大学研制的开源服务器操作系统。此操作系统是 863 计划重大攻关科研项目，目标是打破国外操作系统的垄断，研发一套中国自主知识产权的服务器操作系统。银河麒麟拥有绚丽的人机交互界面，友好易用，具有高安全、高可靠、高可用、跨平台、中文化（具有强大的中文处理能力）等特点。主要应用于国防、政务、能源、金融、教育、电力等众多行业和领域。

优麒麟（Ubuntu Kylin）：是由工信部软件与集成电路促进中心、国防科技大学联手打造，针对中国用户定制，预装并通过软件中心提供大量适合中国用户使用的软件服务。优麒麟操作系统是 Ubuntu 官方衍生版，得到来自 Debian、Ubuntu、Mate、LUPA 等国际社区及众多国内外社区爱好者的广泛参与和热情支持。

麒麟信安（Kylinsec）：是由湖南麒麟信安科技股份有限公司依托国防科技大学计算机研究院，在"核高基"科技重大专项和国家发改委产业化专项扶持下，借鉴 openEuler 技术，以兼容 Linux 思路开发的国产操作系统。麒麟信安定位于办公 PC、笔记本、业务终端等，具备简单易用、界面友好（类 Windows 界面）、安全稳定的特征。麒麟信安操作系统有服务器版、桌面版和工控版三大系列产品，广泛应用于党政、航天（部署 1 万余套）、电力（部署 8 万余套）、国防等关键领域。

项目8
使用NFS和Samba
提供共享资源

8.1 项目描述

目前，Windows 和 Linux 操作系统各自拥有不同的用户群和擅长的应用领域，在德雅职业学校的校园网内，就同时安装 Windows 和 Linux 操作系统的服务器和客户机，如图 8-1 所示。

图8-1　多种操作系统主机的网络环境

学校为了实现 Linux 主机、Windows 主机之间共享资源的访问，在服务器中搭建了 NFS 服务系统。同时，为了满足那些对资源共享的访问控制、用户管理要求更高的用户，还在校园网中架设了 Samba 服务器。

8.2 项目知识准备

8.2.1 NFS网络文件系统的工作机制

NFS 介绍

NFS（Network File System，网络文件系统）是由 Sun 公司开发，于 1984 年对外公布，目前已经发展到了第四代。它允许通过网络让不同的机器、不同的操作系统能够进行文件共享。在 NFS 的应用中，用户可以把网络中 NFS 服务器提供的共享目录挂载到本地目录或整块磁盘上，然后像访问本地文件一样操作远端 NFS 服务器中的内容。

虽然 NFS 可以在网络中进行文件共享，但 NFS 在设计时并没有提供数据传输的功能。NFS 只负责将数据以文件系统的方式公布网上，并对访问者进行登录管理和权限管理。要实现共享资源在不同主机之间传输，还得依赖于 RPC（Remote Procedure Call，远程过程调用）服务，因此，不论是 NFS 服务端，还是 NFS 客户端，都要安装和启动 RPC 服务。

RPC 定义了一种进程间通过网络进行交互通信的机制，它允许客户端进程通过网络向远程服务进程请求服务，而不需要了解服务器底层通信协议的详细信息。在一个 RPC 连接建立的开始阶段，客户端通过过程调用将调用参数发送到远程服务器进程，并等待响应。请求到达时，服务器通过客户端请求的服务，调用指定的程序，并将结果返回客户端。当 RPC 调用结束，客户端程序将继续进行下一步的通信操作。

由 NFS 服务和 RPC 服务构成了 NFS 系统，其对应的服务进程及功能见表 8-1。

表8-1　　　　　　　　　　　　　　　　　**NFS系统的进程及其功能**

NFS 系统	守护进程	功能
NFS 服务	nfsd	它是基本的 NFS 守护进程，主要功能是管理客户端是否能够登录服务器
	mountd	管理 NFS 的文件系统。当客户端顺利通过 nfsd 登录 NFS 服务器后，在使用 NFS 服务所提供的文件前，还必须通过文件使用权限的验证。它会读取 NFS 的配置文件 /etc/exports 来对比客户端权限
RPC 服务	rpcbind	进行端口映射工作。当客户端尝试连接并使用 RPC 服务器提供的服务（如 NFS 服务）时，rpcbind 会将所管理的与服务对应的端口提供给客户端，从而使客户可以通过该端口向服务器请求服务

部署 NFS 系统的益处如下：

①节省本地存储空间。将常用的软件或数据集中存放在一台计算机上，并使用 NFS 发布，当其他计算机需要时，可以通过网络访问来获取，而不必各自单独存储一份。

②集中管理用户，实现全网登录。配置一台 NFS 服务器用来放置所有用户的 home 目录，将这些目录共享发布后，用户不管在哪台工作站上登录，均能进入自己的 home 目录。

③减少硬件设备的投入。将一些存储设备如 CDROM 和 Zip（一种高储存密度的磁盘驱动器与磁盘）等共享后，其他计算机需要时挂载到本地便可使用，不必在每台计算机上装配。

NFS 服务的部署非常快速，维护十分简单，但在 NFS 的客户端没有用户认证机制，在安全性和可定制性方面，Samba 服务则略胜一筹。

8.2.2　Samba服务的协议、功能及工作过程

1.Samba服务的协议——SMB/CIFS

SMB（Server Message Block，服务信息块）协议是 Microsoft 和 Intel 于 1987 年开发的，通过该协议使得客户端应用程序可以在各种网络环境下访问服务器端的文件和打印机等资源，从而实现不同 Windows 系统主机之间的资源共享。1996 年，在加入了许多新功能后，SMB 更名为 CIFS（Common Internet File System，通用互联网文件系统）。

配置与管理
Samba 服务器

显然，SMB/CIFS 是 Microsoft 的私有协议，无法直接与 Linux 和 UNIX 文件系统进行通信，而 Samba 则是将 SMB 协议搬到 UNIX 和 Linux 上的服务协议，即 Samba 是在 UNIX/Linux 系统上对 SMB/CIFS 的具体实现。通过 Samba 服务器的搭建和 Samba 客户端软件的安装配置后，就可以在 Linux 系统主机和 Windows 主机之间实现文件和打印机等资源的共享。

2.Samba 的主要功能

Samba 是由澳大利亚的 Andew Tridgell 开发的，用来在 Linux/UNIX 系统上实现 SMB 协议的一套应用程序。Samba 主要通过以下三个守护进程向客户提供共享服务：

● smbd 进程：为客户端提供文件和打印机共享服务，负责用户身份验证以及锁定功能。smbd 使用 TCP/445 端口进行 SMB 连接，为了向后兼容 NetBIOS，还监听了 TCP/139 端口。

● nmbd 进程：其作用是对 Windows 的 NetBIOS 名进行解析，使客户机不仅能通过 IP 地址还能通过 NetBIOS 名浏览访问 Linux 服务器上的共享资源列表。nmbd 进程默认监听的端口为 UDP/137 和 UDP/138，Samba 通过 nmb 服务启动 nmbd 进程。

● winbindd 进程：允许将 Windows Server 域用户和组映射成 Liunx 的用户和组。

总体来说，Samba 可以实现如下功能：

①与 Windows 系统之间实现文件和打印机资源的共享。

②解析 NetBIOS 名字：将计算机的 NetBIOS 名解析为 IP 地址，实现主机之间的访问定位。

③支持跨平台访问的身份验证和权限设置，支持加密传输 SSL（Secure Socket Layer，安全套接字层）。

④ Samba 服务器可作为网络中的 WINS 服务器，甚至可承担 Windows Server 域中的域控制器的一些功能。

3.Samba 服务的工作过程

当客户端访问服务器时，通过 SMB 协议进行信息传输，其工作过程如图 8-2 所示：

图8-2　Samba 服务的工作过程

①协议协商——客户端在访问 Samba 服务器时，发送一个 negprot 请求数据包，告知其支持的 SMB 类型。Samba 服务器收到请求信息后根据客户端的情况，选择最优的 SMB 类型，并做出回应。

②建立连接——SMB 类型确认后，客户端会发送 session setup 指令数据包，提交用户名和密码，请求与 Samba 服务器建立连接，如果客户端通过身份验证，Samba 服务器通过发送一个 session setup &X 请求应答数据包来允许或拒绝本次连接，并为用户分配唯一的 UID，以备客户端与其通信时使用。

③确定访问对象——当客户端与服务器完成了协商和认证之后，SMB 客户端会发送一个 tree connect 或 tree connect &X 数据包，通知服务器需要访问的共享资源名，之后服务器会发送一个 tree connect &X 应答数据包以表示此次访问是被接受还是拒绝，如果允许，Samba 服务器会为每个客户端与共享资源连接分配 TID。

④访问共享资源——连接到相应资源后，SMB 客户端就能够通过 open SMB 打开一个文件，

通过 read SMB 读取文件，通过 write SMB 写入文件，通过 close SMB 关闭文件。

⑤断开连接——共享使用完毕，客户端向服务器发送 tree disconnect 数据包关闭共享，与服务器断开连接。

8.3 项目实施

任务 8-1　部署 NFS 服务实现文件共享

NFS 提供了在 Windows 与 Linux/UNIX 主机之间实现文件共享的一种简单方法。

1.NFS服务端的安装与配置

其步骤如下：

步骤 1：检查系统中是否安装 NFS 服务的相关软件包（RHEL 8 默认已安装）。

```
[root@RHEL 8-1~]# rpm -qa nfs* rpc*
rpcbind-1.2.5-8.el8.x86_64
nfs-utils-2.3.3-41.el8.x86_64
```

若未安装可使用 "yum -y install nfs-utils rpcbind" 命令安装。

步骤 2：创建共享目录及相应的测试文件→将共享目录（如：/data/share/tools）的所有者修改为 nobody，以便 nobody 用户能够对该共享目录有写权限。

```
[root@RHEL 8-1~]# mkdir -p /data/share/tools
[root@RHEL 8-1~]# echo "welcome to dyzx.com" >/data/share/tools/readme
[root@RHEL 8-1~]# chown -hR nobody /data/share/tools
```

步骤 3：编辑、加载、查看 NFS 服务的配置文件。

```
[root@RHEL 8-1~]# vim /etc/exports
/data/share/tools 192.168.8.0/24(rw,sync,root_squash)    // 添加此配置行
:wq                                                       // 保存退出
[root@RHEL 8-1~]# exportfs -r                             // 重新加载配置文件，使新配置生效
[root@RHEL 8-1~]# exportfs -v                             // 查看配置结果
/data/share/tools
    192.168.8.0/24(sync,wdelay,hide,no_subtree_check,sec=sys,rw,root_squash,no_all_squash)
```

初始配置文件 /etc/exports 为空，添加的每一行是对一个共享目录的配置参数。

配置行的一般格式为：

被共享目录的绝对路径 客户端1（权限参数）客户端2（权限参数）...

格式说明：

①同一共享目录的客户端（权限参数）可以有多个（以空格隔开）。

② "客户端"的指定方式有以下几种。

● 客户端的 IP 地址：如，192.168.0.100。

● 客户端的 IP 网段：如，192.168.8.0/24 或 192.168.8.0/255.255.255.0。

● 可解析的主机名 / 完全合格域名：如，nfs.dyzx.com、localhost 等（指定的主机名或域名必须在 /etc/hosts 文件或 DNS 服务器中能解析出 IP 地址）。

● 可解析的特定子域中的所有主机：如，*.dyzx.com、server[1-30].dyzx.com。

● 所有主机：*

③ "权限参数"必须用英文的圆括号括起，且与前面的"客户端"符号不能留空；圆括号内的"权限参数"可以有多个，前后两个用英文逗号隔开。常用的权限参数见表 8-2。

表8-2　　　　　　　　　　　　　　常用权限参数

参数	权限
ro（默认）	客户机对 NFS 服务器中的共享目录有只读权限
rw	客户机对 NFS 服务器中的共享目录有读写权限
root_squash（默认）	当客户机使用 root 用户访问时，将其映射为 NFS 服务端的匿名用户（nobody）
no_root_squash	当客户机使用 root 用户访问时，将其映射为 NFS 服务端的 root 用户，显然开启此项是不安全的
no_all_squash（默认）	访问用户先与本机用户匹配，匹配失败后再映射为匿名用户
all_squash	不论 NFS 客户端在连接服务器时使用什么用户，均映射为 NFS 服务端的匿名用户
sync（默认）	将数据同时写入内存缓冲区和磁盘中，效率低，但可以保证数据的一致性
async	将数据先保存在内存缓冲区中，必要时才写入磁盘，效率较高，但可能造成数据丢失
wdelay（默认）	检查是否有相关的写操作，如果有则将这些写操作一起执行，可以提高效率
no_wdelay	若有写操作则立即执行，应与 sync 配合使用
subtree_check（默认）	若输出目录是一个子目录，则 NFS 服务器将检查其父目录的权限
no_subtree_check	即使输出目录是一个子目录，NFS 服务器也不检查其父目录的权限，可以提高效率
secure（默认）	限制客户机只能从小于 1024 的 tcp/ip 端口连接服务器
insecure	允许客户机从大于 1024 的 tcp/ip 端口连接服务器
anonuid=<UID>	指定匿名访问用户的本地用户 UID，默认为 nobody（65534）
anongid=<GID>	指定匿名访问用户的本地组 GID，默认为 nobody（65534）

步骤 4：启动 NFS 服务并设置开机自动启动。

```
[root@RHEL 8-1~]# systemctl  start  nfs-server
[root@RHEL 8-1~]# systemctl  enable  nfs-server
```

提示：①在 RHEL 8 中，nfs-server 服务所依赖的 rpcbind 服务会随 RHEL 8 系统的启动而自动启动，即使人为关闭了，也会随 nfs-server 服务的启动而启动，并且还会先于 nfs-server 服务启动。

②对于实际投入运行的 NFS 服务器，若系统管理员对配置文件 /etc/exports 做了修改，则无须用上述的 systemctl 命令重启 NFS 服务，否则可能会导致其他正在访问的用户访问挂死，此时为了使新的配置生效又不影响访问者，可执行 "exportfs -avr" 命令。

步骤 5：开放防火墙的 nfs、rpc-bind、mountd 服务流量，允许外部主机访问共享资源。

```
[root@RHEL 8-1~]# firewall-cmd  --permanent --add-service=nfs
[root@RHEL 8-1~]# firewall-cmd  --permanent --add-service=rpc-bind
[root@RHEL 8-1~]# firewall-cmd  --permanent --add-service=mountd
[root@RHEL 8-1~]# firewall-cmd  --reload
```

2.使用Linux客户端访问NFS服务器的共享文件

其配置与访问步骤如下：

步骤 1：确保 Linux 系统的 NFS 客户端已安装 rpcbind 软件包，并启动其服务（RHEL 8 中已默认安装并启动，客户端不需要启动 nfs 服务）。

步骤 2：在 NFS 客户端使用 showmount 命令查看 NFS 服务器中导出的共享目录。

```
[root@client ~]# showmount -e  192.168.8.10
Export list for 192.168.8.10:
/data/share/tools 192.168.8.0/24
```

查询 NFS 服务器导出的共享目录的命令格式为：

showmount ［参数］ ［NFS 服务器的地址］

常用参数有：
● -e——查询 / 显示 NFS 服务器中可用的共享目录。
● -a——查询 / 显示 NFS 服务器上的共享目录和所有连接客户端的信息。
● -d——只显示被本机挂载的共享目录的信息。
● -v——显示 showmount 命令程序的版本号。

步骤 3：在 NFS 客户端创建挂载点目录→将服务器端的共享目录临时挂载到本地的挂载点目录→挂载成功后，访问共享目录内的文件（如查看挂载点目录内 readme 文件的内容）。

```
[root@client ~]# mkdir  /nfsfile
[root@client ~]# mount -t nfs 192.168.8.10://data/share/tools   /nfsfile
[root@client ~]# cat  /nfsfile/readme
welcome to dyzy.com
```

步骤 4：若客户端希望开机时自动将 NFS 服务器端的共享资源挂载到本地主机，则可以在客户端的 /etc/fstab 文件的末尾添加挂载信息→验证对共享资源地读、写访问。

```
[root@client ~]#vim  /etc/fstab          // 编辑自动挂载文件
……// 省略若干行，在文件末尾添加以下信息行：
192.168.8.10:/data/share/tools   /nfsfile nfs defaults 0 0
:wq                                       // 保存退出
[root@client ~]# umount  /nfsfile         // 从挂载点卸载共享目录
[root@client ~]# mount  -a                // 使文件 /etc/fstab 中设置的所有挂载设备立即生效
[root@client ~]# touch  /nfsfile/test2    // 验证挂载到 /nfsfile/ 下的共享资源是否可写
[root@client ~]# ls  -l  /nfsfile/test2   // 验证挂载到 /nfsfile/ 下的共享资源是否可读
-rw-r--r--. 1 nobody nobody 0 10 月  04 10:06 /nfsfile/test2
```

3.使用Windows客户端访问NFS服务器中的共享文件

其步骤如下（以 Windows 10 为例）：

步骤 1：启用 Windows 10 的 NFS 功能。 在 Windows 10 的桌面上依次单击【开始】→【设置】→【应用】→【程序和功能】→【启用或关闭 Windows 功能】→展开【NFS 服务】→勾选【NFS 客户端】→单击【确定】按钮，如图 8-3 所示。

步骤 2：为了让 Windows 10 在挂载后的 NFS 目录上具有写入权限，需修改注册表。 为此，同时按下【Windows 徽标 +R】组合键→在打开的【运行】对话框中输入 "regedit" 命令→单击【确定】按钮，打开【注册表编辑器】窗口→按以下路径选择注册项：HKEY_LOCAL_MACHINE\SOFTWARE\Microsoft\ClientForNFS\CurrentVersion\Default →在其中添加数值数据为 0 的 AnonymousUid 和 AnonymousGid 两个注册项→添加完成后重启计算机，如图 8-4 所示。

图8-3　安装NFS客户端

图8-4　【注册表编辑器】窗口

步骤 3：同时按下【Windows 徽标 +R】组合键→在打开的【运行】对话框中输入 "cmd" 命令→单击【确定】按钮，进入字符命令窗口→使用 "showmount -e 192.168.8.10" 命令查看 NFS 服务器上导出的共享目录→使用 "mount \\192.168.8.10\data\share\tools H:" 命令挂载 NFS 服务器的共享目录到客户端指定的盘符，如图 8-5 所示。 挂载成功后在【计算机】中增加了一块名为 "H:" 的网络驱动器，其存储、读写文件的操作方法与本地磁盘完全相同，如图 8-6 所示。

图8-5　查看可挂载资源与添加挂载

图8-6　挂载成功后的界面

若要在客户端卸载共享目录，在字符命令窗口中执行"umount -a"命令便可。

任务 8-2　安装与运行管理 Samba 服务

1.Samba服务主要软件包

RHEL 8.4 自带有 Samba 的安装软件包，其主要文件有以下 4 个：

（1）samba-4.13.3-3.el8.x86_64.rpm：Samba 服务必须安装的主程序包。

（2）samba-common-4.13.3-3.el8.noarch.rpm：服务器和 Linux 客户端均必须安装的通用工具和库文件。该包提供了 samba 服务的主配置文件 smb.conf、lmhosts 文件、pdbedit 用户相关和 testparm 语法检查命令等。

（3）samba-client-4.13.3-3.el8.x86_64.rpm：该包是 Linux 客户端连接 Samba 服务器和网上邻居的工具及测试软件，Linux 客户机上必须安装。

（4）cifs-utils-6.8-3.el8.x86_64.rpm：mount 挂载时需要该包来支持 cifs 协议，不安装该包就没有 mount.cifs 命令，使用 mount 挂载时也会报错。

2.检查是否安装了Samba服务软件包

在安装 Samba 服务之前，应先检测系统是否安装了 Samba 软件包，检查方法如下：

```
[root@RHEL 8-1~]# rpm -qa |grep samba
samba-common-libs-4.13.3-3.el8.x86_64
samba-common-4.13.3-3.el8.noarch
samba-client-libs-4.13.3-3.el8.x86_64
```

由此可见，RHEL 8 系统中默认还未安装 Samba 服务主程序软件包。

3.安装Samba软件包

在配置好本地光盘 yum 源的基础上（参见任务 6-2），安装 Samba 软件包的命令如下：

```
[root@RHEL 8-1~]# dnf -y install samba samba-client
```

4.Samba服务的运行管理

（1）smb 和 nmb 服务的启动、停止、重启、重新加载和状态查询

systemctl start|stop|restart|reload|status smb.service nmb.service

（2）开机自动启动或不启动 smb 和 nmb 服务

systemctl enable|disable [--now] smb.service nmb.service

（3）查看 smb 和 nmb 服务启动后对应的进程及状态，从而确认服务是否真正启动

ps -ef | egrep "smb|nmb"

（4）查看 smb 和 nmb 服务运行中监听的端口，进而了解服务方与客户方连接的对象

ss -nutap | egrep "smbd|nmbd"

任务 8-3　认识 Samba 服务的配置文件

1. Samba 服务的配置文件

在安装了 Samba 软件包后，会在 Linux 系统中生成几个主要配置文件和目录，见表 8-3。

表8-3　Samba的配置文件及目录

文件或目录	说明
/etc/samba/smb.conf	主配置文件
/etc/samba/lmhosts	在启动 Samba 服务进程时能自动捕捉到局域网内主机的 NetBIOS 名与 IP 地址的对应关系，并自动保存在 lmhosts 文件中，作用类似于 /etc/hosts，一般无须配置
/var/lib/samba/private/passdb.tdb	用户认证信息文件，用来存放 Samba 帐户及与 Linux 帐户之间的映射关系
/var/log/samba/	用于存放 Samba 的日志文件的目录

smb.conf 主配置文件是由 [global] 节开头的多个节（段落）组成，每节以节名称（括在方括号中）开头，后面是设置为特定值的参数的列表，各节的作用见表 8-4。

表8-4　smb.conf主配置文件的组成及作用

类别	节 / 段落	作用
全局设置节（global Settings）	[global]	用于定义 Samba 服务器的总体特性，其配置对所有节生效，主要有基本设置参数、安全设置参数、打印机设置参数和日志设置参数等
特定共享节	[homes]	用于设置用户家目录的共享属性
	[printers] [print$]	用于设置打印机共享资源的属性
用户自定义共享节	[节名]	用于用户自定义共享目录的共享属性的设置（需用户添加，每个共享目录对应一节）

2. smb.conf 文件中全局参数的设置

[global] 节定义了多个全局参数，常用的全局参数及其说明见表 8-5。

表8-5   **smb.conf全局设置的主要参数**

类型	参数	说明
基本	workgroup=SAMBA	用于设置 Samba 服务器所属的 Windows 工作组名或域名
	server string=Samba Server Version %v	表示在 Windows 客户端访问 Samba 服务器的内容窗口后，所显示的备注栏信息，参数 %v 为显示 SMB 版本号
	netbios name=MYSERVER	设置 Samba 服务器 NETBIOS 名称，即在 Windows 的"网络"中显示出来的 Samba 服务器的名称
	interfaces=lo eth0 192.168.12.2/24	指定 Samba 服务器监听哪些网卡，若服务器上有多块网卡应配置此项。可以写网卡名或该网卡的 IP 地址
日志	log file=/var/log/samba/%m.log	指定日志文件的存放位置，并为每个登录服务器的用户建立不同的日志文件，"%m"变量表示客户端的主机名或 IP 地址
	max log size=50	指定日志文件的最大容量，单位为 KB，"0"代表无限制
安全	security=user	设置 Samba 服务器对客户端进行身份验证的方式
	map to guest = bad user	开启匿名访问。将所有 Samba 系统主机所不能正确识别的用户都映射成 guest 用户，这样其他主机登录 Samba 服务器就不需要输入用户名和密码
安全	passdb backend = tdbsam	定义用户后台的类型，共有 3 种：使用 SMB 服务的 smbpasswd 命令给系统用户设置 SMB 密码；tdbsam：创建数据库文件并使用 pdbedit 或 smbpasswd -a 建立 SMB 独立的用户；ldapsam：基于 LDAP 服务进行帐户验证
	hosts allow=127. 192.168.12.192.168.13.	设置可访问 Samba 服务器的主机列表，可以是主机名、子网或网域，可用 excep 排除某些 IP 地址，若未指定表示所有主机均可访问
	username map=/etc/samba/smbusers	设置 Linux 用户到 Windows 的用户映射
打印	load printers=yes	设置是否当 Samba 服务启动时共享打印机设备
	cups option=raw	指定打印机系统的工作模式
	printcap name=/etc/printcap	设置开机时自动加载的打印机配置文件名称和路径
	printing=cups	设置打印机的类型，包括 bsd、sysv、plp、lprng、aix、hpux、qnx、cups

RHEL 8 中 Samba 4 版本对客户端进行身份验证的方式有以下两种：

● user（用户模式）：用户对 Samba 服务器的访问是由 Samba 服务器依据本地帐户库对访问者进行身份验证的，它要求每个访问者必须在 Samba 服务器上有其本地 Linux 帐户。

● domain（域模式）：这种模式是把 Samba 服务器加入 Windows 域网络中，作为域中的成员。担任用户对 Samba 服务器访问身份验证的是域中的 Windows 域控制器，而不是 Samba 服务器，此时必须指定域控制服务器的 NetBIOS 名称。

    提示：在 Samba4 版本中，share 和 server 验证方式已被弃用。若需要 share 验证方式以实现匿名访问共享文件夹，需要用 security = user 和 map to guest = Bad User 两个配置行才可。此时，用户对 Samba 服务器的访问无须进行身份验证，也就是不用输入用户名和密码（允许匿名访问），用户的访问权限仅由相应用户对共享文件的访问权限决定。这是最简单，但也是最不安全的一种 Samba 服务器访问方式，该方式适用于公共共享资源。

3.smb.conf文件中共享节的设置

要发布共享资源，需要对各个共享节进行配置。共享定义通过 [homes]、[printers] 和 [用户自定义的共享名] 等节来设置共享资源的属性。

● [homes] 为特殊共享目录，其名字不能改变。[homes] 共享目录并不特指某个共享目录，而是指与 Samba 用户同名的 Linux 系统用户的家目录。默认情况下，用户的家目录为 "/home/用户名"。

● [printers] [print$] 两节均是对共享打印机的属性进行设置。[printers] 和 [print$] 行也是特殊的行，不能修改其名字。

常用共享资源配置项及说明见表 8-6。

表8-6   **smb.conf共享定义常用配置项**

配置项	说明
[用户自定义的共享名]	用户访问时通过此共享名来识别不同的共享资源。也就是在 Windows 客户端的 "网络" 或 "网上邻居" 中看见的文件夹的名字，可以与原目录名不同
comment= 备注信息	设置共享目录或打印机的说明信息
path= 绝对地址路径	指定共享目录在 Samba 服务器中的绝对路径（此项必须要设置）
public=yes|no	是否允许匿名用户访问共享的文件夹或打印机资源
guest ok = yes|no	设置共享目录是否允许所有人都可以访问，与 public 配置项作用相同
valid users= 用户名或组名列表	设置允许访问共享的用户或组的列表，不允许列表以外用户访问。多个用户名或组名以空格或逗号分隔，组名前面应带 @、+、& 三种符号之一，其中：@ 表示先通过 NIS 服务器查找，NIS 找不到再到本机查找；+ 表示只在本机的密码文件组中查找；& 表示只在 NIS 服务器中查找。若列表为空，表示允许所有用户访问共享
readonly=yes|no	设置共享目录只读还是可读写
writable=yes|no	指定共享目录有读写权还是只读权（若可写，还需要目录本身具有写权限），默认设置为 writable=no（只读权限）
write list= 用户名或组名清单	设置对共享目录具有可读写权限的用户名或组名。多个用户名或组名以空格或逗号分隔，组名前可以带 @、+、&。若 writable=no，则不在 write list 列表中的用户将具有只读权限
browseable = yes|no	设置共享目录在 "网络" 或 "网上邻居" 中是否可见（默认为 no，即隐藏共享目录）
printable=yes|no	是否允许用户打印
create mask = 文件权限值	设置用户在共享目录下创建的文件的默认访问权限。通常是以数字表示的，如 0664，代表的是文件所有者对新创建的文件具有可读可写权限，其他用户具有可读权限，而所属主要组成员不具有任何访问权限
directory mask = 子目录权限值	设置用户在共享目录下创建的子目录的默认访问权限

4.smb.conf文件的测试

在完成 smb.conf 文件所有配置后，可使用 testparm 命令测试配置文件中的语法是否正确。若显示 "Loaded services file OK." 信息，表示配置文件的语法是正确的，再按【Enter】键，会显示主配置文件当前有效的配置清单。

```
[root@RHEL 8-1~]# testparm
Load smb config files from /etc/samba/smb.conf
Loaded services file OK.                            // 若有此行信息显示，表示配置文件语法正确
Server role: ROLE_STANDALONE
Press enter to see a dump of your service definitions // 按【Enter】键后显示以下信息行
# Global parameters
[global]
printcap name = cups
security = USER
  workgroup = SAMBA
……// 省略若干行
[homes]
  comment = Home Directories
……// 省略若干行
[printers]
  comment = All Printers
……// 省略若干行
[print$]
    comment = Printer Drivers
    ……// 省略若干行
```

使用 testparm –v 命令可以详细地列出 smb.conf 支持的所有的配置参数（包括所有明确配置和未明确配置而使用缺省值的参数）。smbstatus 可显示当前 Samba 的连接状态。

任务 8–4 配置与访问可匿名访问的共享目录

在安全性方面要求不高的小型网络中，允许匿名访问其共享资源，这是一种方便实用的可选方案。

【例 8-1】德雅职业学校办公室通过 Samba 服务器发布公共共享目录 "/data/share/public"，共享名为 public_doc，允许除 192.168.8.222 以外的 192.168.8.0 网段中的所有客户端访问，可以写入文件，但是不可以删除或修改其他用户的文件。

配置步骤如下：

步骤 1：创建共享目录 /data/share/public，并设置其访问权限。

```
[root@RHEL 8-1~]# mkdir  -p  /data/share/public
```

```
[root@RHEL 8-1~]# touch  /data/share/public/file1.tar        // 创建文件 file1.tar 以便测试
[root@RHEL 8-1~]# ls -ld /data/share/public
drwxr-xr-x. 2 root root 23 10 月  4 11:53 /data/share/public
[root@RHEL 8-1~]# chmod 1777 /data/share/public              // 所有用户可写但不能删他人文件
[root@RHEL 8-1~]# ls -ld /data/share/public
drwxrwxrwt. 2 root root 23 10 月  4 11:53 /data/share/public
```

步骤 2：修改 Samba 主配置文件 smb.conf。

```
[root@RHEL 8-1~]# vim /etc/samba/smb.conf
…………// 省略若干行
[global]
workgroup =WORKGROUP                           // 修改为与 Windows 主机相同的工作组名
security = user                                 // 身份验证方式
map to guest = Bad User                         // 添加此行，开启匿名访问
hosts allow = 192.168.8. except 192.168.8.222   // 允许访问与不许访问的 IP 地址
……// 省略若干行
// 在文件末尾添加以下各行
[public_doc]                                    // 设置共享目录的共享名为 public_doc
comment = Public Stuff                          //Windows 的网络中看到的共享目录的备注栏信息
path = /data/share/public                       // 设置共享目录的绝对路径
guest  ok = yes                                 // 设置允许匿名访问
browseable = yes                                // 设置共享目录可见
writable = yes                                  // 设置共享目录可以读写
printable = no                                  // 设置用户不可以打印
:wq                                             // 保存退出
```

步骤 3：重新启动 SMB 使配置生效，并设置开机自动启动。

```
[root@RHEL 8-1~]# systemctl restart smb nmb
[root@RHEL 8-1~]# systemctl enable smb nmb
```

步骤 4：开启防火墙的 Samba 服务，允许 Samba 流量通过。

```
[root@RHEL 8-1~]# firewall-cmd --permanent --zone=public --add-service=samba
[root@RHEL 8-1~]# firewall-cmd --reload
```

步骤 5：修改 SELinux 的安全上下文。

SELinux (Security-Enhanced Linux) 是一套强制访问控制体系，用于确定哪些进程可以访问哪些文件、目录和端口的一组安全规则。每个文件、目录和端口都有自己的安全标签（SELinux 安全上下文）。在 SELinux 启用的情况下，每种要访问（读写）文件或目录的服务进程，对其访

问的文件和目录的安全上下文都有特定的标签（默认策略），不符合特定标签形式的访问均被拒绝。如：Samba 服务只能访问具有 samba_share_t 标签的文件或目录，Apache Web 服务只能访问具有 httpd_sys_content_t 标签的文件或目录。如果服务进程访问的目录或文件的标签不是自己默认策略规定的安全上下文，则必须修改被访问目录的安全上下文。

```
[root@RHEL 8-1~]# sestatus | grep "SELinux status"    // 查看 SELinux 当前状态
SELinux status:                enabled      // 表明 SELinux 处于开启状态
[root@RHEL 8-1~]# ll -dZ /data/share/public    // 显示目录扩展属性 ( 其中包含了安全上下文 )
drwxrwxrwt. 2 root root unconfined_u:object_r:default_t:s0 23 10 月  4  11:53 /data/share/public
// 将 data/share/public 目录下所有内容的安全上下文修改为 Samba 服务默认策略的安全上下文
[root@RHEL 8-1~]# semanage fcontext -a -t samba_share_t "/data/share/public(/.*)?"
[root@RHEL 8-1~]# restorecon -Rv /data/share/public/ // 将默认策略应用于 /data/share/public 目录
[root@RHEL 8-1~]# ll -dZ /data/share/public        // 显示修改后目录扩展属性
drwxrwxrwt. 2 root root unconfined_u:object_r:samba_share_t:s0 23 10 月  4  11:53 /data/share/public
```

提示：要禁用 SELinux 也可通过编辑 /etc/sysconfig/selinux（或者 /etc/selinux/config）文件来实现，将其中 SELINUX=enforcing 修改为 SELINUX=disabled（重启系统才生效）。还可执行命令 "setenforce 0" 临时禁用 SELinux。如果一切设置正确，Windows 仍然无法访问 Samba 的共享资源时，要考虑 "计算机名" 是否重名以及服务器和客户机之间是否连通。

步骤 6：在服务器端编辑 /etc/hosts 文件，添加本地主机名解析记录，其中的主机名要与 /etc/hostname 文件中的主机名保持一致（本步骤非必做，只是有些客户系统需要做，做了以后能加快访问速度）。

```
[root@RHEL 8-1~]# cat /etc/hostname
RHEL 8-1.dyzx.com
[root@RHEL 8-1~]# vim /etc/hosts
127.0.0.1   localhost localhost.localdomain localhost4 localhost4.localdomain4
::1         localhost localhost.localdomain localhost6 localhost6.localdomain6
192.168.8.10 RHEL 8-1.dyzx.com                        // 添加此行
[root@RHEL 8-1~]# nmcli con reload
[root@RHEL 8-1~]# nmcli dev reapply ens160
```

步骤 7：若客户端是 Windows 10 系统（Window 7 系统此步可免），则同时按下【Windows 徽标键 +R】组合键→在打开的【运行】对话框的【打开】编辑框中输入 "gpedit.msc"→单击【确定】按钮→在弹出的【本地组策略编辑器】左窗格中依次展开【计算机配置】→【管理模板】→【网络】→【Lanman 工作站】→在【本地组策略编辑器】的右窗格中双击【启用不安全的来宾登录】→在弹出的窗口中选择【已启用】单选按钮→单击【确认】按钮→重启 Windows 10 系统，如图 8-7 所示。

图8-7 【启用不安全来宾登录】的设置过程

步骤 8：在 Windows 客户端的访问测试。在 Windows 客户端打开【文件管理器】→在地址栏中输入服务器的 UNC 路径（如：\\192.168.8.10）→按【Enter】键后无须输入帐号和密码便可直接登录 Samba 服务器，如图 8-8 所示→单击【public_doc】进入共享目录，通过拖曳操作可将客户端的本地资源上传到服务器，也可将服务器中的文件下载到客户机，并且不能删除其他用户上传的文件。当客户端的 IP 地址为 192.168.8.222 时，访问被排除在外，访问失败，如图 8-9 所示。

图 8-8 访问成功   图 8-9 客户端 IP 限制导致访问失败

步骤 9：在 Linux 客户端的访问测试。

在 Linux 客户端访问和挂载 Samba 服务器的共享目录的工具有 cifs-utils 软件包，其安装、挂载和访问 Samba 共享目录的过程如下：

```
[root@client ~]# yum -y install cifs-utils              // 安装 cifs-utils 软件包
[root@client ~]# mkdir /smbdata                         // 创建挂载点目录
// 将匿名用户访问的共享目录临时挂载到客户端的 /smbdata 目录下：
[root@client ~]# mount -o guest //192.168.8.10/public_doc /smbdata
[root@client ~]# ls -l /smbdata
总用量 0
-rwxr-xr-x. 1 root root 0 10 月  4  11:53 file1.tar        // 说明匿名用户对共享目录可读
[root@client ~]# echo  "hello world" >/smbdata/file2.txt   // 说明匿名用户对共享目录可写
```

在 Linux 客户端挂载匿名用户可访问共享目录的命令的一般格式为：

mount -o guest // 目标 IP 或主机名 / 共享名 挂载点

若希望客户端开机后自动将 Samba 服务端的共享目录挂载到本地主机，则可以在客户端的 /etc/fstab 文件的末尾添加挂载信息。

```
[root@client ~]# vim  /etc/fstab
```

……// 省略若干行, 在文件末尾添加以下信息行:

//192.168.8.10/public_doc /smbdata　cifs　guest　0　0

:wq　　　　　　　　　　　　　　　　　// 保存退出

[root@client ~]# **umount /smbdata**　　　　// 从挂载点卸载共享目录

[root@client ~]# **mount -a**　　　　　　　// 加载文件 /etc/fstab 中设置的所有设备

[root@client ~]# **ls -l /smbdata**　　　　// 显示挂载目录中的文件清单

总用量 4

-rwxr-xr-x. 1 root root 0 10 月 4 11:53 file1.tar

-rwxr-xr-x. 1 root root 12 10 月 4 11:54 file2.txt

提示: 由上可知, 远程 Samba 服务器中的共享目录一旦挂载到本地的 Linux 客户端, 就像本地机的一个目录一样, 供用户操作使用。

任务 8-5　配置与访问带用户认证的共享目录

对于包含重要文件的目录, 为了保证其安全性, 就必须对访问者进行身份验证, 其途径可以通过将配置项 security 设置为 user 或 domain 来实现。 下面以最常用的 user 模式为例说明其配置过程。

【例 8-2】在 Samba 服务器中按部门建立相应目录, 要求教务处 (jwc) 和学生处 (xsc) 只可以让校长 (rector) 和本部门员工访问, 禁止非本部门员工访问, 配置规划见表 8-7。

表8-7　　　　　　　　　　　**带用户认证共享目录的配置规划**

部门名称	共享的目录	共享名	部门组帐号	部门中用户帐号	目录访问权限
办公室	/data/share/public	public_doc			匿名用户均可读、写、执行
教务处	/data/share/jwc	jwc_doc	gjwc	rector	读、写、执行
				zhang3	读取
学生处	/data/share/xsc	xsc_doc	gxsc	rector	读、写、执行
				li4	读取

步骤 1: 按部门创建 Linux 系统的组帐号→创建无家目录、归属相应部门组且不可登录的用户帐号。

[root@RHEL 8-1~]# **groupadd -r gjwc**　　　// 创建 ID 号小于等于 1000 的系统组帐号

[root@RHEL 8-1~]# **groupadd -r gxsc**

[root@RHEL 8-1~]# **useradd -M -G gjwc -s /sbin/nologin zhang3**

[root@RHEL 8-1~]# **useradd -M -G gxsc -s /sbin/nologin li4**

[root@RHEL 8-1~]# **useradd -M -G gjwc,gxsc -s /sbin/nologin rector**

[root@RHEL 8-1~]# **id rector**

uid=1003(rector) gid=1003(rector) 组 =1003(rector),973(gjwc),972(gxsc)

步骤 2：使用 pdbedit 命令创建与上述 Linux 系统用户同名的 Samba 用户。在 user 模式下，用户在访问 Samba 服务器中的共享资源时，必须以 Samba 用户的身份登录，由于 Samba 用户需要访问系统文件，在建立 Samba 用户帐号时还要确保有同名的 Linux 系统用户存在。

```
[root@RHEL 8-1~]# pdbedit -a zhang3
New SMB password:                           // 输入 samba 帐号密码
Retype new SMB password:                    // 再次输入 samba 帐号密码
// 省略若干行
[root@RHEL 8-1~]# pdbedit -a li4
New SMB password:
Retype new SMB password:
// 省略若干行
[root@RHEL 8-1~]# pdbedit -a rector
New SMB password:
Retype new SMB password:
// 省略若干行
```

pdbedit 命令除了可以添加 Samba 用户帐号外，还可以结合不同的命令选项完成 Samba 帐号不同的维护工作。例如：

pdbedit -L——列出 Samba 用户列表，读取 passdb.tdb 数据库文件

pdbedit -Lv——列出 Samba 用户列表的详细信息

pdbedit -x 用户名——删除 Samba 用户

pdbedit -c "[D]" -u 用户名——禁用指定的 Samba 用户帐号

pdbedit -c "[]" -u 用户名——启用指定的 Samba 用户帐号

步骤 3：创建各部门相应的共享目录并设置其访问权限。

```
[root@RHEL 8-1~]# mkdir -p /data/share/jwc /data/share/xsc          // 创建目录
[root@RHEL 8-1~]# ls -ld /data/share/jwc /data/share/xsc
drwxr-xr-x. 2 root root 6 10 月  4 11:58 /data/share/jwc
drwxr-xr-x. 2 root root 6 10 月  4 16:58 /data/share/xsc
[root@RHEL 8-1~]# touch /data/share/jwc/file2.txt /data/share/xsc/file3.txt
[root@RHEL 8-1~]# chown rector.gjwc /data/share/jwc                 // 修改目录的属主及属组
[root@RHEL 8-1~]# chown rector.gxsc /data/share/xsc
[root@RHEL 8-1~]# ls -ld /data/share/jwc /data/share/xsc
drwxr-xr-x. 2 rector gjwc 23 10 月  4 11:58 /data/share/jwc
drwxr-xr-x. 2 rector gxsc 23 10 月  4 11:58 /data/share/xsc
[root@RHEL 8-1~]# chmod 750 /data/share/jwc                         // 修改目录的访问权限
[root@RHEL 8-1~]# chmod 750 /data/share/xsc
[root@RHEL 8-1~]# ls -ld /data/share/jwc /data/share/xsc
drwxr-x---. 2 rector gjwc 23 10 月  4 11:58 /data/share/jwc
drwxr-x---. 2 rector gxsc 23 10 月  4 11:58 /data/share/xsc
```

步骤 4：为共享目录及其所有文件添加 samba_share_t 标签类型→用新的标签类型标注共享目录，使新的安全上下文立即生效。

```
[root@RHEL 8-1~]# ls -dZ /data/share/jwc /data/share/xsc        // 查看修改前的安全上下文
unconfined_u:object_r:default_t:s0 /data/share/jwc
unconfined_u:object_r:default_t:s0 /data/share/xsc
[root@RHEL 8-1~]# semanage fcontext -a -t samba_share_t "/data/share/jwc(/.*)?"
[root@RHEL 8-1~]# semanage fcontext -a -t samba_share_t "/data/share/xsc(/.*)?"
[root@RHEL 8-1~]# restorecon -Rv /data/share/jwc/
[root@RHEL 8-1~]# restorecon -Rv /data/share/xsc/
[root@RHEL 8-1~]# ls -dZ /data/share/jwc /data/share/xsc        // 查看修改后的安全上下文
unconfined_u:object_r:samba_share_t:s0 /data/share/jwc
unconfined_u:object_r:samba_share_t:s0 /data/share/xsc/
```

步骤 5：修改 Samba 主配置文件 smb.conf。

```
[root@RHEL 8-1~]# vim /etc/samba/smb.conf
[global]
…………
security = user                        // 用户验证方式为 user
// 在文件末尾添加以下配置行
[jwc_doc]
comment = jwc data
path = /data/share/jwc
valid users = rector @gjwc             //gjwc 组中成员才可访问，组名前要带 @ 或 +
write list = rector @gjwc
directory mask = 770
create mask = 770
[xsc_doc]
comment = xsc data
path = /data/share/xsc
valid users = rector @gxsc
write list = rector @gxsc
directory mask = 770
create mask = 770
browseable = no                        // 设置隐藏 xsc_doc 目录
```

提示：writable = yes 行和 write list 行是有冲突的。writable 开启后，是所有用户都有写的权限，而 write list 是只允许某些用户可写。如果两者都开启的话，writable 会覆盖 write list 的权限，即所有用户都可写。write list 要生效的话，writable 设置成 no 或者不出现。

步骤 6：重新加载 Samba 服务，使修改后的配置文件生效。

[root@RHEL 8-1~]# **systemctl　reload　smb　nmb**

步骤 7：在 Windows 客户端上访问共享目录的测试。

在 Windows 客户端地址栏中使用 UNC 路径 "\\192.168.8.10" 访问 Samba 服务器，由于 xsc_doc 共享目录设置了隐藏，所以看不到 xsc_doc 共享目录，但可以看到 jwc_doc 共享目录→单击【jwc_doc】共享目录→在打开的对话框中输入用户名及密码→进入 jwc_doc 共享目录，这样教务处的用户成员就可以访问 jwc_doc 共享目录下的文件（夹）了，其中，rector 用户可上传下载，zhang3 用户则只能下载，如图 8-10 所示。

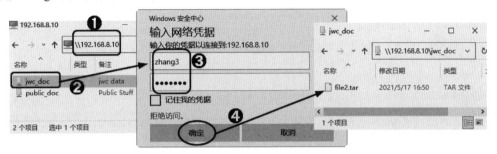

图8-10　使用教务处所属的用户访问jwc_doc共享目录的过程

　　提示：①在 Windows 客户端登录访问 Samba 服务器时，Windows 系统会默认记录访问共享目录用户，使得在共享模式转换到 user 模式下，再次访问时会出现不经过用户身份验证就直接登录的情况。此时需要按以下步骤查看和清除以前的网络连接：在 Windows 客户端单击【开始】→【运行】→输入 "cdm"→输入 "net use"（查看现有的连接）→输入 "net use * /del"（删除所有用户的网络连接）。

　　②共享目录隐藏了并不是说不共享了，只要知道共享名，并且有相应权限，在 Windows 客户端可以在地址栏中输入 "\\IP 地址 \ 共享名" 来访问隐藏共享目录。

步骤 8：在 Linux 客户端上访问共享目录的测试。

```
[root@client ~]# mkdir /jwcdata /xscdata          // 创建挂载点目录
// 以用户 zhang3 的身份将共享目录临时挂载到本机的 /jwcdata 目录下：
[root@client ~]# mount -o username=zhang3 //192.168.8.10/jwc_doc /jwcdata
Password for zhang3@//192.168.8.10/jwc_doc: *******    // 输入 zhang3 用户的密码
[root@client ~]# ls -l /jwcdata
总用量 0
-rw-r--r--. 1 root root 0 10 月 4  11:54 file2.txt     // 说明 zhang3 用户有读取权限
[root@client ~]# echo "Free man" >/jwcdata/file22.txt
bash: /jwcdata/file22.txt: 权限不够                    // 说明 zhang3 用户无写入权限
[root@client ~]# mount -o username=rector //192.168.8.10/jwc_doc /jwcdata
Password for rector@//192.168.8.10/jwc_doc: *******   // 输入 rector 用户的密码
[root@client ~]# echo "Free man" >/smbdata/file22.txt  // 说明 rector 用户有写入权限
[root@client ~]# cat /smbdata/file22.txt
```

Free man   // 说明 rector 用户有读取权限

[root@client ~]# **mount -o username=li4 //192.168.8.10/jwc_doc /jwcdata**

Password for li4@//192.168.8.10/jwc_doc: *******

mount error(13): Permission denied   // 许可权被拒绝，学生处的 li4 用户不能挂载教务处的共享目录

Refer to the mount.cifs(8) manual page (e.g. man mount.cifs)

临时挂载 Samba 用户可访问的共享目录的命令格式为：

mount -o username= 用户名 // 目标 IP 或主机名 / 共享名 挂载点

项目实训8　配置与访问跨平台资源共享

【实训目的】

会安装 NFS 和 Samba 服务器；能基于匿名用户、带身份验证的 Samba 用户配置文件共享和隐藏共享；会在 Windows/Linux 客户端上访问 NFS 和 Samba 服务器中的共享资源。

【实训环境】

一人一台 Windows 10 物理机，2 台 RHEL 8/CentOS 8 虚拟机，1 台 Windows 10 虚拟机，rhel-8.4-x86_64-dvd.iso 或 CentOS-8.4.2105-x86_64-dvd1.iso 安装包，虚拟机网卡连接至 VMnet8 虚拟交换机。

【实训拓扑】（图 8-11）

图8-11　实训拓扑图

【实训内容】

搭建 NFS 和 Samba 共享服务的配置参数见表 8-8。

表8-8　　共享目录的配置参数

共享工具	部门	共享目录	访问者及访问权限
NFS	信息中心	/data/share/tools	所有师生员工（nobody）可读可写
Samba	公共目录	/data/share/public	所有师生职员工只读
	教务处	/data/share /jwc	本部门 liu2、zhang3 及 rector 可写入，其他人禁止访问
	学生处	/data/share /xsc	本部门 li4、wang5 及 rector 可写入，其他人禁止访问

1.按照图8-11和表8-8搭建好环境（IP地址、计算机的名称、客户机的工作组名、创建共享目录）

2.NFS服务的部署与访问

（1）安装 NFS 服务的相关软件包（RHEL 8 默认已安装）。

（2）将共享目录 /data/share/tools 的所有者修改为 nobody。

（3）编辑、加载、查看 NFS 服务的配置文件 /etc/exports，使得所有用户可读写 /data/share/tools 目录。

（4）启动 NFS 服务并设置开机自动启动。开放防火墙的 nfs、rpc-bind、mountd 服务流量，允许外部主机访问。

（5）在 Linux 客户端访问共享目录。

（6）在 Windows 客户端访问共享目录。

3.部署匿名用户访问的共享目录

（1）编辑 Samba 服务的主配置文件 smb.conf。使得匿名用户可读取 /data/share/public 目录，重新启动 SMB 使配置生效，并设置开机自动启动。

（2）使用 chmod 设置 /data 目录及子目录和文件访问权限，使所有用户能读取。

（3）开启防火墙的 Samba 服务，允许 Samba 流量通过，将 /data/share/public 目录下所有内容的安全上下文修改为 Samba 服务默认策略的安全上下文。

（4）在 Windows/Linux 客户端访问共享目录 /data/share/public。

4.部署认证用户访问的共享目录

（1）使用 groupadd 建立教务处组 gjwc，学生处组 gxsc，然后使用 useradd 命令添加校长用户 rector 及各个员工的用户并加入相应的组。

（2）使用 pdbedit 命令添加与 Linux 系统用户同名的 Samba 用户。

（3）按照表 8-8 规划的配置参数，对各部门的共享目录设置相应的访问权限。

（4）开启 SELinux，为共享目录及其所有文件添加 samba_share_t 标签类型，并使新的安全上下文立即生效。

（5）修改 Samba 主配置文件 smb.conf，添加其对本部门共享目录的访问属性。

（6）在 Windows/Linux 客户端访问共享目录。

项目习作8

一、选择题

1.NFS 系统通过（　　　）进程提供资源共享服务。

　　A.named　　　　　　　B.nfsd　　　　　　　　C.mountd　　　　　　　　D.rpcbind

2. 在 Linux 客户端查看远程 NFS 服务端共享资源的命令是（　　　）。

　　A.showmount　　　　B.mount　　　　　　　C.show　　　　　　　　D.mount show

3.NFS 服务器的主要配置文件是（　　　）。

　　A./etc/rc.d/rc.inet1　　B./etc/rc.d/rc.m　　　C./etc/exports　　　　　D./etc/rc.d/rc.s

4.Samba 服务器的进程由（   ）组成。

    A.winbindd   B.smbd   C.nmbd   D.squid

5. 重启 Samba 的命令是（   ）。

    A.systemctl restart samba   B.systemctl restart smb

    C.systemctl smb restart   D.systemctl start smb

6. 一个完整的 smb.conf 一般由（   ）组成。

    A. 消息头   B. 参数   C. 全局参数   D. 共享设置

7. 在 RHEL 8 下，设置 Samba 用户身份验证方式的参数是（   ）。

    A.workgroup   B.netbios name   C.guest ok   D.security

8. 可以添加 Samba 用户帐号的命令是（   ）。

    A.useradd   B.smbuseradd   C.smbpasswd   D.pdbedit

二、简答题

1.NFS 服务系统中包含了哪些进程？各进程的作用是什么？

2.Samba 服务器的主要功能有哪些？

3. 简述 Samba 服务的工作过程。

项目9
使用DHCP动态分配主机地址

9.1 项目描述

网络中的每台计算机要访问网上资源，都必须进行包括 IP 地址在内的基本网络配置。在德雅职业学校的网络升级改造之前，计算机的 IP 地址、子网掩码、默认网关和 DNS 服务器的 IP 地址等信息，由于采取员工自己手工配置的方式，经常发生 IP 地址冲突、错误配置网关或 DNS 服务器的 IP 地址，导致无法上网，特别是随着校园网内笔记本电脑的不断增多，移动办公的情况越来越多，计算机位置经常变动而不得不频繁修改 IP 地址，使得此类错误越来越多。基于这些问题，学校在本次网络升级改造中，在网络中部署了一台 DHCP 服务器和一台 DHCP 中继代理，以实现校园网内多个子网中的所有客户端的 IP 地址等信息的自动分配。

DHCP 服务器尤其是 DHCP 中继代理可以在路由器、交换机和防火墙等网络设备上配置，也可以在安装 RHEL 8 或 Windows Server 2012/2016/2019 系统的计算机上配置。为了实现 IP 地址的自动分配，网络管理员首先应当对学校的整个网络进行规划，确定网段（子网）的划分以及每个网段可能的主机数量等信息。然后要在网络中的一台或多台计算机上安装 DHCP 服务组件并进行必要的配置。

9.2 项目知识准备

9.2.1 .为何要使用DHCP服务？

DHCP 是 "Dynamic Host Configuration Protocol"（动态主机配置协议）的缩写。DHCP 服务能为网络内的客户端计算机自动分配 TCP/IP 配置信息（如：IP 地址、子网掩码、默认网关和 DNS 服务器地址等）。对于较大规模的网络，手工设置每台计算机的 IP 地址，显然是一件烦琐的事情。DHCP 服务器则能给其他计算机自动分配 IP 地址，有助于防止由于在网络上配置新的计算机时重复使用以前指派的 IP 地址而引起的地址冲突。另外，DHCP 租约续订过程还有助于确保客户端计算机配置需要经常更新的情况（如使用移动或便携式计算机频繁更改位置的用户）下能及时回收 IP 地址以提高 IP 地址的利用率。

9.2.2　DHCP的工作过程

为了实现 IP 地址的自动分配，网络管理员要在网络中的一台或多台计算机上安装 DHCP 服务，由它们提供 IP 地址的自动分配功能，这些计算机被称为"DHCP 服务器"。其他要使用 DHCP 服务功能的计算机被称为"DHCP 客户端"。

DHCP 的工作过程

1.DHCP客户端首次登录网络

当计算机的网络接口（网卡）设置为"自动获得 IP 地址"且启动时，会自动与 DHCP 服务器之间通过以下 4 个阶段来获取一个 IP 地址等网络参数，如图 9-1 所示。

图 9-1　DHCP的工作过程

（1）发现阶段：由于客户端并不知道 DHCP 服务器的地址，所以会用 0.0.0.0 作为源地址，255.255.255.255 作为目标地址，向网络上广播一个 DHCP discover 消息报文，报文中包含了客户端的 MAC 地址（网卡地址）和 NetBIOS 名字。与客户端在同一物理网段上的每一台安装了 TCP/IP 协议的计算机都会收到该广播报文，但只有 DHCP 服务器才会做出响应。

（2）提供阶段：网络中的 DHCP 服务器收到来自客户端的 DHCP discover 报文后，它会从 IP 地址池中挑选一个尚未出租的 IP 地址预分配给 DHCP 客户端，并且在网络上广播一个 DHCP offer 响应报文，该报文包含了客户端的 MAC 地址、服务器所提供的 IP 地址、子网掩码、租用期限，以及 DHCP 服务器本身的 IP 地址。若网络中有多台 DHCP 服务器，则这些 DHCP 服务器都会广播各自的 DHCP offer 报文。

（3）选择阶段：如果客户端收到网络上多台 DHCP 服务器的响应报文，则 DHCP 客户端只接收第一个收到的 DHCP offer 提供的信息，并向网络发送一个 DHCP request 广播报文，以此告诉所有 DHCP 服务器它将选择哪一台 DHCP 服务器提供的 IP 地址。

（4）确认阶段：当 DHCP 服务器收到 DHCP 客户端回答的 DHCP request 请求信息之后，查看报文中服务方的 IP 地址，确认自己是否被选为服务方。若未选中则撤销预分配的 IP 地址等信息，若被选中则发送一个 DHCP ack 报文，该报文包括一个租用期限和客户所请求的所有其他配置信息。客户端收到 DHCP ack 报文后，配置它的 TCP/IP 属性并加入到网络中。

　　提示：当客户端请求的是一个无效的或重复的 IP 地址，它将继续进行尝试，当尝试 4 次后仍然没有成功时，它会为自己从 B 类网段 169.254.0.0 中挑选一个 IP 地址临时分配给自己。此后，客户端会在后台继续每隔 5 分钟发送一个 DHCP discover 信息报文，尝试与 DHCP 服务器进行通信，若联系成功则使用由 DHCP 服务器提供的 IP 地址来更新自己的配置。

2.DHCP客户端重新登录网络

DHCP 客户端成功获得 IP 地址后每次重新登录网络时，就不需要再发送 DHCP discover 发现报文了，而是直接发送包含前一次所分配的 IP 地址的 DHCP request 请求报文。当 DHCP 服务器收到这一报文后，它会尝试让 DHCP 客户端继续使用原来的 IP 地址，并回答一个 DHCP ack 确认报文。如果此 IP 地址已无法再分配给原来的 DHCP 客户端使用时（比如此 IP 地址已分配给其他 DHCP 客户端使用），则 DHCP 服务器给 DHCP 客户端回答一个 DHCP nack 否认报文。当原来的 DHCP 客户端收到此 DHCP nack 否认报文后，它就必须重新发送 DHCP discover 报文来请求新的 IP 地址。

3. 更新IP地址租约

DHCP 服务器向 DHCP 客户端出租的 IP 地址都有一个租借期限，期满后 DHCP 服务器便会收回出租的 IP 地址。如果 DHCP 客户端要延长其 IP 租约，则必须更新其 IP 租约。当 DHCP 客户端的 IP 地址使用时间达到租期的 50% 时，它就会向 DHCP 服务器发送一个新的 DHCP request，若 DHCP 服务器在接收到该报文后没有可拒绝该请求的理由，就会回送一个 DHCP ack 报文，当 DHCP 客户端收到该应答报文后，就重新开始一个租用周期；若 DHCP 服务器一直没有应答，则在租期的 87.5% 时，客户端会与其他的 DHCP 服务器通信，并请求更新其配置信息。若客户端不能与其他 DHCP 服务器取得联系，租期到期后，它会放弃当前的 IP 地址，并重新发送一个 DHCP discover 报文开始上述的 IP 地址获得过程。

Windows 客户端可以通过 "ipconfig /renew" 命令手动更新租约，Linux 客户端可以通过 "dhclient-r; dhclient" 命令手动更新租约。

9.3 项目实施

任务 9-1 安装与运行管理 DHCP 服务

1. 获得DHCP服务的软件包

RHEL 8.4 自带 DHCP 安装软件包，相关文件主要有以下 3 个：

（1）dhcp-server-4.3.6-44.el8.x86_64.rpm：DHCP 主程序包，包括 DHCP 服务和中继代理程序，安装该软件包并进行相应配置，即可以为客户端动态分配 IP 地址及其他网络参数。

（2）dhcp-client-4.3.6-44.el8.x86_64.rpm：DHCP 客户端工具包（默认已安装）。利用该工具包提供的 dhclient 命令，可以在 DHCP 客户端的指定网络接口上，强制释放当前的 IP 地址等参数，或者从 DHCP 服务器申请新的 IP 地址等参数。

（3）dhcp-common-4.3.6-44.el8.noarch.rpm：DHCP 服务器开发工具软件包，为 DHCP 开发提供库文件支持。

2. 检查是否安装DHCP服务

```
[root@RHEL 8-1~]# rpm -qa dhc*
dhcp-libs-4.3.6-44.el8.x86_64
dhcp-client-4.3.6-44.el8.x86_64
dhcp-common-4.3.6-44.el8.noarch
```

由此可见，主程序包文件尚未安装。

3. DHCP服务的安装

在配置好本地光盘 dnf 源的基础上（参见任务 6-2），使用 dnf 命令安装 RHEL 8.4 中 DHCP 主软件包的命令如下：

```
[root@RHEL 8-1~]# dnf -y install dhcp-server
```

4.DHCP服务的运行管理

（1）DHCP 服务的启动、停止、重启、重新加载和状态查询的命令格式如下：

systemctl start|stop|restart|reload|status dhcpd .service

（2）DHCP 服务在系统开机时自动启动或不启动的命令格式如下：

systemctl enable|disable [--now] dhcpd

（3）检查 dhcpd 进程：

ps -ef | grep dhcpd

（4）查看 dhcpd 运行的端口：

ss -nutap | grep dhcpd

任务 9-2 认识 DHCP 的配置文件

1.DHCP服务的配置文件

DHCP 服务的主要配置文件及目录见表 9-1。

表9-1   DHCP服务的主要配置文件及目录

文件（目录）名	作用
/etc/dhcp/dhcpd.conf	主配置文件，可以从 /usr/share/doc/dhcp-4.3.6/dhcpd.conf.sample 复制样本
/etc/sysconfig/dhcpd	DHCP 命令参数配置文件，指定启动 DHCP 服务的网络接口设备
/etc/systemd/system/dhcrelay.service	中继代理服务配置文件，可以从 /lib/systemd/system/dhcrelay.service 复制样本
/var/lib/dhcpd/dhcpd.lease	租约文件，用于记录分配给客户端的 IP 地址、对应的 MAC 地址、租约的起始时间和结束时间等信息，每当发生租约变化时，都会在文件尾添加新的租约记录
/usr/share/doc/dhcp-server/	存放 DHCP 说明文档及样本文件的目录

2.DHCP服务的主配置文件——/etc/dhcp/dhcpd.conf

当 DHCP 主程序包安装后，在 /etc/dhcp 目录下会建立一个不包含任何有效配置的 dhcpd. conf 主配置文件，其文件内容显示如下：

[root@RHEL 8-1~]# **cat /etc/dhcp/dhcpd.conf**

DHCP Server Configuration file.

see /usr/share/doc/dhcp-server/dhcpd.conf.example

see dhcpd.conf (5) man page

根据上述文件中的提示，系统提供了该文件的模板文件是 /usr/share/doc/dhcp-server/dhcpd. conf.example，为此可复制该文件作为主配置文件的样本，其操作如下：

```
[root@RHEL 8-1~]# cp -p /usr/share/doc/dhcp-server/dhcpd.conf.example /etc/dhcp/dhcpd.conf
cp：是否覆盖 "/etc/dhcp/dhcpd.conf"? y
```

DHCP 主配置文件 /etc/dhcp/dhcpd.conf 的结构如下：

```
参数 / 选项；……                                      // 作用范围是整个 DHCP 服务器
声明 1{
        参数 / 选项；……                              // 这些 "参数 / 选项" 局部有效
}
声明 2{
        参数 / 选项；……
}
……
```

主配置文件分为两个部分，即全局配置信息和子网配置信息。通常包括参数、选项、声明三种类型的配置项。

（1）参数：由配置关键字和对应的值组成，多用来表明 DHCP 服务如何执行任务，以及是否要执行任务或将哪些网络配置选项发送给客户端。主要的参数及功能见表 9-2。

表9-2   dhcpd.conf配置文件中的参数

参数	功能
default-lease-time 数字；	指定默认租约时间长度，默认单位为秒
max-lease-time 数字；	指定最大租约时间长度，默认单位为秒
ddns-update-style 类型；	定义所支持的 DNS 动态更新类型（必选），其中 "类型" 可取 none/interim/ad-hoc，分别表示不支持动态更新 / 互动更新模式 / 特殊 DNS 更新模式
authoritative；	指定当一个客户端试图获得一个不是该 DHCP 服务器分配的 IP 信息，DHCP 将发送一个拒绝消息，而不会等待请求超时。当请求被拒绝，客户端会重新向当前 DHCP 发送 IP 请求获得新地址
log-facility local7；	指定 DHCP 服务器发送的日志信息的日志级别为 local7
hardware 网卡接口类型 MAC 地址；	指定网卡接口类型和 MAC 地址，常用类型为以太网（ethernet）
fixed-address ip 地址；	分配给 DHCP 客户端一个固定的 IP 地址，该选项只能用于 host 声明中
server-name 主机名；	通知 DHCP 客户端，以告知服务器的主机名

（2）选项：由 option 引导，一般用于指定分配给客户端的配置参数，主要选项及功能见表 9-3。

表9-3   dhcpd.conf配置文件中的选项

选项	功能
option domain-name "域名"；	为客户端指定所使用的 DNS 域名的后缀名
option domain-name-servers ip 地址 [, ip 地址 , ...]；	为客户端指定所使用的 DNS 服务器的 IP 地址
option routers ip 地址 [, ip 地址 , ...]；	为客户端指定默认网关
option subnet-mask 子网掩码；	为客户端指定子网掩码

选项	功能
option broadcast-address 广播地址；	为客户端指定广播地址
option ntp-server ip 地址；	为客户端指定网络时间服务器的 IP 地址
option netbios-node-type 节点类型；	为客户端指定节点类型
option host-name " 主机名 "；	为客户端指定主机名，若客户端是 Windows 系统，不要指定该项

（3）声明：用来描述网络布局、提供客户的 IP 地址等。 主要声明项见表 9-4。

表9-4 dhcpd.conf配置文件中的声明

声明	功能
subnet 网络号 netmask 子网掩码 { 选项 / 参数；...}	定义作用域（或 IP 子网）
host 主机名 { 选项 / 参数；...}	为特定的主机提供网络参数，通常放在 subnet 内
class " 类名 " { 选项 / 参数；...}	定义一个类（如：类名为"foo"），用于需要根据不同情况获得不同地址的客户端
pool { 选项 / 参数；...}	定义一个池，用于对同一子网或同一类设备通过定义不同的池进行分割或分类，以便对相同的参数设置不同的值
shared-network 名称 { 选项 / 参数；...}	定义超级作用域，设置同一个物理网络可以使用不同子网的 IP 地址，通常用于包含多个 subnet 声明
range [dynamic-bootp] 起始 IP 终止 IP；	提供动态分配 IP 地址的起止范围，一个 subnet 中可以有多个 range，但多个 range 所定义 IP 范围不能重复，其中 dynamic-bootp 通常为无盘站分配 IP 地址时使用
group { 选项 / 参数；...}	为一组参数提供声明

任务 9-3　为单个子网自动分配 IP 地址

【例 9-1】为德雅职业学校其中一个机房架设一台 DHCP 服务器，其配置要求为：动态分配的 IP 地址的范围为 192.168.1.20 ～ 192.168.1.100，子网掩码为 255.255.255.0，默认网关为 192.168.1.254，客户端使用的 DNS 服务器的 IP 地址为 8.8.8.8，所在的域名为 dyzx.edu，并为其中的一台教师机保留 192.168.1.64 地址。

配置步骤如下：

步骤 1：配置 DHCP 服务器自身的 IP 地址等网络参数→安装 DHCP 服务器软件包。

步骤 2：修改 DHCP 服务器的主配置文件 /etc/dhcp/dhcpd.conf →启动 DHCP 服务。

```
[root@RHEL 8-1~]# vim /etc/dhcp/dhcpd.conf
option domain-name           "dyzx.edu";                    // 全局参数设置段
option domain-name-servers   8.8.8.8;
default-lease-time 600;
max-lease-time 7200;
subnet 192.168.1.0 netmask 255.255.255.0 {                  // 子网 1 设置段
```

```
        range 192.168.1.20 192.168.1.100;
        option routers 192.168.1.254;
    }
    host teacher {                                      // 保留地址设置段
        hardware ethernet 00:0C:29:A3:D6:F7;
        fixed-address 192.168.1.64;
    }
    : wq                                                // 保存退出
    [root@RHEL 8-1~]# dhcpd -t                          // 检查语法有无错误
    [root@RHEL 8-1~]# systemctl enable --now dhcpd.service   // 设置开机自动启动且立即启动
    [root@RHEL 8-1~]# firewall-cmd --permanent --add-service=dhcp // 设置防火墙开放 DHCP 服务
    [root@RHEL 8-1~]# firewall-cmd --reload
```

提示：在启动 dhcpd 服务之前，应确认 DHCP 服务器的网络接口具有静态指定的 IP 地址，且至少有一个网络接口的 IP 地址与 DHCP 服务器主配置文件中的一个 subnet 网段相同。

步骤 3：Linux 客户端配置与测试。编辑客户端的网卡配置文件，将网卡获取 IP 地址的方式改为 dhcp →重启网络服务→查看客户端是否获取了 IP 地址等网络参数。

```
    [root@client ~]# vim /etc/sysconfig/network-scripts/ifcfg-ens160
    DEVICE= ens160
    ONBOOT=yes
    BOOTPROTO=dhcp                                      // 将网卡获取 IP 地址的方式修改为 "dhcp"
    ……
    : wq                                                // 保存退出
    [root@client ~]# nmcli con reload                   // 重新载入网络配置文件
    [root@client ~]# nmcli con up ens160                // 激活网卡，使配置生效
    [root@client ~]# dhclient -r; dhclient; ip addr     // 先释放 IP 地址，后获取 IP 地址，再查看
```

提示：虚拟机软件 VMware 默认开启了虚拟机 DHCP 服务，必须关闭后再进行 DHCP 实验。

步骤 4：在服务器端使用 cat 命令查看租约文件 dhcpd.leases，了解租用情况。

```
    [root@RHEL 8-1~]# cat /var/lib/dhcpd/dhcpd.leases
```

任务 9-4　使用 DHCP 中继代理为多个子网分配 IP 地址

1.DHCP中继代理的意义

由于 DHCP 客户端与 DHCP 服务器之间是通过广播包的通信方式，来寻找对方并获得 IP 地址等网络参数的，当服务器和客户端处在不同网段时，必须通过路由器或具有路由功能的三层交换机实现连接，但广播包是不能直接穿过路由器或三层交换机的（路由器 / 三层交换机不能转

发广播包）。因此，当 DHCP 客户端与 DHCP 服务器之间有路由器时，无法完成 IP 地址的申请和获取。其解决问题的方法有以下三种：

●在每个子网中分别部署一台 DHCP 服务器，让服务器为各自子网中的客户端分配 IP 地址等网络参数。此方法管理分散且投入成本较大，在实际中很少采用。

●在网络中部署一台 DHCP 服务器，在路由器的每个子网接口或三层交换机的每个 VLAN端口启动 DHCP 中继代理功能。此方法在实际工作中被广泛使用。

●在网络中部署一台 DHCP 服务器，在每个子网的 Linux/Windows Server 主机中部署一台DHCP 中继代理服务器。此方法管理集中但投入成本较大，实际很少采用。不过，以下还是以该方法为例，介绍使用 RHEL 8 主机搭建 DHCP 中继代理的方法。

2. 使用Linux主机配置DHCP中继代理

【例 9-2】德雅职业学校有 300 台实训用计算机，分布在两个机房。构建 DHCP 服务器、DHCP 中继代理，为两个机房的计算机提供动态地址分配服务。其中，默认租约时间 21 600 秒，最大租约时间 43 200 秒，客户端使用的 DNS 服务器地址为 222.246.129.80 和 8.8.8.8。IP 地址范围分别为 192.168.1.10 ~ 192.168.1.160 和 192.168.2.20 ~ 192.168.2.170，子网 1 和子网 2的默认网关分别为 192.168.1.254、192.168.2.1，如图 9-2 所示。

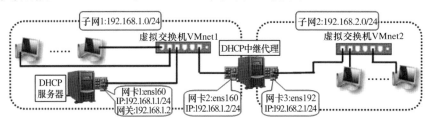

图9-2　使用DHCP中继代理为两个子网分配网络参数

配置步骤如下：

步骤 1：在 DHCP 服务器上修改 dhcpd.conf 文件，建立两个不同子网的作用域。

```
[root@RHEL 8-1~]# vim /etc/dhcp/dhcpd.conf
ddns-update-style interim;
ignore client-updates;
option domain-name     "dyzx.edu";
default-lease-time 21600;
max-lease-time 43200;
option domain-name-servers   222.246.129.80,8.8.8.8;
subnet 192.168.1.0 netmask 255.255.255.0 {     //定义作用域 1
  range 192.168.1.10 192.168.1.160;
  option routers 192.168.1.254;
}
subnet 192.168.2.0 netmask 255.255.255.0 {                //定义作用域 2
  range  192.168.2.20 192.168.2.170;
  option routers 192.168.2.1;
}
host teacher {                                         //保留地址设置段
```

```
    hardware  ethernet  00:0C:29:A3:D6:F7;
    fixed-address  192.168.1.64;
}
[root@RHEL 8-1~]# systemctl  restart  dhcpd
```

步骤 2：在 DHCP 中继代理计算机上添加第二块网卡，并按照图 9-2 所示配置各主机的网络参数（注意：DHCP 服务器的网关地址一定要指向 DHCP 中继代理主机的 IP 地址）。

```
[root@relay ~]# nmcli  con  add  con-name ens192 ifname ens192 type ethernet ip4 192.168.2.1/24
成功添加的连接 'ens192' (b926e70b-07c6-4934-b020-9f95a1777f4e）。
[root@relay ~]# nmcli  con  reload          // 重新载入网络配置文件
[root@relay ~]# nmcli  con  up  ens192      // 激活连接使修改后的网卡配置立即生效
```

步骤 3：在 DHCP 中继代理服务器上配置好本地光盘 dnf 源 (参见任务 6-2)→使用 dnf 命令安装 DHCP 的中继程序包。

```
[root@relay ~]# dnf  -y  install  dhcp-relay
```

步骤 4：开启 DHCP 中继代理服务器的 IP 转发功能，并使修改后的配置立即生效。

```
[root@relay ~]# vim  /etc/sysctl.conf
……                                         // 省略若干行
net.ipv4.ip_forward = 1                      // 在文件末尾添加此行
: wq                                         // 保存退出
[root@relay ~] # sysctl  -p                  // 使修改后的配置生效
```

步骤 5：在 DHCP 中继代理计算机上复制中继代理配置文件到指定的目录→编辑配置文件 dhcrelay.service，在 [Service] 部分的 ExecStart 配置行指派 DHCP 服务器的 IP 地址以及侦听 DHCP 请求的网络接口。

```
[root@relay ~]# cp  /lib/systemd/system/dhcrelay.service  /etc/systemd/system/
[root@relay ~]# vim  /etc/systemd/system/dhcrelay.service
[Unit]
Description=DHCP Relay Agent Daemon
Documentation=man: dhcrelay (8)
Wants=network-online.target
After=network-online.target
[Service]
Type=notify
ExecStart=/usr/sbin/dhcrelay -d --no-pid 192.168.1.1 -i ens160 -i ens192    // 修改此行
StandardError = null
[Install]
```

WantedBy=multi-user.target

: wq   // 保存退出

提示：若省略 ExecStart 选项后的 "-i ens160 -i ens192"，则表示侦听本机上的所有网络接口。

步骤 6：重新载入 systemd，扫描新的或有变动的单元→设置 DHCP 中继代理服务在开机时自动启动并立即启动。

```
[root@relay ~]# systemctl --system daemon-reload
[root@relay ~]# systemctl enable --now dhcrelay
```

步骤 7：测试。

先将 Windows 客户端的网卡连入虚拟交换机 VMnet1（让客户端处于子网 1 中）后执行以下过程：Windows 客户端【以太网】或【Ethernet0】属性设置为 "自动获得 IP 地址" 和 "自动获得 DNS 服务器地址"→单击【确定】按钮→同时按下【Windows 徽标 +R】组合键→在打开的【运行】对话框中输入 "cmd"→单击【确定】按钮→打开【命令提示符】窗口，使用 "ipconfig /release" 命令释放 IP 地址；使用 "ipconfig /renew" 命令更新 IP 地址租约；使用 "ipconfig /all" 命令查看本机是否获得子网 1（192.168.1.0/24）的 IP 地址、子网掩码、默认网关、DNS 服务器的 IP 地址等信息。

再将客户端的网卡连入虚拟交换机 VMnet2（子网 2），重复上述过程，检查本机是否获得子网 2（192.168.2.0/24）的 IP 地址、子网掩码、默认网关、DNS 服务器的 IP 地址等信息。

 项目实训9　安装与配置DHCP服务器

【实训目的】

会安装 DHCP 服务软件包；会配置单一子网的 DHCP 服务器，会架设 DHCP 中继代理，实现多子网的 DHCP 服务；会配置 DHCP 客户端并在其上测试 DHCP 服务器的配置效果。

【实训环境】

一人一台 Windows 10 物理机，2 台 RHEL 8/CentOS 8 虚拟机，1 台 Windows 10 虚拟机，rhel- 8.4-x 86_64-dvd.iso 或 CentOS- 8.4.2105-x 86_64-dvd 1.iso 安装包。虚拟机网卡分别连接至 VMnet1 和 VMnet2 虚拟交换机。

【实训拓扑】（图 9-3）

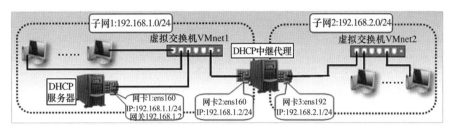

图9-3　实训拓扑图

【实训内容】

1. 正确安装虚拟机网卡并配置IP地址等网络参数

按照图 9-3 所示要求，为 DHCP 服务器、DHCP 中继服务器正确安装虚拟机网卡并配置各网络接口的 IP 地址等网络参数。

2. 安装与配置DHCP服务器

（1）确定 DHCP 服务器的主机上是否安装了 DHCP 服务器软件包。

（2）复制样本文件 "/usr/share/doc/dhcp-4.3.6/dhcpd.conf.sample" 为 "/etc/dhcp/dhcpd.conf"，构建能够为 192.168.1.0/24、192.168.2.0/24 两个子网中的客户端自动分配 IP 地址、DNS 服务器地址 222.246.129.80 和网关、最大租约期限为 6 天。

（3）启动 dhcpd 服务并设置 DHCP 服务开机自动启动。

3. 安装与配置DHCP中继代理服务器

（1）确定 DHCP 中继代理服务器上是否安装了 DHCP 服务器软件包。

（2）编辑 /etc/sysconfig/dhcrelay 文件，设置允许 DHCP 中继代理的网络接口及 DHCP 服务器的 IP 地址。

（3）启动 dhcrelay 服务并设置开机自动启动。

（4）开启 IP 转发功能。

4. 在客户端测试DHCP服务器

（1）修改测试客户端的虚拟机网卡的连接方式，分别使用 VMnet1、VMnet2 模拟两个子网的客户端进行测试。

（2）若是 RHEL 8 客户端，则执行 "dhclient ens160" 获取 IP 地址等网络参数；若是 Windows 客户端，则将其 IP 地址设置为 "自动获得 IP 地址"，并在 "命令提示符" 下输入命令 "ipconfig /release" 释放租约、使用 "ipconfig /renew" 命令重新获得地址、使用 "ipconfig /all" 命令查看客户端能否获得 IP 地址等网络参数。

（3）用 "ipconfig /all" 查看 Windows 客户端或用 "ip addr" 查看 RHEL 8 客户端的 MAC 地址，修改 DHCP 服务器的配置，为子网 1（192.168.1.0/24）上的某客户端分配固定 IP 地址 192.168.1.64。

项目习作9

一、选择题

1. 在 TCP/IP 协议中，用来实现 IP 地址等网络参数自动分配的协议是（   ）。

    A.ARP   B.NFS   C.DIICP   D.DDNS

2. 对 DHCP 服务器的配置，以下描述中错误的是（   ）。

    A. 启动 DHCP 服务器的命令是：systemctl start dhcpd

    B. 对 DHCP 服务器的配置，均可通过 /etc/dhcp/dhcp.conf 配置文件来实现

    C. 使用 option routers 配置项来指定默认网关

    D.DNS 的地址通常可放在全局设置中来定义，其配置项是 option domain-name

3. dhcpd 的配置文件中关闭 DNS 动态更新选项是（   ）。

    A.ddns-update-style none   B.ddns-update-style ad-hoc

    C.ddns-update-style closed   D.update-dns close

4. 在 RHEL 8 中，DHCP 的租约文件 dhcpd.lease 默认保存在（   ）目录下。

    A./etc/dhcpd   B./var/log/dhcpd   C./var/lib/dhcp   D./var/lib/dhcpd

5. DHCP 服务器能为客户端提供的网络参数有（   ）。

    A.IP 地址   B. 子网掩码

    C. 默认网关   D.DNS 服务器的 IP 地址

6. 下列（   ）参数用于定义 DHCP 服务地址池。

    A.host   B.range   C.Ignore   D.subnet

7. 为网络中主机创建保留 IP 地址，主要是将 IP 地址绑定该主机的（   ）地址。

    A.IP   B.MAC   C. 名称   D. 网卡

8. （   ）命令可以手动释放 Linux 系统的 DHCP 客户端的 IP 地址。

    A.ipconfig /release   B.dhclient   C.ipconfig /renew   D.dhclient -r

二、简答题

1. DHCP 服务器的作用是什么？

2. 简述 DHCP 分配地址的工作过程。

3. DHCP 服务器默认的租期为多长时间？如何查看哪些 IP 地址被租用？

项目10 使用Unbound 实现域名解析

10.1 项目描述

　　根据互联网在线数据统计网（地址：www.internetlivestats.com）的统计，全球网站数量已经超过 10 亿，人们在浏览这些网站时，通常是使用由点"."隔开的字母或数字组成的所谓"域名"去访问的。比如：用户可以使用"www.baidu.com"去访问百度网站。域名虽然便于人们记忆，但网络中的设备之间仍然需要知道对方的 IP 地址才能进行通信。既然如此，人们为何又能通过域名完成计算机之间的访问呢？答案是：在网络中有一个系统将人们输入的域名转换为对应的 IP 地址，而完成这种转换的设备便是 DNS 服务器。DNS 服务器是网络的基础设施，电信机构（如中国电信、中国联通）架设了大量的 DNS 服务器供人们使用。

　　在德雅职业学校的校园网中，已经搭建了网页浏览、文件传输、电子邮件等多种服务功能的多台服务器，为了方便校园网内的用户及 Internet 上的广大用户能通过域名访问这些服务器，有必要为校园网内的每台服务器或每种服务功能配置各自不同的域名，这样，校园网内外计算机之间便可通过域名间接地相互通信。要实现以上需求，学校网络管理员必须完成两件事：其一，向授权的 DNS 域名注册颁发机构申请并注册一个合法的二级域名（如："dyzx.edu"）；其二，为了加快域名解析的速度和减少出口带宽的流量，在校园网内至少搭建一台 DNS 服务器，以实现域名与 IP 地址的相互转换。

10.2 项目知识准备

10.2.1 DNS服务及域名空间

　　DNS 是域名系统（Domain Name System）或者域名服务（Domain Name Service）的缩写，DNS 的主要功能是将域名转换为网络可以识别的 IP 地址，DNS 的这种功能很像手机中的电话本：你不记得对方的电话号码，你可打开手机中的电话本，搜索对方的姓名，只要事先保存了对方的号码，你就能通过电话本的姓名获得其电话号码，进而实现通话。DNS 起着类似的作用：你不知道某个网站的 IP 地址，但你知道该网站的域名，只要该域名已经注册，通过 DNS 查询，就能查到相应的 IP 地址，这种将域名转换为 IP 地址的服务功能称为域名解析。DNS 服务器是指保存有网络中计算机的域名和对应 IP 地址，并能将域名与 IP 地址实现相互转换的服务器。

在 Internet 上，有数以亿计主机的域名，为便于对这些域名进行管理，保证其命名的唯一性，域名的名称采用了层次型的命名规则。由所有域名组成的树状结构的逻辑空间称为域名空间，如图 10-1 所示。

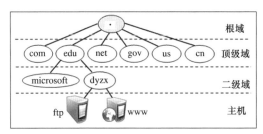

图10-1　域名空间的层次结构

在域名空间中，最上层也是最大的域（空间）称为根域，其名称用"."表示，Internet 上所有计算机的域名都无一例外地放置在这个根域下。

为了对根域中的计算机名称进行管理，将根域分割成若干个子空间（子域），例如：com、edu、net 等，这些子域被称为"顶级域"。顶级域的完整域名规定由自己的域名与根域的名字组合而成。例如：如果一个顶级域的域名为"edu"，那么它的完整域名为"edu."。通常，顶级域的域名具有不同的含义。例如："com"代表商业性的公司、"edu"代表教育组织或大学、"gov"代表政府机构、"net"代表各种网络公司或组织、"cn"代表中国等。

为了进一步对顶级域中的计算机名称进行管理，在顶级域内继续分割了若干个子域，这些子域被称为"二级域"。例如：在"edu"的下面继续分割了"microsoft""dyzx"等子域。二级域的完整域名规定由自己的域名与上一级域的域名组合而成，用"."隔开。例如：如果一个二级域的域名为"dyzx"，它的上一级域的域名为"edu."，那么它的完整域名为"dyzx.edu."。通常，二级域是供公司和组织来申请、注册使用的，例如："microsoft.com"是由微软公司注册的。

在域中最底层放置的是计算机名称，称为"主机名"。例如：www、ftp 等。由于在多个域中可能存在着相同的主机名。因此，为了保证计算机名称的唯一性，便把计算机的主机名与其所在域的完整域名组合在一起（用"."隔开）从而构成在整个域名空间中唯一确定的计算机名称，这个计算机名称被称为完全合格域名（FQDN，Fully Qualified Domain Name）。用户在互联网上访问 Web、FTP、Mail 等服务时，通常使用的就是 FQDN。

提示：①任何完全合格域名都带有根域的名称"."，但是一般可以省略。在二级域下，还可以依据组织机构的规模按照不同的部门创建三级域甚至四级子域。

②每个完全合格域名（FQDN）最多 255 个字符。

10.2.2　DNS域名解析的过程

域名解析的过程实际上就是一个查询和响应的过程。下面以查询"www.dyzx.edu"为例介绍域名解析的过程如下：

DNS 域名解析过程

（1）当在客户端的浏览器地址栏输入"www.dyzx.edu"域名后，客户端自动产生一个查询并将查询传给本机的缓存进行解析，若查询信息可以被解析则完成查询。客户端 DNS 缓存来源于本机的 hosts 文件，在客户端启动时，hosts 文件中的名称与 IP 地址映射信息将被加载到缓存中。

（2）如果在客户端的缓存内无法获得查询结果，客户端会将查询请求发送给自己所指向的本地 DNS 服务器（你必须预先配置 DNS 客户端所使用的 DNS 服务器）。本地 DNS 服务器收到请求后，就先查询本地的缓存，如果有该记录项，则本地 DNS 服务器就直接把查询的结果返回给客户端。如果本地的缓存没有，就在本地 DNS 服务器管理的区域记录中查找，如果找到相应的记录则查询过程结束。

（3）如果在本地 DNS 服务器中仍无法查找到答案，则根据本地 DNS 服务器中是否设置了转发地址，其解析过程有以下两种不同的查询轨迹：

●未设转发地址：本地 DNS 服务器将查询请求发至根域名 DNS，根域名 DNS 收到请求后会判断这个".edu"域名是由谁来授权管理，并将".edu"域名 DNS 的 IP 地址返回给本地 DNS 服务器，本地 DNS 服务器将联系".edu"域名 DNS。".edu"域名 DNS 收到请求后，如果自己无法解析，它会将"dyzx.edu"域名 DNS 的地址返回给本地 DNS 服务器。当本地 DNS 服务器收到该地址后，就会找"dyzx.edu"域名 DNS 继续查询，直至找到存有"www.dyzx.edu"的 DNS，并由该 DNS 将"www.dyzx.edu"的 IP 地址返回给本地 DNS 服务器，如图 10-2 所示。

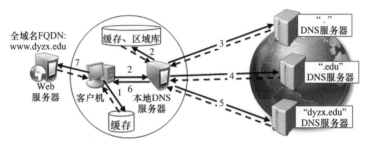

图10-2　DNS域名解析过程

●已设转发地址：本地 DNS 服务器将查询请求转发至上一级 DNS 服务器，由上一级 DNS 服务器进行解析，当上一级 DNS 服务器不能解析时，或找根域名 DNS 或把请求转至再上一级的 DNS，以此循环，直至最后将结果返回给本地 DNS 服务器。

（4）本地 DNS 服务器将"www.dyzx.edu"的 IP 地址发送给客户端。

（5）客户端在数据包中封装目标主机的 IP 地址，从而实现与域名为"www.dyzx.edu"的目标主机进行通信。

10.2.3　DNS的查询方式与解析类型

从以上域名解析过程可归纳出两种查询方式：递归查询和迭代查询。

●递归查询：DNS 服务器接收到查询请求时，要么做出查询成功的响应，要么做出查询失败的响应。在图 10-2 中，步骤（2）中客户端与本地 DNS 服务器之间的查询关系就属于递归查询。

●迭代查询：DNS 服务器接收到查询请求后，若该服务器中不包含所需查询记录，它会告诉请求者另一台 DNS 服务器的 IP 地址，使请求者转向另一台 DNS 服务器继续查询，以此类推，直至查到所需记录为止，否则由最后一台 DNS 服务器通知请求者查询失败。在图 10-2 中，步骤（3）至（5）中本地 DNS 服务器与其他 DNS 服务器之间的查询则属于迭代查询（反复查询）。

按照查询内容的不同，DNS 服务器支持两种查询类型：正向查询和反向查询。

●正向查询（正向解析）：由域名查找 IP 地址。

●反向查询（反向解析）：由 IP 地址查找域名。一般不常用，只用于一些特殊场合，如：反垃圾邮件的验证。

10.2.4　DNS服务器的类型与hosts文件

在互联网中分布了成千上万的 DNS 服务器，每一台 DNS 服务器都只负责一个有限范围（一个或几个域）内的域名和 IP 地址之间的解析。只要是合法注册的域名，总能在互联网中的某个 DNS 服务器中获得解析。根据 DNS 服务器的地位身份的不同，DNS 服务器有授权 DNS 服务器、纯缓存 DNS 服务器和递归 DNS 服务器等三种类型。

1.授权DNS服务器

授权 DNS 服务器是指对于某个或者多个区域具有授权的服务器，授权服务器保存着其所拥有授权的区域内的原始域名资源记录信息。授权服务器通常不直接向用户提供解析服务，主要负责维护和保存它所拥有授权的区域内的资源记录信息，并且接受递归服务器的查询请求。授权 DNS 服务器又分为以下两种：

● 主授权服务器：是被配置成区域内数据发布源的授权服务器。通常主授权服务器不对外提供服务，只用于保存授权服务器数据以及实现与辅授权服务器数据的主辅更新。

● 辅授权服务器：是通过传送协议从主授权服务器中获取（复制）区域数据的授权服务器。一个区域内可以没有辅授权 DNS，也可以有多台辅授权 DNS。

2.纯缓存DNS服务器

纯缓存 DNS 服务器自身没有包含资源记录的区域文件，当纯缓存 DNS 服务器接收到 DNS 客户端的解析请求时，会将请求转发到指定的递归服务器进行查询，在获得解析结果并返回给 DNS 客户端的同时，会将解析结果保存在自己的缓存区内。当下一次接收到相同的解析请求时，纯缓存 DNS 服务器就直接从缓冲区内获得结果并返回给 DNS 客户端，而不必将请求再转发给指定的递归 DNS 服务器。纯缓存 DNS 服务器特别适合在局域网内部进行部署，这样既可提高域名解析的响应速度，又可节省访问互联网的出口带宽。

3.递归DNS服务器

递归 DNS 服务器是指负责接收纯缓存 DNS 服务器发送的查询请求，然后通过向各级授权服务器发出查询请求获得需要的查询结果，最后返回给纯缓存 DNS 服务器的解析器。递归 DNS 服务器不会维护或者管理任何域的资源记录数据，它只负责接收缓存服务器的查询，并且通过查找缓存或者向包括根域在内的授权 DNS 服务器发出查询从而获得查询结果。通常递归 DNS 服务器只接受缓存服务器的递归查询请求，不对普通用户提供 DNS 查询服务。

4.hosts文件

hosts 文件是 Linux 或 Windows 系统中负责 IP 地址与域名快速解析的一个文件，其中，Linux 系统保存在 /etc 目录下，Windows 系统保存在 %SystemRoot%\system32\drivers\etc 目录下。用户可以将最常用的域名与 IP 地址对应关系加入 hosts 文件，系统启动时，hosts 文件中的域名与 IP 地址的解析记录将被加载到缓存中，以提供域名与 IP 地址的快速解析。hosts 文件的格式如下：

　　IP 地址　　域名1/ 主机名 1　　[域名2/ 主机名 2] ...

10.2.5　DNS资源记录及其种类

资源记录是 DNS 区域中用于指定某个特定名称或对象的信息条目。一个资源记录包含 5 个字段，并按以下格式组织：

Owner-name	TTL	class	type	data
www.dyzx.edu	500	IN	A	192.168.1.3

资源记录各字段的数据内容及含义见表 10-1。

表10-1　　　　　　　　　　　　　　**DNS资源记录的字段**

字段名称	内容
Owner-name	资源记录的名称，被解析对象的名称
TTL	资源记录的生存时间（秒），即在 DNS 服务器中缓存该资源记录的时间长度
class	资源记录所属的类，如 "IN" 表示标准 DNS 的 Internet 类
type	资源记录的类型，如 SOA 记录、NS 记录、A 记录、AAAA 记录等
data	资源记录存储的数据，不同的资源记录类型有不同的存储数据

根据其资源记录的作用不同，DNS 有以下常用资源记录类型：

① SOA 记录——起始授权（Start Of Authority）记录，每个区域都有一条 SOA 记录，用于指定本区域内负责解析的 DNS 服务器中哪个是主授权服务器，以及管理区域的负责人的邮箱地址和主、辅授权 DNS 服务器之间实现数据同步的控制参数，见表 10-2。

表10-2　　　　　　　　　**主、辅授权DNS服务器进行数据同步的控制参数**

参数	作用
主授权主机名（Mname）	名称服务器的主机名，该名称服务器是区域内资源记录信息的原始来源
邮箱地址（Rname）	负责本区域内管理者的电子邮箱地址，该地址中的 "@" 改为 "." 表示
序列号（Serial number）	每次修改区域记录时，都会增加序列号的值，它是辅授权 DNS 服务器更新数据的依据
刷新时间（Refresh）	辅授权 DNS 服务器根据此时间间隔周期性地检查主授权 DNS 服务器的序列号是否改变，若有改变则更新自己的区域记录（以秒为单位）
重试延时（Retry）	当辅授权 DNS 服务器因与主授权 DNS 服务器无法连通而导致更新区域记录信息失败后，要等待多长时间会再次请求刷新区域记录（以秒为单位）
失效时间（Expire）	若辅授权 DNS 服务器超过该时间仍无法与主授权 DNS 服务器连通，则不再尝试，且辅授权 DNS 服务器不再响应客户端要求域名解析的请求（以秒为单位）
无效缓存时间（Minimum）	无效解析记录（查找名称且名称不存在的资源记录）在缓存中持续的时间（以秒为单位）

② NS 记录——域名服务器（Name Server）记录，用于将域名映射到区域内的授权 DNS 服务器。区域内每个公开的主、辅授权 DNS 服务器都有一条 NS 记录。

③ A 记录——也称正向解析记录，用于说明一个域名对应的 IPv4 地址是什么。

④ AAAA 记录——用于说明一个域名对应的 IPv6 地址，即将域名映射到 IPv6 地址。

⑤ CNAME 记录——别名（Canonical Name）记录，用于给主机设置另外一个新域名，该记录是新域名到原域名的映射。此前的原域名应设置过相应的 A 记录或 AAAA 记录。

⑥ PTR 记录——也称指针记录或反向解析记录，用于将 IP 地址逆向映射到域名。

⑦ MX 记录——邮件交换（Mail Exchange）记录，用于将属于该区域的邮件域（邮箱地址 @ 后面的字符串）映射到邮件服务器的域名。

⑧ SRV 记录——用于查找支持"Windows 域"服务的特定主机。

10.3 项目实施

任务 10-1 安装与运行管理 Unbound 服务器

1. 获得Unbound软件包

RHEL 8.4 自带了 Bind 和 Unbound 两种 DNS 服务包，Unbound 是红帽公司推荐使用的 DNS 服务器。目前，虽然 Bind 在全球拥有最多的用户，但这个老牌产品是针对简单网络设计的，随着网络的迅速发展，Bind 系统已经越来越不适应在如今复杂的大规模网络环境下提供 DNS 服务了。Unbound 是 FreeBSD（如 UNIX）操作系统下的默认 DNS 服务器软件，它是一个功能强大、安全性高、跨平台（如 UNIX、Linux、Windows）、易于配置，以及支持验证、递归（转发）、缓存等功能的 DNS 服务软件，其主要安装文件有：

（1）unbound-1.7.3-15.el8.x86_64.rpm：DNS 的主程序包。

（2）unbound-libs-1.7.3-15.el8.x86_64.rpm：进行域名解析必备的库文件。

2. 检查是否已安装Unbound软件包

```
[root@RHEL 8-1~]# rpm -qa unbound*
unbound-libs-1.7.3-15.el8.x86_64
```

由此可见，系统默认未安装主程序包文件，需用户手动安装。

3. 安装Unbound软件包

在配置好本地光盘 dnf 源的基础上（参见任务 6-2），使用 dnf 命令安装 Unbound 软件包的命令如下：

```
[root@RHEL 8-1~]# dnf -y install unbound
```

4. Unbound服务的运行管理

（1）Unbound 服务的启动、停止、重启、重新加载和状态查询的命令格式如下：

```
systemctl start|stop|restart|reload|status unbound.service
```

（2）Unbound 服务在系统开机时自动启动或不启动的命令格式如下：

```
systemctl enable|disable [--now] unbound.service
```

（3）检查 Unbound 进程

```
ps -ef | grep unbound
```

（4）查看 Unbound 服务启动后侦听的端口

```
ss -tunap | grep unbound
```

任务 10-2　配置授权 DNS 服务器

使用 Unbound 软件部署 DNS 服务器时，相关的配置文件及目录见表 10-3。

表10-3 **Unbound相关配置文件及目录**

位置及名称	作用
/etc/unbound/unbound.conf	主（全局）配置文件
/etc/unbound/local.d/ /etc/unbound/conf.d/	子配置文件所在目录，其中，/etc/unbound/local.d/ 用于存放自定义主配置信息， /etc/unbound/conf.d/ 用于存放自定义主机资源信息，配置文件的扩展名均为 *.conf
/etc/hosts	用于指定 IP 地址与主机名的映射关系
/etc/resolv.conf	为 Linux 客户端指定 DNS 服务器的 IP 地址的配置文件
/etc/nsswitch.conf	/etc/nsswitch.conf 文件的第 39 行 "hosts:　files dns" 规定了一台主机解析的顺序， 首先找的是本地文件 /etc/hosts，然后是 DNS

【例 10-1】为德雅职业学校搭建一台授权 DNS 服务器，该服务器能访问互联网中其他 DNS 服务器，能解析校园网内搭建的所有服务器的域名，并通过配置转发地址使校园网内的用户使用域名访问校园网内外的服务器，网络连接方式如图 10-3 所示，参数配置见表 10-4。

图10-3　授权DNS服务器

表10-4 **校园网中的服务器参数**

服务器	完全合格域名	IP 地址
授权 DNS 服务器	dns1.dyzx.edu	192.168.8.1
纯缓存 DNS 服务器	dns2.dyzx.edu	192.168.8.2
Web 服务器	www.dyzx.edu	192.168.8.3
FTP 服务器	ftp.dyzx.edu	192.168.8.3
邮件服务器	mail.dyzx.edu	192.168.8.4

配置步骤如下：

步骤 1：以 root 用户身份登录 RHEL 8 系统→配置服务器网卡的 IP 地址为 192.168.8.1/24、DNS 的地址为 192.168.8.1→将主机名按下述命令修改为 dns1.dyzx.edu。

```
[root@RHEL 8-1 ~]# hostnamectl --static set-hostname dns1.dyzx.edu
[root@RHEL 8-1 ~]# bash                    // 重启 Shell 使修改后的主机名生效
[root@dns1 ~]#
```

步骤 2：安装 Unbound 软件包（参见任务 10-1）→启动和开机自动启动 Unbound 服务。

```
[root@dns1 ~]# systemctl enable --now unbound
```

步骤 3：使用 vim 编辑配置文件 unbound.conf，对服务器全局参数、正向解析记录和反向解析记录进行配置。

```
[root@dns1~]# vim  /etc/unbound/unbound.conf
// 配置区域的全局参数：
interface: 192.168.8.1              //48 行：设置监听的网络接口 (默认监听 localhost 网络接口)
access-control: 192.168.8.0/24  allow //253 行：允许 allow 或拒绝 refuse 给哪些地址提供解析服务
username: " "                       //305 行：改成空字符串，表示任何用户均可访问
module-config: "iterator"           //472 行：禁用 DNSSEC 验证，以实现外网地址的转发解析
domain-insecure: "dyzx.edu"         //519 行：跳过验证域 "dyzx.edu"，以避免信任链验证失败
local-zone: "dyzx.edu." static      //676 行：设置解析的区域名 (注意 dyzx.edu 后面还有 ".")
// 添加以下 7 行 local-data, 以定义正向解析记录
local-data: "dyzx.edu.  86400      IN  SOA dns1.dyzx.edu.  root.dyzx.edu 1 1D 1H 1W 1H"
local-data: "dns1.dyzx.edu.        IN A            192.168.8.1"
local-data: "dns2.dyzx.edu.        IN A            192.168.8.2"
local-data: "www.dyzx.edu.         IN A            192.168.8.3"
local-data: "ftp.dyzx.edu.         IN CNAME        www.dyzx.edu."
local-data: "mail.dyzx.edu.        IN A            192.168.8.4"
local-data: "dyzx.edu.             IN MX 5         mail.dyzx.edu."
// 添加以下 5 行 local-data-ptr, 以定义反向解析记录
local-data-ptr: "192.168.8.1       dns1.dyzx.edu"
local-data-ptr: "192.168.8.2       dns2.dyzx.edu"
local-data-ptr: "192.168.8.3       www.dyzx.edu"
local-data-ptr: "192.168.8.3       ftp.dyzx.edu"
local-data-ptr: "192.168.8.4       mail.dyzx.edu"
```

提示：local-data 配置中域名最后的 "." 点符号不能少，在 local-data-ptr 配置中域名最后没有点符号。

步骤 4：配置转发。任何一台 DNS 服务器能直接提供的解析记录都是有限的，当用户请求的解析记录超出了某台 DNS 服务器所能解析的范围时，就需要在该 DNS 服务器上设置转发功能，以便把超范围的用户解析请求转发给其他 DNS 服务器代为解析。若要将本 DNS 服务器的解析请求转发给由 ISP 提供的 IP 地址为 8.8.8.8 的公共 DNS 服务器，则只要在 unbound.conf 中做以下修改便可。

```
[root@dns1 ~]# vim  /etc/unbound/unbound.conf
forward-zone:              //876 行 (上面已添加 12 行后的行号)：定义转发 forward
name: "."                  //877 行：转发所有的查询
forward-addr: 8.8.8.8      //878 行：将解析请求转发到指定 IP 地址的 DNS 服务器
```

提示：①上面 name 后面用点 "." 表示根域，即除了上面 local-zone 中配置的域名 "dyzx.edu."，其他的域名都是请求 forward-addr 后面的地址。如果 name 后面跟的不是点，而是

其他域名,如 5460.com,则表示,只有在请求 5460.com 域名时,转到 8.8.8.8 地址的上游 DNS。除了上面提到的相关配置,其他都是默认配置。

②若要在客户端成功测试授权 DNS 服务器对互联网中的某域名(如 www.baidu.com)进行解析,要保证授权 DNS 服务器所处 192.168.8.0/24 网段通过校园网的 NAT 服务能够连接到互联网,然后,此处的授权 DNS 服务器才能成功转发到互联网中的 DNS 服务器请求解析。

步骤 5:检测配置文件是否有语法错误,没有错误后,重启服务。

```
[root@dns1 ~]# unbound-checkconf
unbound-checkconf: no errors in /etc/unbound/unbound.conf
[root@dns1 ~]# systemctl restart unbound
```

步骤 6:在服务器端的防火墙中开放 DNS 服务。

```
[root@dns1 ~]# firewall-cmd --permanent --add-service=dns      // 设置防火墙开放 DNS 服务
[root@dns1 ~]# firewall-cmd --reload
```

步骤 7:Linux 客户端测试。在客户端修改 /etc/resolv.conf 文件,将 DNS 服务器的 IP 地址指向上述所配置的授权 DNS 服务器的 IP 地址→使用 nslookup 命令验证 DNS 查询结果。

```
[root@client ~]# vim  /etc/resolv.conf
nameserver 192.168.8.1
: wq                                      // 保存退出
[root@client ~]# nslookup
> www.dyzx.edu                            // 验证正向解析记录
Server:     192.168.8.1
Address:    192.168.8.1#53
Name:       www.dyzx.edu
Address: 192.168.8.3
> 192.168.8.1                             // 验证反向解析记录
1.8.168.192.in-addr.arpa      name = dns1.dyzx.edu.
> set  type=cname                         // 验证别名记录的解析结果
> ftp.dyzx.edu
Server:     192.168.8.1
Address:    192.168.8.1#53
ftp.dyzx.edu  canonical  name = www.dyzx.edu.
> set  type=mx                            // 验证 MX 记录的解析结果
> dyzx.edu
Server:     192.168.8.1
Address:    192.168.8.1#53
dyzx.edu    mail              exchanger = 5 mail.dyzx.edu.
> www.baidu.com                           // 验证转发功能的解析结果
```

```
Server:       192.168.8.1
Address:      192.168.8.1#53
Non-authoritative answer:
www.baidu.com        canonical name = www.a.shifen.com.
Name:         www.a.shifen.com
Address:      183.232.231.174
Name:         www.a.shifen.com
Address:      183.232.231.172
> exit                                    // 退出 nslookup 命令，结束测试
```

任务 10-3　配置纯缓存 DNS 服务器

【例 10-2】为了提高校园网内域名解析的效率，减少校园网出口流量，现搭建一台纯缓存 DNS 服务器，配置参数如图 10-3 所示，其中递归查询转发到校园网内地址为 192.168.8.1 的授权 DNS 服务器。

配置步骤如下：

步骤 1：以 root 用户身份登录第二台 RHEL 8 系统→配置主机 IP 为 192.168.8.2/24、DNS 的 IP 地址为 192.168.8.2、主机名为 dns2.dyzx.edu。

步骤 2：安装 Unbound 软件包（参见任务 10-1）→启动和开机自动启动。

```
[root@ dns2 ~]# systemctl  enable  --now  unbound
```

步骤 3：使用 vim 编辑全局配置文件 unbound.conf。

```
[root@dns2~]# vim  /etc/unbound/unbound.conf
interface: 192.168.8.2          //48 行：设置 DNS 服务监听所有网络接口
msg-cache-size: 8m              //152 行：缓存大小
access-control: 0.0.0.0/0 allow //253 行：允许所有地址访问，refuse 表示拒绝；allow 表示允许
username: ""                    //305 行：改成空字符串，表示任何用户均可访问
module-config: "iterator"       //472 行：禁用 DNSSEC 验证，以实现外网地址的转发解析
domain-insecure: "dyzx.edu"     //519 行：跳过验证域"dyzx.edu"，以避免信任链验证失败
forward-zone:                   //864 行：除掉行首"#"号，配置转发
name: "."                       //865 行：除掉行首"#"号，并将"example.com"改为"."
forward-addr: 192.168.8.1       //866 行：将所有解析请求转发给 192.168.8.1 的授权 DNS 服务器
```

步骤 4：检测配置文件是否有语法错误，确认无误后重新加载 unbound 服务。

```
[root@ dns2 ~]# unbound-checkconf
unbound-checkconf:  no errors in /etc/unbound/unbound.conf
[root@ dns2~]# unbound-control  reload
```

步骤 5：配置防火墙允许 DNS 流量。

```
[root@ dns2 ~]# firewall-cmd  --permanent  --add-service=dns      // 设置防火墙开放 DNS 服务
[root@ dns2 ~]# firewall-cmd  --reload
```

步骤 6：验证纯缓存 DNS 服务器。将客户端的 DNS 服务器的 IP 地址设为纯缓存 DNS 服务器的 IP 地址，然后使用 nslookup 命令测试正向、反向和转发解析的效果。

任务 10-4 维护 DNS 服务器与故障排除

1. DNS 故障诊断的常用工具或命令

诊断 DNS 解析故障的四个常用命令工具：

① unbound-checkconf：用于检查 Unbound 服务器配置文件的语法错误。

② unbound-control：是一个用于控制远程 Unbound 服务器的工具。

③ nscd（name service cache daemon，名称服务缓存管理器）：一种专门对 DNS 缓存进行管理的工具（RHEL 8 中默认未安装，可使用 yum -y install nscd 命令安装）。

④ dig（domain information groper，域信息搜索器）：一种用于询问 DNS 服务器的命令工具，执行 DNS 搜索，显示从接收请求的域名服务器返回的答复。dig 命令的格式，：

dig [@server] [type] [name] [-b addr] [-x addr] [-p port]

其中：

server——待查询 DNS 服务器的名称或 IP 地址，若缺省此项则根据本机 /etc/resolv.conf 文件中列举的 DNS 服务器做出应答。

type——指定要查询的记录类型，如 A、ANY、MX、NS、SOA 等类型，默认值为 A。

name——指定要查询的域名。

-b addr——指定要通过哪一块网卡（IP 地址）进行查询，适用于多网卡环境下指定网卡。

-x addr——表示要对指定的 IP 地址进行反向查询。

-p port——指定 DNS 服务器所使用的端口，用于当服务器使用非标准 DNS 端口的状况。

dig 命令的输出信息根据命令选项的不同会有不同，主要包括以下几段内容：

● 开头部分：dig 命令程序自身的版本号和查询内容。

● Got answer（获取段）：查询结果的头部信息（如：查询的类型、编号、数量、结果数等）。

● QUESTION SECTION（查询段）：显示查询的条件和对象。

● AUTHORITY SECTION：显示哪些权威 DNS 服务器提供查询答案。

● ANSWER SECTION（回应段）：显示查询的结果（如：域名对应的 IP 地址）。

● 结尾部分：其他报告信息，如查询花费（微秒）、查询服务器的 IP 地址、查询的时间以及回应数据包的大小。

2. DNS 故障点出错的原因

由于 DNS 服务系统是分布式的部署结构，因此，域名解析的成功不仅有赖于客户端与本地 DNS 服务器的正确配置和网络状况，还有赖于网络中众多的授权 DNS 服务器与递归 DNS 服务器之间大量的后台交互的正确实现。虽然 DNS 的故障点非常多，归纳起来无非是客户端、服务器和网络三个方面。其主要的故障原因有：

① 客户端指派了不正确的 DNS 服务器的 IP 地址。

② 防火墙规则阻止了 53 号端口的 DNS 流量。

③ Unbound 服务器配置文件出错。

④ DNS 缓存滞后：当计算机访问某个网站或解析域名时，该解析条目会保存在计算机的 DNS 缓存中，但有时候会出现 DNS 服务器中更改了 IP 地址，而用户本地的 DNS 缓存信息没有

改变，这样就会出现 DNS 解析故障。

⑤ DNS 劫持：又称域名劫持，是指在劫持的网络范围内拦截域名解析的请求，分析请求的域名，把审查范围以外的请求放行，否则返回假的 IP 地址或者什么都不做使请求失去响应，其效果就是对特定的网络不能响应或访问的是假网址（钓鱼网站），从而实现窃取资料或者破坏原有正常服务的目的。DNS 劫持故障的排除方法之一是将当前被劫持的 DNS 服务器更换为其他公共 DNS 服务器，常用公共 DNS 服务器及其 IP 地址见表 10-5 所示。

表10-5 　　　　　　　　　　　　　**常用公共DNS服务器及其IP地址**

名称	DNS 服务器 IP 地址	名称	DNS 服务器 IP 地址
DNSPod DNS+	119.29.29.29、182.254.116.116	114 DNS	114.114.114.114、114.114.115.115
阿里 AliDNS	223.5.5.5、223.6.6.6	Google DNS	8.8.8.8、8.8.4.4
V2EX DNS	199.91.73.222、78.79.131.110	OpenDNS	208.67.222.222、208.67.220.220
CNNIC SDNS	1.2.4.8、210.2.4.8	OpenerDNS	42.120.21.30
DNS 派	101.226.4.6、218.30.118.6	百度 BaiduDNS	180.76.76.76

⑥ DNS 污染：是一种让一般用户由于得到虚假目标主机 IP 而不能与其通信的方法，是一种 DNS 缓存投毒攻击。其工作方式是：由于通常的 DNS 查询没有任何认证机制，而且 DNS 查询通常基于的 UDP 是无连接不可靠的协议，因此 DNS 的查询非常容易被篡改，通过对 UDP 端口 53 上的 DNS 查询进行入侵检测，一经发现与关键词相匹配的请求则立即伪装成目标域名的解析服务器给查询者返回虚假结果。一些被禁止访问的网站基本是通过 DNS 污染来实现的。对于 DNS 污染，通常可以使用各种 SSH 加密代理，在加密代理里进行远程 DNS 解析或者使用 VPN 上网的方法解决，但这大多需要购买付费的 VPN 或 SSH 等，也可以通过修改主机中 hosts 文件的方法，手动设置域名对应的正确 IP 地址来排除故障。

3.DNS 缓存信息的运维

在 Linux 系统下 DNS 缓存信息的管理与维护过程如下：

步骤 1：在缓存服务器端查看初始状态的 DNS 缓存数据。

    [root@dns2 ~]# **unbound-control dump_cache**
    ……// 省略各行

步骤 2：在客户端上，使用 dig 或 nslookup 命令向纯缓存 DNS 服务器请求解析 3 条资源记录。

    [root@client ~]# **dig @dns2.dyzx.edu A www.dyzx.edu** 　　　　// 请求内部 A 记录的解析
    ……
    www.dyzx.edu.　　　　　　3600　　　　　IN　　　　A　　　　192.168.8.3
    ……
    [root@client ~]# **dig @dns2.dyzx.edu cname ftp.dyzx.edu** 　　　　// 请求内部别名记录的解析
    ……
    ftp.dyzx.edu.　　　　　　3600　　　　　IN　　　　CNAME　　　　www.dyzx.edu.
    ……
    [root@client ~]#**nslookup www.baidu.com** 　　　　// 请求需转发到外网的域名解析

......

步骤 3：在缓存 DNS 服务器端查看 DNS 缓存信息，检查是否创建缓存。

```
[root@dns2 ~]# unbound-control dump_cache | grep dyzx.edu        // 查看指定区域的缓存信息
www.dyzx.edu.     3521    IN      A           192.168.8.3
ftp.dyzx.edu.     3571    IN      CNAME   www.dyzx.edu.
dyzx.edu. 3521    IN      SOA     dns1.dyzx.edu. root.dyzx.edu. 1 86400 3600 604800 3600
dns2.dyzx.edu.    3521    IN      A           192.168.8.2
ftp.dyzx.edu. IN CNAME 0
[root@dns2 ~]# unbound-control dump_cache | grep www.baidu.com        // 查看指定的缓存信息
www.baidu.com.    910     IN      CNAME www.a.shifen.com.
```

步骤 4：在服务器端，对 DNS 缓存进行整理，删除缓存中陈旧或错误的资源记录→将整理后 DNS 缓存信息转存到指定文本文件，以备后用→重启 DNS 服务后系统会自动清除所有 DNS 缓存信息。

```
[root@dns2 ~]# unbound-control flush www.dyzx.edu               // 清除缓存中指定的资源记录
ok
[root@dns2 ~]# unbound-control dump_cache > /tmp/dns_cache.txt     // 将缓存信息保存到文件
[root@dns2 ~]# unbound-control flush_zone dyzx.edu               // 清除缓存中指定区域的全部资源记录
ok removed 3 rrsets,3 messages and 0 key entries
[root@dns2 ~]# unbound-control dump_cache | grep dyzx.edu         // 查看指定区域的缓存信息
// 因清除了无显示
[root@dns2 ~]# systemctl restart unbound.service                // 重启系统后清除所有缓存信息
[root@dns2 ~]# unbound-control dump_cache | grep www.baidu.com   // 查看指定的缓存信息
// 因系统重启清除所有缓存无显示
```

步骤 5：加载 Unbound 缓存数据，使保存的 DNS 缓存数据回填到缓存中→查看回填后的信息。

```
[root@dns2 ~]# unbound-control load_cache          </tmp/dns_cache.txt // 从文件读取数据以填充缓存
[root@dns2 ~]# unbound-control dump_cache | grep www.baidu.com        // 查看回填后指定缓存信息
www.baidu.com.    301     IN      CNAME   www.a.shifen.com.
```

提示：①在 Linux 下还可以通过安装 nscd 服务，并使用 "nscd -i hosts" 命令或重新启动 nscd 服务命令 "systemctl restart nscd" 来清除 DNS 缓存。

②在 Windows 客户端中 DNS 缓存滞后的故障，可通过刷新 DNS 缓存来排除，其刷新过程为：同时按下【Windows 徽标 +R】组合键→在打开的【运行】对话框中输入 "cmd" 命令→在打开的命令行窗口中输入 "ipconfig /displaydns" 命令查看本机的 DNS 缓存信息→输入 "ipconfig /flushdns" 命令刷新 DNS 缓存信息。

③Windows 下的 DNS 缓存是由后台进程控制的，可以在【控制面板】→【服务】中将【DNS Client】禁用，从而取消 Windows 的 DNS 缓存功能，此后的查询请求都将直接查询 DNS 服务器而忽略本机的 DNS 缓存。

项目实训10　安装与配置DNS服务器

【实训目的】

会安装 Unbound 软件包，能配置带转发地址的授权 DNS 服务器和纯缓存 DNS 服务器，会配置 DNS 客户端，能测试 DNS 服务器的运行效果。

【实训环境】

一人一台 Windows 10 物理机，3 台 RHEL 8/CentOS 8 虚拟机，rhel-8.4-x86_64-dvd.iso 或 CentOS-8.4.2105-x86_64-dvd1.iso 安装包，虚拟机网卡连接至 VMnet 8（NAT 模式）虚拟交换机。

【实训拓扑】（图10-4）

图10-4　实训拓扑图

【实训内容】

你是一所学校的网管员，负责管理和维护学校的校园网。学校希望为内部师生提供域名解析服务，这样师生可以使用完全合格域名访问网络中的计算机资源，校园网内的服务器有关参数见表 10-6。

表10-6　　　　　　　　　　　　　　校园网中的服务器参数

服务器	IP 地址	域名
授权 DNS 服务器	192.168.8.1	dns1.xyz.com
纯缓存 DNS 服务器	192.168.8.2	dns2.xyz.com
Web 服务器	192.168.8.3	www.xyz.com
FTP 服务器	192.168.8.3	ftp.xyz.com

1.配置授权DNS服务器

（1）启动虚拟机 1，为其配置 IP 地址等参数，安装 Unbound 软件包。

（2）编辑全局配置文件 /etc/unbound/unbound.conf，在其中添加 "xyz.com" 解析区域、正向和反向解析记录使得本 DNS 服务器能解析表 9-3 中的所有服务器的域名，添加转发地址，使其转发到公共 DNS。

（3）配置防火墙，开启 DNS 服务。

（4）启动 Unbound 守护进程，开始域名解析服务。

（5）在 Linux 客户端修改 /etc/resolv.conf 文件，添加 nameserver 192.168.8.1，然后使用 nslookup 命令验证授权 DNS 服务器的解析效果。

2.配置纯缓存DNS服务器

（1）启动虚拟机 2，为其配置 IP 地址等参数，安装 Unbound 软件包：

（2）在虚拟机 2 上，编辑 /etc/unbound/unbound.conf 文件，在其中添加"xyz.com"解析区域、添加转发地址，将其转发到虚拟机 1 上的授权 DNS 服务器。

（3）配置防火墙，开启 DNS 服务。

（4）启动 Unbound 守护进程，开始域名解析服务。

（5）在 Windows 客户端上，将首选 DNS 服务器的 IP 地址指向纯缓存 DNS 服务器的 IP 地址，然后使用 nslookup 命令验证纯缓存 DNS 服务器的解析效果。

项目习作10

一、选择题

1.DNS 服务器可以提供以下（　　）功能。

　　A. 将主机名称解析为对应的 IP 地址

　　B. 将 IP 地址解析为对应的主机名称

　　C. 为客户端主机提供动态 IP 地址分配

　　D. 集中管理网络内各主机的 host 文件

2. 在 Linux 中，DNS 服务可由（　　）软件来实现的。

　　A.Unbound　　　　　B.BIND　　　　　C.Postfix　　　　　D.Samba

3. 在 DNS 配置文件中，用于表示某主机别名的标识符是（　　）。

　　A.NS　　　　　B.CNAME　　　　　C.NAME　　　　　D.CN

4. 可以完成主机名与 IP 地址的正向解析和反向解析任务的命令是（　　）。

　　A.nslookup　　　　　B.arp　　　　　C.ipconfig　　　　　D.dig

5. 在 DNS 服务器进行域名解析服务默认使用的端口号为（　　）。

　　A.TCP 53　　　　　B.UDP 53　　　　　C.TCP 22　　　　　D.UDP 35

6.DNS 域名系统主要负责主机名和（　　）之间的解析。

　　A.IP 地址　　　　　B.MAC 地址　　　　　C. 网络地址　　　　　D. 主机别名

7.Linux 系统的 Unbound 程序能提供的 DNS 服务器有（　　）。

　　A. 纯缓存域名服务器　　　　　　　　B. 辅助域名服务器

　　C. 与 AD 集成域名服务器　　　　　　D. 授权域名服务器

8. 在 Windows 客户端，查看 DNS 缓存的命令为（　　）。

　　A.ipconfig /displaydns　　　　　　　B.ipconfig /all

　　C.ipconfig /release　　　　　　　　D.ipconfig /renew

二、简答题

1. 简述 DNS 服务器的类型及特点。

2. 简述 /etc/hosts 和 /etc/resolv.conf 配置文件的作用。

3.DNS 服务器中有哪几种常用资源记录？其英文简写及作用分别是什么？

项目11
使用Apache
部署Web网站

11.1 项目描述

Web 服务是 Internet 上最重要的服务形式之一，它不仅是信息发布、资料查询的应用平台，它还是信息管理系统、视频点播系统、网上电子证书等诸多应用的开发环境和依附的基础平台。而且随着 Web 技术的不断完善，原有开发的客户端 / 服务器（C/S）模式的各种应用程序系统正在被浏览器 / 服务器（B/S）模式所取代。

德雅职业学校需要自己的 Web 服务器，不仅仅是为了宣传，而且学校内部的 OA 办公系统、财务管理系统、学籍管理系统等都是基于 Web 服务的。由于校园网内部有多个 Web 站点，因此需要采用虚拟目录和虚拟主机技术以适应各种应用。同时，为了"教师论坛"的安全，需要对其实施访问控制。

本项目将介绍使用较多的 Apache 软件来搭建 Web 服务器，以及进行 Web 服务器访问控制的配置技巧。

11.2 项目知识准备

11.2.1 Web服务系统的组成

Web 服务是指能够让用户通过浏览器或 APP（Application 的缩写，应用程序）访问并显示互联网中各类信息资源的服务。Web 服务系统由 Web 客户端、Web 服务通信协议和 Web 服务器三部分组成。

Web 服务系统的
组成和运行机制

1.Web客户端

Web 客户端的作用是用户通过浏览器（如：IE、Firefox 和 Google Chrome）或 APP 接收其访问请求，以 http（超文本传输协议）或 https（超文本安全传输协议）将请求发送到网络中的 Web 服务器，并将服务器的响应信息以图形界面显示出来。

2.Web服务通信协议

Web 服务的通信协议是实现 Web 客户端与 Web 服务器之间建立或关闭连接、传送网页信息的网络协议。主要有 http 和 https 两种协议，它们是在 Internet 上发布多媒体信息的应用层协议。

3. Web 服务器（Web 网站）

Web 服务器的基本功能是侦听和响应客户端的 http/https 请求，通过 html（超文本标记语言）把信息组织成为图文并茂的超文本，并回送结果信息给客户端。Web 服务器是以网站的形式提供服务，网站是由平台支撑软件、网页、Web 应用程序服务模块和后台数据库等构件组成的一个有机整体，各构件的说明见表 11-1。

表 11-1　　　　　　　　　　　　　**Web 服务器（网站）的组成**

构件	说明	主要软件工具
平台支撑软件	用于搭建网站的基础平台（容器）	IIS、Apache、Nginx、Google
网页	●静态网页：纯粹用 html 的代码编辑的、页面的内容和显示不会发生更改的、不可交互的网页，其文件的后缀名为 .htm、.html、.shtml、.xml 等 ●动态网页：结合了 html 以外的脚本或高级语言和数据库等网页编程技术生成的网页，其文件名以 .jsp、.aspx、.asp、php、perl、.cgi 等形式为后缀	●开发工具： eclipse、VS.net、CSS Design、dreamwear、Photoshop、firework、flash ●编程语言（脚本语言和高级语言）： Java/JSP、PHP、JS、Python、C# 等
应用程序服务模块	在服务器端读取动态网页中包含的 HTML 以外的脚本或高级语言编写的程序和访问数据库的结果全部转换为相应的 html 或 .xml 标记符号，并插入到静态网页中	支持 Java/JSP 的 JDK、Apache Tomcat；支持 PHP 的 mod_php；支持 Python 的 mod_wsgi；支持 ASP.NET 的 mod_aspdotnet
后台数据库	对动态页面中要处理的数据进行存储和管理	MySQL、SQL Server、Oracle

网站的部署方式有四种：独立服务器、虚拟主机、VPS 和云服务器。

●独立服务器：在一台服务器仅提供 Web 服务，有自建、托管和租用三种方式。其中，租用方式是用户只需将硬件配置要求告知 IDC（互联网数据中心）服务商，服务器硬件设备由服务商负责提供和维护，用户方需要自行安装相应的软件并部署网站服务，该方式减轻了用户初期对硬件设备的投入，适合大中型网站。托管方式是用户需要自行购置服务器后交给 IDC 服务商的机房进行管理（缴纳管理服务费用），用户对服务器硬件配置有完全的控制权，自主性强，但需要自行维护服务器硬件设备，适合大、中型网站。

●虚拟主机：在一台实体服务器中分出一定的磁盘空间搭建一个或多个网站，该方式运维成本较低，适合小型网站。

● VPS（Virtual Private Server，虚拟专用服务器）：利用虚拟机软件（如：VirtualBox、ESX server 和 KVM）将一台物理服务器分割成多个相互隔离的虚拟专享服务器。每个 VPS 都可以有独立的 IP 地址、操作系统、存储空间、内存、CPU 资源和系统配置等，是一种具备高弹性、高质量及低成本的网站解决方案，适合小型网站。

●云服务器：是一种整合了计算、存储、网络，能够做到弹性伸缩的计算服务，其使用与 VPS 几乎一样，但差别是云服务器建立在一组集群服务器中，每个服务器都会保存一个主机的镜像（备份），大大地提升了安全稳定性，另外还具备灵活性与扩展性，用户只需按时间和使用量付费即可，适合大、中、小型网站。

11.2.2　Web 服务的运行机制

Web 服务的工作过程如图 11-1 所示。

图11-1　Web服务系统的工作过程

（1）用户在浏览器的地址栏输入要访问网站的域名，按【Enter】键触发一个连接请求，通过双方的协商建立起 TCP 连接，随后浏览器向 Web 服务器发出浏览请求。

（2）服务器接收请求后，从其指定的位置读取指定的网页文件。

（3）若服务器读取的是动态网页则通过应用程序服务模块执行其中的程序代码、读取数据库数据，从而将动态网页转换为静态网页；若服务器读取的是静态网页则此步可省。

（4）服务器将读取或经转换生成的静态网页代码发送给浏览器，浏览器解析静态网页的 html 代码并将解析的结果显示出来。

11.2.3　Apache HTTP Server软件的特征

Apache HTTP Server（简称 Apache）源于美国伊利诺伊大学香槟分校的国家超级电脑应用中心（NCSA）开发的 NCSAhttpd 服务器，1995 年 8 月推出了 0.8.8 版。从历史演变看，Apache 是从其他的服务器演变而来的，并且添加了大量补丁来增强其性能，所以被命名为 "APA ＋ CHy Server"（一个补丁组成的服务器）。从 1996 年 4 月至 2016 年 8 月，Apache 一直是全球排名第一，但此后先后被 IIS 和 Nginx 赶超。根据著名的 Web 服务器调查公司 Netcraft 于 2021 年 10 月的调查显示，Nginx 占据 34.95% 市场份额，Apache 占据了 24.63%，OpenResty 占据 6.49%，Cloudflare 占据 4.74%。Apache 的成功之处主要源于以下特征：

●完全免费、完全公开其源代码、有一支开放的开发队伍，用户可根据自身的需要去进行相关模块的开发。

●支持跨平台的应用，其可在 UNIX、Windows、Linux 等多种操作系统上运行，可移植性强，支持 Java、PHP、Perl 和 Python 等多种网页编程语言。

●速度快、适应高负荷、吞吐量大、运行非常稳定，具有相对较好的安全性。

11.3 项目实施

任务 11-1　安装与运行管理 Apache Web 服务器

1.Apache相关软件包

RHEL 8.4 自带有 Apache 安装软件包，其主要文件包有：

（1）httpd-2.4.37-39.module+el8.4.0+9658+b87b2deb.x86_64.rpm：主程序包，服务器端必须安装该软件包。

（2）httpd-devel-2.4.37-39.module+el8.4.0+9658+b87b2deb.x86_64.rpm：开发程序包。

（3）httpd-manual-2.4.37-39.module+el8.4.0+9658+b87b2deb.noarch.rpm：Apache 的手册文档和说明指南。

要使用最新的 Apache 版本，可到网站 http://www.apache.org 上下载。

2. 查询是否安装了 Apache 软件包

[root@RHEL 8-1~]# **rpm -qa httpd***

若无输出信息，则表示未安装。在配置好本地光盘 dnf 源的基础上（参见任务 6-2），使用 dnf 命令安装 httpd 软件包的命令如下：

[root@RHEL 8-1~]# **dnf -y install httpd**

以上在安装 httpd 时会同时安装 apr、apr-util、mod_http2 和 redhat-logos-httpd 等 9 个依赖包。

3. Apache 服务的运行管理

（1）Apache 服务的启动、停止、重启、重新加载和状态查询的命令格式为：

systemctl start|stop|restart|reload|status httpd.service

（2）Apache 服务的自动启动，实现开机自动启动或不启动 Apache 服务的命令格式如下：

systemctl enable|disable [--now] httpd

（3）检查 httpd 进程：

ps -ef | grep httpd

（4）检查 httpd 运行的端口：

ss -nutap | grep httpd

4. Apache 服务的测试

当确认 Apache 服务安装完毕并启动后，可以在客户端浏览器的地址栏中输入"http://ip 地址"，若可看到默认测试页面，则表明安装成功，如图 11-2 所示。

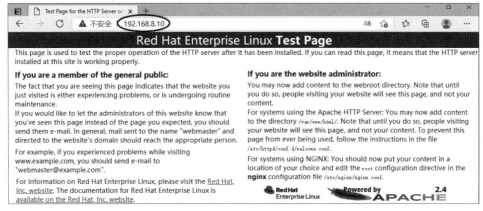

图11-2 默认页面的显示

提示：默认情况下，Web 服务要通过 TCP 协议的 80 端口对外通信，如果启动了防火墙，需要用以下命令打开 Web 服务的 80 端口或者停止防火墙后才可以从其他主机进行访问。其命令如下：

[root@RHEL 8-1~]# **firewall-cmd --permanent --zone=public --add-service=http**

[root@RHEL 8-1~]# **firewall-cmd --reload**

任务 11-2 认识 Apache 的工作目录与配置文件

1. Apache 的主要工作目录和文件

Apache 的主要工作目录和文件见表 11-2。

表11-2 Apache的主要工作目录和文件

目录和文件	作用
/etc/httpd/	服务器守护进程 httpd 的工作（运行）目录
/etc/httpd/conf/httpd.conf	Apache 服务的主配置文件
/etc/httpd/conf.d/	存放被主配置文件包含的子配置文件的目录，如：用户个人主页配置文件 userdir.conf、虚拟目录、虚拟主机的子配置文件（后两种子配置的文件名可由管理员指定）
/var/www/html/	网页文件默认存放的目录
/var/log/httpd/access_log	主服务器的访问日志文件
/var/log/httpd/error_log	主服务器的错误日志文件

2. Apache 的主配置文件

httpd.conf 文件是包含若干指令的纯文本文件，主要由两个部分组成：

● 全局环境配置：从整体控制 Apache 服务器的配置参数。

● 块配置：用于封装针对物理目录、虚拟目录、虚拟主机和文件等的配置参数。

httpd.conf 主配置文件的内容结构如图 11-3 所示。

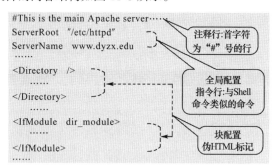

图11-3 httpd.conf主配置文件的格式

此外，在 httpd.conf 文件中还有大量以"#"开头的注释行，用于对配置项进行说明。输入如下命令可去掉所有注释行的显示，只显示有效配置行：

[root@RHEL 8-1~]# **grep -v "#" /etc/httpd/conf/httpd.conf**

输入如下命令可以计算并显示文件包含的行数：

[root@RHEL 8-1~]# **wc -l /etc/httpd/conf/httpd.conf**

3.httpd.conf的常用配置项

httpd.conf 的常用配置项见表 11-3。

【例 11-1】学校内部搭建一台 Web 主服务器，采用的 IP 地址为 192.168.8.1，端口号为 80，首页采用 index.html 文件，管理员 E-mail 地址为 root@dyzx.edu，网站所有资源都存放在 /var/www/html 目录下，并将 Apache 的根目录设置为 /etc/httpd 目录。

表11-3   **httpd.conf的常用配置项**

配置项	功能说明及默认设置
ServerRoot	34 行：设置服务器守护进程 httpd 的运行目录，httpd 在启动之后自动将进程的当前目录改变为此目录。若在配置文件的其他配置项中指定的文件或目录是相对路径，则真实路径就位于这个 ServerRoot 定义的目录之下。默认设置为：ServerRoot "/etc/httpd"
Listen 80	45 行：设置在指定的接口上监听指定的端口号，多个 Listen 可指定在多个接口上监听的端口，但设置时不要重叠，否则可能导致服务无法启动的错误。默认设置为：Listen 80
Include conf.modules.d/*.conf Include Optional conf.d/*.conf	59 行、356 行：设置包含的其他文件，如同这些文件已插入本文件中以代替 Include 语句。如，Include conf.modules.d/*.conf，表示将目录 /etc/httpd/ conf.modules.d 下的所有以 conf 结尾的子配置文件包含或插入当前主配置文件中
User apache Group apache	69 行、70 行：用于指定在运行 httpd 守护进程时应使用的用户和组。为了提高安全性，要避免以 root 用户的身份来运行 Apache 服务器
ServerAdmin	89 行：主服务器返回给客户端的错误信息中包含的管理员邮件地址，以便让 Web 使用者和管理员联系，报告错误。默认设置为：ServerAdmin root@localhost
ServerName	98 行：设置网站主服务器的完全合格域名，如果服务器的名字解析有问题（通常为反向解析不正确），或者没有正式的 DNS 名字，也可以在这里指定 IP 地址。默认设置为：#ServerName www.example.com:80
DocumentRoot	122 行：设置服务器对外发布的网页文档存放的根目录。客户端请求的 URL 被映射到该目录中。该目录必须允许访问用户读取和执行，否则客户端无法浏览目录内容。若需要客户端利用 http 协议向该目录中上传内容，则该目录必须允许用户写入。默认设置为：DocumentRoot "/var/www/html"
DirectoryIndex	167 行：用于设置站点首页文件的文件名及搜索顺序，各文件名间用空格分隔，排在前面的文件优先。默认设置为：DirectoryIndex index.html
ErrorLog	185 行：指定错误日志文件的存放位置和文件名，此位置通常是相对 ServerRoot 定义的根目录的相对路径。默认设置为：ErrorLog logs/error_log
LogLevel	192行：设置记录的错误信息的详细等级。默认设置为：LogLevel warn（警告等级）
CustomLog	214 行：用于指定访问日志文件的位置和格式类型，访问日志文件用于记录服务器处理的所有请求。默认设置为：#CustomLog logs/access_log combined
AddDefaultCharset	319 行：为发送出的所有页面指定默认的字符集。默认设置为：AddDefaultCharset UTF-8
块（容器）设置 <>...</>	● <Directory "目录">...</Directory>：对指定的目录及子目录实施访问控制 ● <IfModule dir_module>...</IfModule>：用于指定目录中默认的索引文件名 ● <Files "文件名">...</Files>：基于文件名（可含通配符）的访问控制

续表

配置项	功能说明及默认设置
KeepAlive on|off	设置是否保持连接。设为 On 时，表示保持连接，即当一个网页打开完成后，客户端和服务器之间用于传输 HTTP 数据的 TCP 连接不会关闭，如果客户端再次访问这个服务器上的网页，会继续使用这一条已经建立的连接，这样可提高服务器传输文件的效率；设为 Off 时，表示不保持连接，传输效率较低但这会增加服务器的并发连接数。默认设置为：KeepAlive Off
MaxKeepAliveRequests 数字	服务器支持的最大持久连接数。当 KeepAlive 为 On 时，该选项用于控制持久连接请求最大数。设置为 0 表示不限制。默认设置为：MaxKeepAliveRequests 100

配置步骤如下：

步骤 1：修改主配置文件 httpd.conf。

```
[root@RHEL 8-1~]# vim /etc/httpd/conf/httpd.conf
ServerRoot "/etc/httpd"              //34 行：设置 Apache 的根目录为 /etc/httpd
Listen 80                            //45 行：设置 httpd 监听端口 80
ServerAdmin root@dyzx.edu            //89 行：设置管理员 E-mail 地址为 root@dyzx.edu
ServerName 192.168.8.10              //98 行：设置 Web 服务器的主机名
DocumentRoot "/var/www/html"         //122 行：设置网页文档的存放位置
DirectoryIndex index.html            //167 行：指定首页文件的名称
```

步骤 2：将制作好的网页文档存放在目录 /var/www/html 中，测试首页建立如下：

```
[root@RHEL 8-1~]# echo "Welcome to 德雅职业学校网站 " > /var/www/html/index.html
```

步骤 3：测试配置文件→重新启动 httpd 服务。

```
[root@RHEL 8-1~]# apachectl configtest
Syntax OK
[root@RHEL 8-1~]# systemctl restart httpd
```

步骤 4：测试。在浏览器地址栏中输入 "http://192.168.8.10" 便可访问，如图 11-4 所示。

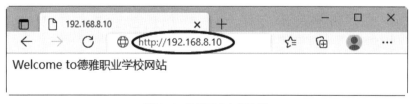

图11-4 访问Web主服务器

任务 11-3 使用虚拟目录为多部门建立子网站

通常情况下，一个 Web 网站的所有网页文件会集中存放在一个实际站点目录（主目录）及其子目录的目录结构内。特殊情况下，网站设计师也可将网站的部分网页文件存放到主目录以外的其他目录中。这里，主目录以外的用于存放部分网页文件的，并能让 Internet 用户访问的目录称为虚拟目录。建立虚拟目录对于管理 Web 站点具有以下优点：

（1）虚拟目录隐藏了有关站点目录结构的信息。在浏览器中，客户通过选择"查看源代码"，很容易就能获取页面的文件路径信息，如果在 Web 页中使用物理路径，将暴露有关站点目录的信息，这容易导致系统受到攻击。

（2）只要两台机器具有相同的虚拟目录，就可以在不对页面代码做任何改动的情况下，将 Web 页面从一台机器转移到另一台机器，从而把 Web 站点的负载分布到多台服务器上，这样使每台服务器都能保持较高的处理速度。

（3）由于可以对主目录和每个虚拟目录设置访问权限，因此，可以设置不同用户对不同目录拥有不同的权限进行访问。

（4）虚拟目录与主目录通常不在同一目录位置，可以灵活加大磁盘空间。

（5）由于每个虚拟目录下都可以设置自己的首页，因此，可以在同一 IP 地址和同一域名下，建立一个主目录对应的主网站和多个虚拟目录分别对应的子站点。如，可以在校园网中使用同一 IP 地址和域名，建立起学校一级的网站和多个二级部门的子站点。

创建虚拟目录以后，输入站点的 URL 地址并在后面依次加上斜杠（/）和虚拟目录的别名，即可访问该虚拟目录中的网页。例如，原站点的访问地址为 www.dyzx.edu，若在其下建立名为 /xxgcx 的虚拟目录后，则输入 www.dyzx.edu/xxgcx 即可访问该虚拟目录。

【例 11-2】在【例 11-1】创建的学校 Web 网站的基础上，通过虚拟目录为"信息工程系"建立子站点，配置参数见表 11-4。

表11-4　　　　　　　　　　　　　　　　虚拟目录设置参数

名称	虚拟目录别名	物理路径	IP 地址
学校网站	无	/var/www/html/	192.168.8.10
信息工程系	/xxgcx	/dyzx/xxgc/	

其配置步骤如下：

步骤 1：创建虚拟目录存放位置及虚拟目录默认首页文件。

```
[root@RHEL 8-1~]# mkdir  -p  /dyzx/xxgc
[root@RHEL 8-1~]# echo  "Welcome to 信息工程系主页 " > /dyzx/xxgc/index.html
```

步骤 2：创建、编辑虚拟目录子配置文件。默认情况下，位于 /etc/httpd/conf.d/ 目录下的所有以 .conf 结尾的文件都会被加载作为 Apache 的配置信息，为此，在 /etc/httpd/conf.d/ 下新建一个子配置文件（如：vdir.conf）来配置虚拟目录。

```
[root@RHEL 8-1~]# vim  /etc/httpd/conf.d/vdir.conf
Alias /xxgcx "/dyzx/xxgc"          // 定义虚拟目录的别名为 /xxgcx, 物理路径为 /dyzx/xxgc
<Directory "/dyzx/xxgc">
    Options  Indexes  FollowSymLinks  // 当所设目录下没有 index.html 文件时则显示目录结构
    AllowOverride  None               // 禁止 .htaccess 文件覆盖配置
    Require  all  granted             // 授权允许所有访问
</Directory>
```

提示：如果在定义别名的末尾包含了"/"（如 /xxgcx/），那么在 URL 中也需要包含"/"。

步骤 3：若开启了 SELinux，且网页文件的存放目录不在标准位置（/var/www/），则必须将 /dyzx/ 目录的安全上下文修改为 httpd_sys_content_t，才有权访问其中的网页。

```
[root@RHEL 8-1~]# semanage  fcontext  -a  -t  httpd_sys_content_t '/dyzx (/.*) ? '
[root@RHEL 8-1~]# restorecon  -Rv  /dyzx/        // 将设置的默认上下文应用于指定的目录文件
```

步骤 4：重新启动 httpd 服务。

```
[root@RHEL 8-1~]# systemctl  restart  httpd
```

步骤 5：测试。在浏览器地址栏中输入"http://192.168.8.10/xxgcx"便可访问，如图 11-5 所示。

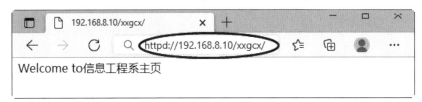

图11-5　访问虚拟目录/xxgcx

任务 11-4　使用虚拟主机在一台主机上建立多个网站

对于访问量不是很大的网站，为了提高硬件资源的利用率，可以在同一台物理服务器中搭建多个独立的 Web 站点，这些站点称为虚拟主机。系统是根据 IP 地址、端口号、完全合格域名三个标识的组合区分不同的 Web 站点，即变更三者中任何一个，都可以在同一台计算机上架设不同的虚拟主机。其架设方式有以下三种：

●基于域名的虚拟主机：多个虚拟主机共享同一个 IP 地址，各虚拟主机之间通过不同的域名进行区分，该方式是构建虚拟主机最普遍的方式。

●基于端口号的虚拟主机：多个虚拟主机共享同一个 IP 地址，各虚拟主机之间通过不同的端口号进行区分。为此，需要在主配置文件中使用多个 Listen 语句设置多个监听端口。

●基于 IP 地址的虚拟主机：需要在服务器上添加多个 IP 地址，并把不同的网站绑定在不同的 IP 地址上，访问服务器上不同的 IP 地址，便可访问不同的网站。

1.配置基于域名的虚拟主机

【例 11-3】根据表 11-5 所示的配置参数，搭建域名不同的两个虚拟主机。

表11-5　　　　　　　　　　　　　　　Web站点的各项配置参数

网站	IP 地址	TCP 端口	域名	站点主目录	日志文件位置
Web_A	192.168.8.10	80	www1.dyzx.edu	/var/www/web1/	/etc/httpd/logs/
Web_B	192.168.8.10	80	www2.dyzx.edu	/var/www/web2/	/etc/httpd/logs/

创建步骤如下：

步骤 1：创建所需的目录和默认首页文件

```
[root@RHEL 8-1~]# mkdir  -p  /var/www/web1  /var/www/web2
[root@RHEL 8-1~]# echo  "this is www1.dyzx.edu's web" > /var/www/web1/index.html
```

```
[root@RHEL 8-1~]# echo  "this is www2.dyzx.edu's web" > /var/www/web2/index.html
```

步骤 2：复制配置虚拟主机的样本文件→编辑虚拟主机配置文件→重启 httpd 服务。

```
[root@RHEL 8-1~]# cp  /usr/share/doc/httpd/httpd-vhosts.conf  /etc/httpd/conf.d/vhosts.conf
[root@RHEL 8-1~]# vim  /etc/httpd/conf.d/vhosts.conf
<VirtualHost  192.168.8.10>                      // 用一对 VirtualHost 来描述一台虚拟主机
  ServerAdmin hnxlq@dyzx.edu                      // 设置管理员的邮箱地址
  DocumentRoot /var/www/web1                      // 指定虚拟主机网页文档的主目录
  ServerName www1.dyzx.edu                        // 设置虚拟主机的域名
  ErrorLog "/var/log/httpd/www1-error_log"        // 设置错误日志文件的路径及名称
  CustomLog "/var/log/httpd/www1-access_log" common   // 设置访问日志文件的路径及名称
</VirtualHost>
<VirtualHost  192.168.8.10>
  DocumentRoot /var/www/web2
  ServerName www2.dyzx.edu
</VirtualHost>
: wq                                             // 存盘退出
[root@RHEL 8-1~]# systemctl  restart  httpd.service
```

步骤 3：为了实现用域名访问虚拟主机，在客户端上通过编辑 hosts 文件添加域名解析记录。若是 Linux 客户端，则修改 "/etc/hosts"；若是 Windows 7/10 客户端，则修改 "C:\WINDOWS\system32\drivers\etc\hosts" 文件，在 hosts 文件中添加如下解析行即可。

```
192.168.8.10   www1.dyzx.edu  www2.dyzx.edu
```

步骤 4：访问测试。在 Windows 客户端启动浏览器，在浏览器地址栏中先后输入两个虚拟主机的域名，则会显示各自的网站首页，如图 11-6 所示。

图11-6　访问基于域名的Web虚拟主机

2. 配置基于端口的虚拟主机

【例 11-4】根据表 11-6 中的配置参数，搭建两个端口号不同的虚拟主机。

表11-6　　　　　　　　　　　　Web站点的各项配置参数

网站	IP 地址	TCP 端口	站点主目录
Web_A	192.168.8.10	80	/var/www/web1/
Web_C	192.168.8.10	8088	/var/www/web3/

配置步骤如下：

步骤 1：创建 Web_C 站点的主目录（Web_A 站点的主目录不变）和两个首页文件。

```
[root@RHEL 8-1~]# mkdir  -p  /var/www/web3
[root@RHEL 8-1~]# echo  "this is port80's web">/var/www/web1/index.html
[root@RHEL 8-1~]# echo  "this is port8088's web">/var/www/web3/index.html
```

步骤 2：编辑 httpd.conf 主配置文件，添加 httpd 监听端口 8088。

```
[root@RHEL 8-1~]# vim  /etc/httpd/conf/httpd.conf
Listen  80                              //45 行：设置 httpd 监听端口 80
Listen  8088                            //46 行：添加此行
```

步骤 3：编辑虚拟主机子配置文件 /etc/httpd/conf.d/vhosts.conf →重启 httpd 服务。

```
[root@RHEL 8-1~]# vim  /etc/httpd/conf.d/vhosts.conf
// 以下 3 行在前面已添加，可保持不变
<VirtualHost  192.168.8.10: 80 >
 DocumentRoot  /var/www/web1/
</VirtualHost>
// 在文件末尾添加以下 3 行：
<VirtualHost  192.168.8.10: 8088>
 DocumentRoot  /var/www/web3/
</VirtualHost>
wq                                      // 存盘退出
[root@RHEL 8-1~]# systemctl  restart  httpd.service    // 此时重启 httpd 会失败
Job for httpd.service failed because the control process exited with error code. See "systemctl status
httpd.service" and "journalctl -xe" for details.
```

上述 httpd 服务启动失败的原因是：在 http_port_t 端口标签中还没有 8088 端口，而 httpd 服务只有运行在具有 http_port_t 端口标签的端口上时，才能正常启动，这是 SELinux 的一种安全措施，其目的是阻止一个服务任意占用一个端口。使用 semanage port -l 命令可以显示所有端口标签类型各自所包含的端口。

步骤 4：在 http_port_t 端口标签中添加 8088 端口，以允许 httpd 服务运行在 8088 端口上。

```
[root@RHEL 8-1~]# semanage  port -a -t http_port_t -p tcp 8088
[root@RHEL 8-1~]# systemctl  restart  httpd.service       // 执行上述命令后，再重启 httpd 便会成功
```

步骤 5：在防火墙开启的情况下，开放 8088 端口的流量。

```
[root@RHEL 8-1~]# firewall-cmd --zone=public --add-port=8088/tcp --permanent
[root@RHEL 8-1~]# firewall-cmd --reload
```

步骤 6：访问测试。在 Linux/Windows 客户端访问站点时，必须在 IP 地址或域名后面加上端口号（使用 80 端口的 Web 站点可省）。

```
[root@RHEL 8-1~]# curl  -k  http: //192.168.8.10: 80
this is port80's web
```

[root@RHEL 8-1~]# **curl -k http: //192.168.8.10: 8088**

this is port8088's web

3.配置基于IP地址的虚拟主机

【例 11-5】根据表 11-7 中的配置参数，搭建两个 IP 地址不同的 Web 站点。

表11-7   **Web站点的各项配置参数**

网站	IP 地址	TCP 端口	站点主目录
Web_A	192.168.8.10	80	/var/www/web1/
Web_D	192.168.8.20	80	/var/www/web4/

配置步骤如下：

步骤 1：为服务器上的一块网卡绑定第 2 个 IP 地址→重载网络配置并激活网卡。

```
[root@RHEL 8-1~]#vim  /etc/sysconfig/network-scripts/ifcfg-ens160
………// 其他行省略
IPADDR=192.168.8.10
PREFIX=24
GATEWAY=192.168.8.254
IPADDR1=192.168.8.20                    // 添加此行，为网卡设置第 2 个 IP 地址
PREFIX1=24                              // 添加此行，为第 2 个 IP 地址设置子网掩码
:wq                                     // 存盘退出
[root@RHEL 8-1~]# nmcli  con  reload     // 重新载入网络配置文件
[root@RHEL 8-1~]# nmcli  con  up  ens160  // 激活网卡，使修改后配置生效
```

步骤 2：创建存放 Web 站点网页文档的主目录和默认首页文件。

```
[root@RHEL 8-1~]# mkdir  -p  /var/www/web4
[root@RHEL 8-1~]# echo  "this is 192.168.8.10's web" >/var/www/web1/index.html
[root@RHEL 8-1~]# echo  "this is 192.168.8.20's web" >/var/www/web4/index.html
```

步骤 3：编辑虚拟主机子配置文件 /etc/httpd/conf.d/vhosts.conf，设置基于 IP 地址的虚拟主机→重启 httpd 服务。

```
[root@RHEL 8-1~]# vim  /etc/httpd/conf.d/vhosts.conf
// 在文件末尾添加以下两个虚拟主机的定义
<VirtualHost  192.168.8.10>
  ServerName    192.168.8.10
  DocumentRoot /var/www/web1/
</VirtualHost>
<VirtualHost  192.168.8.20>
  ServerName    192.168.8.20
  DocumentRoot /var/www/web4/
```

```
</VirtualHost>
:wq                                    // 存盘退出
[root@RHEL 8-1~]# systemctl restart httpd.service
```

步骤 4：在 Linux 客户端访问不同 IP 地址的两个站点如下：

```
[root@RHEL 8-1~]# curl -k http: //192.168.8.10
this is 192.168.8.10's web
[root@RHEL 8-1~]# curl -k http: //192.168.8.20
this is 192.168.8.20's web
```

任务 11-5　访问控制 Web 服务器

通常情况下，页面是无条件访问的，但也有一些页面出于安全的考虑，需要满足一定条件后才可看到。比如：一些提供资源下载和网上支付的页面，需要提供帐号和密码后方可访问。Apache 提供了基于用户和客户端地址的两种访问控制方式。

1. 基于用户认证的访问控制

Apache 服务器中，可以针对特定的目录或虚拟目录设置用户认证机制，使得只有通过认证的用户才被允许访问该目录中的网页。下面，通过具体案例说明其配置方法。

【例 11-6】在别名为 "/jslt"（教师论坛）的虚拟目录上，配置其只允许 zhang3 用户访问。

步骤 1：使用 htpasswd 工具创建 zhang3 用户，并保存在 .teacherwd 认证文件中。

```
[root@RHEL 8-1~]# htpasswd -c /etc/httpd/.teacherwd zhang3
New password:                          // 输入设置密码
Re-type new password:                  // 再次输入设置密码
Adding password for user zhang3
[root@RHEL 8-1~]# cat /etc/httpd/.teacherwd    // 显示认证文件中所创建的用户名及密码
```

htpasswd 命令中的 "-c" 选项表示无论认证文件是否存在，都重新写入文件并删除文件中原有的内容，因此，向认证文件中添加第二个用户时，就不要再使用 "-c" 选项了。若要修改 zhang3 用户的密码，可使用 "htpasswd -m /etc/httpd/.teacherwd zhang3" 命令实现。

提示：.teacherwd 隐含认证文件尽可能不要放在网站的主目录下，防止被下载。

步骤 2：创建虚拟目录对应的物理目录及用于测试的默认首页文件。

```
[root@RHEL 8-1~]# mkdir -p /dyzx/jslt
[root@RHEL 8-1~]# echo "Welcome to 教师论坛 " > /dyzx/jslt/index.html
```

步骤 3：设置虚拟目录并对其添加用户认证授权访问→重新启动 httpd 服务。

```
[root@RHEL 8-1~]# vim /etc/httpd/conf.d/vdir.conf
// 在文件末尾添加以下各行：
Alias /jslt "/dyzx/jslt"               // 定义虚拟目录的别名为 /jslt, 物理路径为 /dyzx/jslt
<Directory "/dyzx/jslt">
```

```
    AuthType  Basic                    // 激活用户名＋密码的基本认证方式
    AuthName "RHEL 8:"                  // 设置在认证登录对话框中显示的提示信息
    AuthUserFile  /etc/httpd/.teacherwd  // 设置用户认证文件所在的位置
    Require  valid-user                 // 开启用户验证机制
</Directory>
: wq                                    // 存盘退出
[root@RHEL 8-1~]# systemctl  restart  httpd.service
```

使用 "<Directory " 目录 ">" 和 "</Directory>" 这对语句为主目录或虚拟目录设置访问控制，它们是一对容器语句，必须成对出现，其中的语句仅对被设置目录及其子目录起作用，其中，基于用户认证的常用访问控制指令见表 11-8。

表11-8　　　　　　　　　　　基于用户认证的常用访问控制指令

指令	功能说明
AuthName 领域名称	定义受保护领域的名称，将在弹出的认证登录对话框中显示
AuthType Basic | Digest	设置认证的方式。Basic 为基本方式，Digest 为摘要方式
AuthUserFile	设置用于存放用户帐号、密码的认证文件的路径
AuthGroupFile 文件名	设置认证组文件的路径及文件名
Require user 用户名 [用户名]... Require group 组名 [组名]... Require valid-user Require all granted | denied	授权给指定的一个或多个用户 授权给指定的一个或多个组 授权给认证文件中所有有效用户，即开启用户验证机制 允许或拒绝所有访问

步骤 4：若开启了 SELinux，且网页文件的存放目录不在标准位置（/var/www/），则必须将 /dyzx/ 目录的安全上下文修改为 httpd_sys_content_t，才有权访问其中的网页。

```
[root@RHEL 8-1~]# semanage  fcontext  -a  -t  httpd_sys_content_t  '/dyzx (/.*) ?'
[root@RHEL 8-1~]# restorecon  -Rv  /dyzx/     // 将设置的默认上下文应用于指定的目录文件
```

步骤 5：在客户端浏览器的地址栏中输入 "http://192.168.8.10/jslt"，弹出如图 11-7 所示的登录界面→输入有效的用户名和密码→单击【登录】按钮后进入如图 11-8 所示的访问界面。

图11-7　用户认证登录界面　　　　　　　　　　图11-8　访问虚拟目录/jslt首页

2. 基于客户端地址的访问控制

基于客户端地址的访问控制，同样要在目录块 "<Directory " 目录 ">...</Directory>" 中进行设置，并根据客户端的地址信息决定是否允许访问。

【例 11-7】针对【例 11-6】建立的教师论坛虚拟目录 "/dyzx/jslt"，配置禁止 IP 地址为 192.168.8.12 的客户端访问，其他的都允许访问。

步骤 1：编辑 vdir.conf 子配置文件，添加设置虚拟目录的物理路径设置访问控制→重新启动 httpd 服务。

```
[root@RHEL 8-1~]# vim /etc/httpd/conf.d/vdir.conf
Alias /jslt "/dyzx/jslt"
<Directory "/dyzx/jslt">
  <RequireAll>
    Require all granted            // 允许所有的客户端访问
    Require not ip 192.168.8.12    // 禁止 IP 地址为 192.168.8.12 的客户端访问
  </RequireAll>
</Directory>
: wq                               // 存盘退出
[root@RHEL 8-1~]# systemctl restart httpd.service
```

"<Directory " 目录 ">…</Directory>" 中基于客户端地址的常用访问控制指令见表 11-9，Options 选项的取值见表 11-10。

表11–9　　　　　　　　　　　　　基于客户端地址的常用访问控制指令

指令	功能说明
Options 选项值	设置服务器中特定目录的特性，其选项值见表 11-10
AllowOverride None	设置如何使用访问控制文件，None 禁止使用所有指令
Order ① Order Allow Deny ② Order Deny Allow	设置 Apache 缺省的访问权限及允许和拒绝语句的处理顺序 ①先允许后拒绝，默认拒绝所有未被明确允许的客户端地址 ②先拒绝后允许，默认允许所有未被明确拒绝的客户端地址
Allow|Deny from 地址 1 地址 2…	设置允许或拒绝的客户端地址，地址形式可以是主机名、域名、IP 地址、网络地址和 all（任意地址）

表11–10　　　　　　　　　　　　　　　　Options选项的取值

选项值	功能说明
Indexes	允许目录浏览。当客户仅指定要访问的目录，但没有指定要访问目录下的哪个文件，而且目录下不存在默认文档（如 index.html）时，浏览器会显示所设目录下的文件和子目录（虚拟目录除外）
MultiViews	允许内容协商的多重视图，是 Apache 的一个智能特性。当客户访问目录中一个不存在的对象时，如访问 "http://10.0.0.8/icons/a"，则 Apache 会查找这个目录下所有 a.* 文件。由于 icons 目录下存在 a.gif 文件，因此 Apache 会将 a.gif 文件返回给客户，而不是返回出错信息
All	包含了除 MultiViews 之外的所有特性，若无 Options 语句，默认为 All
ExecCGI	允许在该目录下执行 CGI 脚本
FollowSymLinks	可以在该目录中使用符号连接，以访问其他目录
Includes	允许服务器端使用 SSI（服务器包含）技术
IncludesNoExec	允许服务器端使用 SSI（服务器包含）技术，但禁止执行 CGI 脚本

步骤 2：测试。在客户端先后配置 IP 地址 192.168.8.18 和 192.168.8.12 →启动浏览器→在

地址栏输入"http:192.168.8.10/jslt"（其中 192.168.8.10 为服务器的 IP 地址）→观察前后两次访问页面能否成功。

任务 11-6　为 Linux 系统中的用户建立个人主页

现在大量的网站（如：新浪、网易、世界大学城）都为注册用户提供了个人主页（或博客）空间的功能，用户可以在自己的主页空间里进行个性化的装饰、发博客和放音乐。利用 httpd 服务自带的个人主页功能，可为 Linux 系统中的用户提供 Web 站点服务。当服务器启用该功能后，每个系统用户只需在其家目录中的相应位置（默认为 public_html 子目录）建立网页文件，就可以在客户端访问自己的个人主页了。

【例 11-8】在 Apache 服务器中，为用户 wang5 设置个人主页空间。该用户的家目录为 /home/wang5，个人主页空间所在的目录为 /home/wang5/public_html。

其配置步骤如下：

步骤 1：创建名称为 wang5 密码为 123.com 的用户，修改其家目录权限，使其属主用户具有读、写和执行权限，属组和其他用户只有执行权限。

```
[root@RHEL 8-1~]# useradd -p 123.com wang5
[root@RHEL 8-1~]# chmod 711 /home/wang5/                    //设置访问权限
```

步骤 2：创建个人主页空间所在目录→创建个人主页测试网页文件。

```
[root@RHEL 8-1~]# mkdir /home/wang5/public_html/
[root@RHEL 8-1~]# echo "this is wang5's Page">/home/wang5/public_html/index.html
```

步骤 3：修改 userdir.conf 子配置文件，启用个人主页功能→重启 httpd 服务。

```
[root@RHEL 8-1~]# vim /etc/httpd/conf.d/userdir.conf
#UserDir disable              //17 行：在行首加"#"号注释掉，开启个人主页功能
UserDir public_html           //24 行：除掉行首"#"号，设置用户的主页存放的目录
: wq                          // 存盘退出
[root@RHEL 8-1~]# systemctl restart httpd.service
```

步骤 4：使用 setsebool 命令永久启用对家目录的访问，以便有权访问其中的网页。

```
[root@RHEL 8-1~]# setsebool -P httpd_enable_homedirs on
```

步骤 5：测试。在客户端的浏览器地址栏中输入"http://192.168.8.10/~wang5"，以访问用户 wang5 的个人主页，若访问成功表示配置成功。

　项目实训11　配置和管理Apache Web站点

【实训目的】

会安装 Apache 软件包；能配置和管理虚拟目录；会配置管理基于域名、IP 地址和端口号的虚拟主机；会设置基于用户和客户端地址的访问控制；会配置系统用户的个人主页空间。

【实训环境】

一人一台 Windows 10 物理机，1 台 RHEL 8/CentOS 8 虚拟机，rhel-8.4-x86_64-dvd.iso 或 CentOS-8.4.2105-x86_64-dvd1.iso 安装包，虚拟机网卡连接至 VMnet 8 虚拟交换机。

【实训拓扑】（图 11-9）

图11-9　实训拓扑图

【实训内容】

你是一所学校的网络管理员，负责管理和维护学校的校园网。学校希望架设的站点参数见表 11-11。

表11-11　　　　　　　　　　　　　Web服务站点参数

网站	IP 地址	TCP 端口号	虚拟目录别名	主目录 / 虚拟目录的物理路径	FQDN
学校主网站	192.168.8.10	80		/var/www/html/	www.dyzx.edu
网络资源系子站	192.168.8.10	80	/wlzyx	/dyzx/wlzy	www.dyzx.edu
教务处子站	192.168.8.10	80	/jwc	/var/www/jwc/	jwc.dyzx.edu
招生就业网站	192.168.8.10	80		/var/www/zsb/	zsb.dyzx.edu
师生论坛网站	192.168.8.20	80		/var/www/sslt/	sslt.dyzx.edu
校长个人主页	192.168.8.20	80		/var/www/xz/	xz.dyzx.edu

1. 在服务器（虚拟机 1）的单网卡上绑定 192.168.8.10 和 192.168.8.20 两个 IP 地址。

2. 在服务器上安装 Apache 服务软件包。

3. 在服务器上创建并配置所有用户均能访问的"学校主网站"。

4. 在"学校主网站"下创建并配置别名为"/wlzyx"（网络资源系子站）虚拟目录，并且该虚拟目录只允许来自网络 192.168.8.0/24 的客户端访问。

5. 在"学校主网站"上创建并配置别名为"/jwc"（教务处子站）虚拟目录，并且该虚拟目录只允许"teacher"认证用户访问。

6. 在服务器上创建并配置与"学校主网站"具有相同 IP 地址、相同端口号，但域名不同的"招生就业网站"虚拟主机。

7. 在服务器上创建并配置与"学校主网站"具有不同 IP 地址、相同端口号的"师生论坛网站"虚拟主机。

8. 创建 zhangsan 用户，修改其家目录权限，使其他用户具有读和执行的权限。在服务器上创建并配置名为"zhangsan"系统用户的"校长个人主页"空间。

9. 在服务器端准备好各站点 / 子站的首页文件，并启动 httpd 服务。

10. 服务器端若开启防火墙则打开 TCP 80、8080 端口，若启用 SELinux 则临时禁用。

11. 在客户端（虚拟机 2）访问以上各站点 / 子站，测试其访问效果。

项目习作11

一、选择题

1.Apache 服务器是实现（   ）网络协议的服务器。

A.FTP   B.DHCP   C.DNS   D.HTTP

2. 使用 rpm 软件包安装的 Apache 服务器，其 httpd.conf 文件位于（   ）目录下。

A./etc/httpd   B./etc/conf   C./etc/httpd/conf   D./etc/conf/httpd

3.Apache 主配置文件中，使用（   ）配置项设置网页文件的根目录。

A.ServerRoot   B.ServerAdmin   C.DocumentRoot   D.DirectoryIndex

4.Apache 服务器默认在（   ）端口上侦听客户的访问请求。

A.1024   B.80   C.21   D.53

5. 以下有关"虚拟目录"的说法中错误的有（   ）。

A. 虚拟目录的位置与主目录的位置通常不在同一磁盘上

B. 虚拟目录的配置必须在主配置文件 httpd.conf 中进行

C. 虚拟目录中不存在自己独立的主页

D. 访问虚拟目录的方法是"http://IP 地址或域名 / 虚拟目录名称"

6. 关于 Apache 虚拟主机描述正确的是（   ）。

A. Apache 支持基于 IP 地址和域名虚拟主机技术，其中基于域名虚拟主机最常用

B. 基于 IP 地址虚拟主机要求 Apache 服务器具有多个 IP 地址

C. 基于域名虚拟主机需要在 DNS 服务器配置多个 DNS 域名指向同一个 IP 地址

D. 虚拟主机技术可以让多个站点共享同一台服务器从而减少运行成本

7. 下面（   ）不是基于客户端地址的访问控制指令。

A.all   B.deny   C.order   D.allow

8. 系统用户个人主页存放的目录由 /etc/httpd/conf.d/userdir.conf 文件的（   ）配置项设置。

A.DocumentRoot   B.UserDir   C.Directory   D.public_html

二、简答题

1. 简述 Web 服务系统的组成。

2. Apache 服务软件有哪些特征?

3. 使用虚拟目录、虚拟主机的好处分别有哪些?

项目12
使用MySQL
管理数据库

截至 2021 年 6 月底，中国的网站数为 422 万个，其中就有大量带有后台数据库的动态网站。所谓动态网站是包含了动态网页的网站，动态网页有两个显著特征：其一是网页内容不是固定不变的，即服务器端可以根据客户端、用户或时间的不同动态产生网页内容；其二是支持服务器端和客户端的交互功能（如：进行用户注册的网页）。动态网站这些特征和功能都离不开后台数据库的支持。

德雅职业学校的 Web 网站中为每个教职员工开辟了个人主页空间用于发布教学资源，同时还设置了教学论坛方便师生网上互动。无论是个人主页空间还是网上互动交流都需要使用数据库来存储每个人的信息及每个发帖与回帖的信息。

由此看来，要搭建一个动态网站，不仅包括前台网页页面的设计，还包括后台数据库服务器的搭建与管理。本项目主要介绍 MySQL 数据库服务器的安装、配置和使用。

12.2 项目知识准备

12.2.1 数据库服务器的基本概念

计算机数据处理技术的发展经历了程序数据处理、文件数据处理和数据库数据处理 3 个阶段，其中，数据库技术已成为计算机应用系统进行数据存储和处理的主要技术手段。数据库（DB）是经过计算机整理的、存储在一个或多个文件中的、按照一定的结构模型组织起来的、可共享的数据集合。位于用户和操作系统之间的用于管理数据库的应用软件称为数据库管理系统（DBMS）。由数据库、数据库管理系统及所需软硬件及相关人员的集合统称为数据库系统（DBS）。运行数据库管理系统并能实现网络分布式存储数据的主机称为数据库服务器。

根据数据库中数据组织结构和模型的不同，可将数据库分为关系型数据库、层次型数据库和网状型数据库三种基本形式，其中，关系型数据库是使用最为广泛的一种数据库。关系型数据库的主要特点之一就是用二维表的方式组织数据，见表 12-1。

表12-1　　　　　　　　　　　　**学生信息表**

学号	姓名	性别	出生年月
20220164	张三	男	2004-10-12
20220165	李四	女	2004-05-08

在一个实际的关系型数据库应用系统中，整个数据依据其来源和采集部门的不同可分为若干不同的数据库，每个数据库中又包含了如表 12-1 所示的若干数据表（简称表），每个表又包含若干行（称为记录），每条记录又包含若干列（称为属性或字段）。记录是数据库中的基本数据单位，属性或字段是数据库中的最小数据单位。

目前，市面上的数据库管理系统产品有很多种，从大型企业的解决方案到中小企业或个人用户的小型应用系统，都有满足用户的产品（全球数据库产品排名网站地址：http://db-engines.com/en/ranking）。运行在 Linux 系统上的主要有以下产品：

● 企业级数据库管理系统：Oracle、MongoDB、DB2、HBase。
● 中小型数据库管理系统：MySQL/MariaDB、PostgreSQL、Redis。

12.2.2　MySQL的特点及版本

MySQL（发音为"my ess cue el"，不是"my sequel"）是目前在开源社区中最受欢迎的一款完全开放源代码的中小型关系型数据库管理系统，它使用最常用的数据库管理语言——结构化查询语言（SQL）进行数据库管理。MySQL 由瑞典的 MySQL AB 公司开发，目前属于 Oracle 旗下产品（2008 年 1 月 SUN 公司收购 MySQL AB，2009 年 4 月 Oracle 公司收购 SUN 公司）。MySQL 软件由于具有性能高、成本低、可靠性好等特点，自 1996 年推出后一直备受使用者的喜爱和支持，已经成为最流行的开源数据库，因此被广泛地应用在 Internet 上的中小型网站中。随着 MySQL 的不断成熟，它也逐渐用于更多大规模网站和应用（比如维基百科、Google 和 Facebook 等网站）。

总体来说，MySQL 数据库管理系统具有以下主要特点：

①可以运行在 20 多种平台和操作系统上（如：Linux、UNIX、Mac 和 Windows），支持多用户、多线程和多 CPU；

②支持多种语言利用 MySQL 的 API 进行开发，提供 TCP/IP、SSL、ODBC 和 JDBC 等多种数据库连接途径；

③既能作为一个单独的应用程序在客户端服务器网络环境中运行，也能作为一个程序库而嵌入其他的软件中；

④优化的 SQL 查询算法，使其成为目前市场上运行速度最快的数据库系统；

⑤访问数据库的用户数量不受限制；

⑥可以保存和处理上千万条记录的大型数据库；

⑦提供多种数据类型和多语言支持，常见的编码如：中文的 GB2312、BIG5，日文的 Shift JIS 等，都可以用作数据表名和数据列名；

⑧提供用于管理、检查、优化数据库操作的各种管理工具。用户权限设置简单、有效。

在 MySQL 的官网（地址为：http://www.mysql.com）上有可供下载的多种版本，包括：MySQL Community（社区版）、MySQL Classic Edition（经典版）、MySQL Standard Edition（标准版）、MySQL Enterprise Edition（企业版）、MySQL Cluster CGE（高级集群版）、MySQL Embedded OEM/ISV（嵌入式版）。除社区版为开源免费外，其他均为商业收费版。

12.3 项目实施

任务 12-1 安装与管理 MySQL 服务器

1. MySQL 的安装

默认情况下系统未安装 MySQL 程序包。为此，以 root 身份登录 RHEL 8 系统，在配置好本地光盘 yum 源的基础上（参见任务 6-2），使用 dnf 命令安装 MySQL 包组的命令如下：

```
[root@RHEL 8-1~]# dnf -y install @mysql
```

以上命令执行后会自动安装 mysql、mysql -server 及其依赖包共计 7 个软件包。

2. MySQL 服务的运行管理

MySQL 采用客户端 / 服务器的工作模式，要使客户端能访问 MySQL 服务器，必须首先启动 MySQL 服务。

（1）MySQL 服务的启动、停止、重启、重新加载和状态查询的命令，一般格式如下：

```
systemctl start|stop|restart|reload|status mysqld.service
```

（2）设置开机自动启动或不启动 MySQL 服务的命令，一般格式如下：

```
systemctl enable|disable [--now] mysqld.service
```

（3）查看 MySQL 进程的命令如下：

```
[root@RHEL 8-1 ~]# ss -tulpn | grep mysqld
tcp  LISTEN 0  70    *: 33060   *: *    users: ( ("mysqld",pid=2532,fd=32) )
tcp  LISTEN 0  128   *: 3306    *: *    users: ( ("mysqld",pid=2532,fd=34) )
```

3. 运行 MySQL 安全配置向导

为了提高 MySQL 的安全性，在 MySQL 完成安装和启动服务后，一定要运行一次安全配置向导命令 mysql_secure_installation，该命令会以人机交互的方式完成有关初始化设置。

其执行过程如下：

```
[root@RHEL 8-1~]# mysql_secure_installation
Securing the MySQL server deployment.
Connecting to MySQL using a blank password.
VALIDATE PASSWORD COMPONENT can be used to test passwords
and improve security. It checks the strength of password
and allows the users to set only those passwords which are
secure enough. Would you like to setup VALIDATE PASSWORD component?
Press y|Y for Yes,any other key for No: y    // 是否设置 root 用户密码, 输入 y 并按【Enter】键或直
                                             // 接按【Enter】键
There are three levels of password validation policy:    // 密码验证策略有三个级别
LOW    Length >= 8
```

MEDIUM Length >= 8,numeric,mixed case,and special characters

STRONG Length >= 8,numeric,mixed case,special characters and dictionary   file

Please enter 0 = LOW,1 = MEDIUM and 2 = STRONG: 0　　　　　// 请输入 0= 低 ,1= 中 ,2= 强

Please set the password for root here.

New password:　　　　　　　　　　　　　　　　　// 设置 root 用户的密码

Re-enter new password:　　　　　　　　　　　　　　// 再输入一次设置的密码

Estimated strength of the password: 50　　　　　　　// 密码估计强度 : 50

Do you wish to continue with the password provided?(Press y|Y for Yes,any other key for No) : y

　　　　　　　　// 您想用提供的密码继续吗？（按 y|Y 表示是 , 按任何其他键表示否）

……

Remove anonymous users? (Press y|Y for Yes,any other key for No) : y

　　　　　　　　// 是否删除匿名用户 , 建议删除

……

Disallow root login remotely? (Press y|Y for Yes,any other key for No) : y

　　　　　　　　// 是否禁止 root 远程登录

……

Remove test database and access to it? (Press y|Y for Yes,any other key for No) : y

　　　　　　　　// 是否删除 test 数据库

……

Reload privilege tables now? (Press y|Y for Yes,any other key for No) : y

　　　　　　　　// 是否重新加载权限表

Success.

All done!

4.更改MySQL管理员root帐号的密码

新安装的 MySQL，只有一个名称为 "root" 的管理员帐号，该帐号与 Linux 操作系统的 root 用户帐号是不一样的，它是 MySQL 的内置帐号。默认情况下，root 用户的初始密码为空。root 帐号具有管理 MySQL 的最高权限，为安全起见，应定期修改其密码，其命令格式为：

mysqladmin -u 用户名 [-h 服务器主机名] [-p]password ' 新密码 '

提示：若是在 MySQL 服务器本机上修改密码时，则 "-h 服务器主机名" 参数可省；若被修改的密码为空时，"-p" 参数可省。

如，将 root 用户的密码修改为 "st123.com" 的命令如下：

[root@RHEL 8-1~]# **mysqladmin -u root -p password st123.com**

Enter password:　　　　　　　　　　　　　　// 输入旧密码后完成修改

5.配置MySQL的登录方式及侦听的网络接口

用户要存取访问 MySQL 数据库服务器中的数据，必须事先登录 MySQL 服务器，其登录方式有本地登录（数据库服务器所在的主机上登录）和远程登录（从网络中的其他主机上登录）

两种。 通过编辑 /etc/my.cnf 文件可以设置只允许本地登录或允许两种登录。

```
[root@RHEL 8-1 ~]# vim  /etc/my.cnf
[mysqld]
…………                          // 省略若干行
skip-networking=0               // 值为 0 时，支持本地和远程登录；值为 1 时，仅允许本地登录
bind-addrecss=192.168.8.10      // 侦听的网络接口
```

若允许远程登录 MySQL 服务器，必须在服务器端开启相应服务或端口，其命令如下：

```
[root@RHEL 8-1~]# firewall-cmd  --permanent  --add-service=mysql
[root@RHEL 8-1 ~]# firewall-cmd  --reload
```

6. MySQL的登录及退出

登录 MySQL 服务器的命令的一般格式为：

mysql [-h 主机名] -u 用户名 -p[用户密码]

-h 主机名——用于指定被登录的主机，若未指定则表示 localhost。
-u 用户名——用于指定登录的用户名。
-p[用户密码]——用于指定登录的用户密码，"-p"与其后的密码符号不能留空。
下面是以 root 帐号从本地登录 MySQL 服务器的过程，登录成功后出现提示符"mysql >"。

```
[root@RHEL 8-1~]# mysql -h  localhost -u  root  -p
Enter password:                          // 此处输入此前为 root 设置的密码
Welcome to the MySQL monitor.  Commands end with ; or \g.
Your MySQL connection id is 10
Server version:  8.0.21 Source distribution
Copyright  (c) 2000,2020,Oracle and/or its affiliates. All rights reserved.
Oracle is a registered trademark of Oracle Corporation and/or its
affiliates. Other names may be trademarks of their respective
owners.
Type 'help; ' or '\h' for help. Type '\c' to clear the current input statement.
mysql>select  version();                  // 查看 MySQL 的版本号
+-----------+
| version () |
+-----------+
|  8.0.21  |
+-----------+
1 row in set  (0.06 sec)
mysql> exit                               // 输入 exit 或 quit 命令退出 MySQL
Bye
```

[root@RHEL 8-1~]#

提示：如果主机内存小于 1 G 需要设置 swap，不然无法启动 MySQL8.0。

任务 12-2　使用 SQL 命令管理数据库

使用 SQL（结构化查询语言）语句或命令可以对数据库的各种数据单元进行管理。SQL 命令既可以采取人机交互的单命令操作，又可以作为程序中的语句完成复杂的数据处理。 在 "mysql>"提示符下，每条 SQL 命令都以 "；" 或 "\g" 结束，且命令中的关键词不区分大小写 （如：命令 show databases；与 SHOW　dataBAses；没有区别），但命令中出现的数据库名、表名 和字段名区分大小写，用户可以通过上下方向键选择曾经输入过的命令。

1. 数据库管理命令

数据库的操作包括查看、选择 / 连接、创建和删除等，其有关命令见表 12-2。

表12-2　　　　　　　　　　　　　数据库的操作命令

SQL 命令	功能
show databases；	查看服务器中当前有哪些数据库
select database ( )；	查看当前数据库
select user ( )；	查看当前用户
use 数据库名；	选择所使用的数据库
create database 数据库名；	创建数据库
drop database 数据库名；	删除指定的数据库

MySQL 安装后默认会创建 information_schema、mysql、performance_schema 和 sys 四个数 据库，其中名为 "mysql" 的数据库保存有 MySQL 的系统信息，用户修改密码和新增用户，实 际上就是针对该数据库中的有关表所进行的操作。

用户可以通过 "show databases；" 命令查看服务器中可用的数据库列表。 若用户要对某个 数据库进行操作，则先要使用 use 命令选择该数据库使之成为当前数据库。

```
mysql> show databases;               // 查看服务器中当前有哪些数据库
+--------------------+
| Database           |
+--------------------+
| information_schema |
| mysql              |
| performance_schema |
| sys                |
+--------------------+
4 rows in set  (0.33 sec)
mysql> use mysql;                    // 选择或连接名为 mysql 的数据库
```

MySQL 默认创建的数据库只是用于 MySQL 服务器本身的管理，如果用户要保存自己的应用数据到数据库中，可以使用有关创建和删除数据库的命令进行维护。

【例 12-1】新建一个 student 的学生库，并选择该数据库为当前数据库。

> mysql> **create database student**;
> Query OK,1 row affected (0.01 sec)
> mysql> **use student**;
> Database changed

2. 表结构管理命令

数据库中的数据都以二维表的形式被保存在不同的表中。要创建表，必须首先设计好表结构，即表中需要有哪些字段，每个字段的名称、数据类型。MySQL 的数据类型可分为数字、日期时间和字符串等三大类。有关表结构的操作命令见表 12-3。

表12-3   **表结构的操作命令**

SQL 命令	功能
create table 表名（字段列表）;	在当前数据库中创建表
show tables;	显示当前数据库中有哪些表
describe [数据库名 .] 表名;	显示当前或指定数据库中指定表的结构（字段）信息
drop table [数据库名 .] 表名;	删除当前或指定数据库中指定的表

【例 12-2】在 student 学生库中创建一个名为 course 的课程表。course 表包括两个字段 id、name，这两个字段均为非空字符串值，初始学号值设为"20220000"，其中，id 字段被设为主键（PRIMARY KEY）。

> mysql> **create table course (id char (8) not null default '20220000',primary key (id) ,name char (8) not null)** ;
> Query OK,0 rows affected (0.33 sec)
> mysql> **describe course**;　　　　　　// 显示当前连接的 student 库中 course 表结构的信息
> ```
> +---------+-------------+----------+------+------------+----------+
> | Field   | Type        | Null     | Key  | Default    | Extra    |
> +---------+-------------+----------+------+------------+----------+
> | id      | char (8)    | NO       | PRI  | 20220000   |          |
> | name    | char (8)    | NO       |      | NULL       |          |
> +---------+-------------+----------+------+------------+----------+
> ```
> 2 rows in set (0.01 sec)
> mysq> **show tables**;　　　　　　// 显示当前连接的 student 库中有哪些表
> ```
> +------------------------+
> | Tables_in_student      |
> +------------------------+
> ```

```
| course                |
+-----------------------+
1 row in set  (0.00 sec)
```

主键是被挑出来的能唯一识别表中记录的一个字段或多个字段的组合，表中任何两条记录的主键值都不相同且不为空。创建表时可通过相应的短语（如：primary key）设置表中的主键，表中主键最多只能设置一个，设置主键的目的是为了保证数据的完整性。

3.记录的查询、插入、更新与删除

新建立的表是只有结构信息没有数据记录的空表，有关记录的查询（读取）、插入、更新和删除的命令见表 12-4。

表12-4   常用SQL命令

SQL 命令	功能
select 字段名 1, 字段名 2...from 表名 where 条件表达式;	查询指定表中符合条件的记录
select * from 表名;	查询当前数据库的指定表中的记录
insert into 表名（字段 1, 字段 2, …）values（字段 1 的值，字段 2 的值，…）;	插入新的记录到指定的表中
update 表名 set 字段名 1= 字段值 1[, 字段名 2= 字段值 2] where 条件表达式;	更新指定表中的符合条件的记录
delete from 表名 where 条件表达式;	删除指定的表中满足条件的记录
delete from 表名;	清空当前数据库指定表内的所有记录

【例 12-3】向 student 学生库的 course 表中插入张三、李四两条记录，并对有关记录进行查询、更新和删除操作。

```
mysql> insert into student.course (id,name) values ('20220264',' 张三 ');
mysql> insert into student.course (id,name) values ('20221358',' 李四 ');
mysql> select * from student.course;
+-------------+---------+
| id          | name    |
+-------------+---------+
| 20220264 | 张三    |
| 20221358 | 李四    |
+-------------+---------+
2 rows in set  (0.00 sec)
mysql> update student.course set name=' 张三丰 ' where name=' 张三 ';
mysql> delete from student.course where name=' 张三丰 ';
```

任务 12-3　管理数据库用户与访问权限

要从客户端登录 MySQL 数据库服务器，必须提交数据库系统专用的用户及密码。安装 MySQL 后，系统默认会创建一个名为 root@localhost 的用户，由于 root 用户具有 MySQL 数据库的全部权限，随意使用会给数据库服务器带来安全隐患。为此，应创建一些维护数据库的普通用户，并授予其适当的权限。

1.创建数据库用户

在 MySQL 中用于创建数据库用户的命令格式如下：

create user 用户名 @ 来源地址 identified by [password] '密码';

●能创建新用户的用户自身必须拥有 MySQL 数据库的全局 create user 权限或 insert 权限。对于每个新建的用户会在 mysql.user 表中添加新记录，刚创建的新用户还没有任何权限。

●用户名 @ 来源地址——用于设置谁能登录、从哪登录。来源地址的形式有："localhost" 表示只能从数据库服务器所在的主机上登录数据库；"%" 表示可以从任何主机登录；"192.168.8.%" 表示可以从任何属于网络 192.168.8.0 的主机上登录；"%.hnwy.com" 表示可以从主机名后缀为 .hnwy.com 的所有主机上登录；省略来源地址时相当于 "%"。

● identified by '密码'——设置用户的密码，省略该项时，新用户的密码为空。

2.授权给数据库用户

grant 命令是用于给数据库用户进行授权，命令一般格式如下：

grant 权限列表 on 数据库名.表名 to 用户名 @ 来源地址;

●权限列表——是以逗号分隔的权限符号，主要权限符号见表 12-5。

表12-5　　　　　　　　　　　　　　　**用户权限符号**

权限符号	权限	权限符号	权限
select	允许读取（查询）表中任意字段	insert	允许向指定表中插入记录
update	允许更新指定表中任意字段	delete	允许删除指定表中的记录
index	允许创建或删除指定表的索引	create	允许创建新的数据库和表
alter	允许修改表的结构	grant	允许将自己拥有的某些权限授予其他用户
drop	允许删除现存的数据库和表	process	允许查看当前执行的查询
reload	允许重新装载授权表	all	具有全部权限

● on 数据库名.表名——要针对哪些表授予权限。可使用通配符 "*"，例如 "*.*" 表示所有数据库中的所有表。

● to 用户名 @ 来源地址——要被授予权限的用户。

【例 12-4】以 root 用户连接 MySQL 后，添加一个名为 user1、密码为 abc.1234 的 MySQL 用户，允许其只能从本地主机（MySQL 数据库所在的主机）上登录，并授予对数据库 student 进行查询的权限。然后验证该用户能否进行登录、查询和插入记录的操作。

mysql> **create user user1@localhost identified by "abc.1234":** // 创建用户 (密码应符合密码策略)

mysql> **grant select on student.* to user1@localhost:** 　　　　 // 授权用户有查询权

mysql>**flush privileges;** 　　　　　　　　　　　　　 // 刷新权限

```
mysql> exit
[root@RHEL 8-1~]# mysql -h localhost -u user1 -p                // 验证登录操作
Enter password:
……// 省略若干行
mysql>use student
mysql> select * from course;                                    // 验证查询权限
+-------------+---------+
| id          | name    |
+-------------+---------+
| 20221358    | 李四    |
+-------------+---------+
1 row in set  (0.00 sec)
mysql> insert into course (id,name) values ('20220616',' 王五 ');    // 验证插入权限
ERROR 1142 (42000) : INSERT command denied to user 'user1'@'localhost' for table 'course'
```

以上结果表明：创建的 user1 用户可以登录，登录后可查询数据库，但不可添加记录。

3.查看数据库用户的权限

要查看用户权限，既可以使用 select 命令，也可以使用以下命令进行查看：

show grants for 用户名 @' 来源地址 ';

【例 12-5】切换到 root 用户登录，查看用户 user1 从服务器本机进行连接时的权限。

```
mysql> exit
[root@RHEL 8-1 ~]# mysql   -h  localhost  -u  root  -p
mysql>show   grants   for   user1@'localhost';
+-----------------------------------------------------------------+
| Grants for user1@localhost                                      |
+-----------------------------------------------------------------+
| GRANT USAGE ON *.* TO 'user1'@'localhost'                       |
| GRANT SELECT ON 'student'.* TO 'user1'@'localhost'              |
+-----------------------------------------------------------------+
2 rows in set  (0.03 sec)
```

4.撤销数据库用户的权限

revoke 是 MySQL 中用于撤销用户权限的管理命令，其命令格式一般如下：

revoke 权限列表 on 数据库名 . 表名 from 用户名 @ 域名或 IP 地址

【例 12-6】撤销用户 user1 从服务器本机访问数据库 student 的查询权限。

```
mysql> revoke select on student.* from user1@'localhost';
mysql>flush  privileges;                          // 刷新权限使修改后的权限生效
mysql> show  grants  for  user1@'localhost';      // 查看修改后权限
```

```
+-----------------------------------------------------------------+
| Grants for user1@localhost                                      |
+---------------------------------------------+
| GRANT USAGE ON *.* TO 'user1'@'localhost'           |
+-----------------------------------------------------------------+
1 row in set  (0.00 sec)
```

任务 12-4　备份与恢复数据库

及时备份数据库是一项重要的日常工作。实现备份的方式有物理（原始）备份和逻辑备份两大类，其各自的特征见表 12-6：

表 12-6　物理（原始）备份和逻辑备份的特征

物理（原始）备份	逻辑备份
使用 cp、tar、ibbackup、mysqlhotcopy 和 lvm 等命令直接备份数据库所存放的目录	使用 mysqldump 专用工具，执行备份的用户需要对表至少有 select 权限
包含存储内容的文件和目录的原始副本、输出精简	从纯文本文件中导出信息和记录，数据库结构是通过查询数据库来检索
备份可包含日志和配置文件	不包含日志和配置文件
只能移植到具有类似硬件和软件的其他计算机	可移植性较强，即可以将备份数据在不同的数据库管理软件之间移植
备份速度较快	备份速度较慢
应在服务器脱机或数据库中的所有表均锁定时执行，防止在备份期间发生更改	可以在服务器联机的情况下执行备份（支持在线备份）

1. 使用 mysqldump 命令备份（导出）数据

mysqldump 是 MySQL 自带的一个标准的在线备份工具，可以将数据库信息导出为 SQL 脚本文件，便于在不同版本的 MySQL 服务器上使用，是目前最常用、最灵活的备份工具之一。mysqldump 可以完成全部数据库、指定数据库或表的备份，其命令格式为：

mysqldump -u 用户名 -p [密码] [选项] [数据库名] [表名] > / 备份路径 / 备份文件名

常用选项有：

--all-databases——备份服务器中的所有数据库内容。

--opt——对备份过程进行优化，此项为默认选项。

--no-data——仅备份数据库结构，不备份数据内容（记录）。

【例 12-7】备份指定的 student 数据库，备份 student 数据库中的 course 表，备份服务器中的所有数据库内容。

```
[root@RHEL 8-1~]# mysqldump -u root -p --opt student > back_student.dump
Enter password:                        // 设置备份密码，恢复数据时需输入
[root@RHEL 8-1~]# mysqldump -u root -p student course > back_course.dump
Enter password:
[root@RHEL 8-1~]# mysqldump -u root -p --all-databases > back_all.dump
```

Enter password:

[root@RHEL 8-1~]# **ll back***

-rw-r--r--. 1 root root 0 10 月 6 17: 18 back_all.dump

-rw-r--r--. 1 root root 0 10 月 6 17: 18 back_course.dump

-rw-r--r--. 1 root root 0 10 月 6 17: 17 back_student.dump

2.使用mysql命令恢复（导入）数据

对于使用 mysqldump 命令导出的备份文件，在需要恢复时可以直接使用 mysql 命令进行导入。其恢复命令格式为：

mysql -u root -p [数据库名]</ 备份路径 / 备份文件名 >

【例 12-8】恢复整个 student 数据库；恢复 student 数据库中的 course 表；恢复服务器中的所有数据库内容。

[root@RHEL 8-1~]# **mysql -u root -p student < back_student.dump>**

Enter password: // 输入备份时设置的密码

[root@RHEL 8-1~]# **mysql -u root -p student < back_course.dump>**

Enter password:

[root@RHEL 8-1~]# **mysql -u root -p < back_all.dump>**

Enter password:

执行恢复单个数据库或单个表的备份文件时，需要指定目标数据库的名称，而执行恢复所有数据库的备份文件时可以不指定数据库的名称。

 项目实训12 安装与管理MySQL服务器

【实训目的】

会利用 rpm 安装包安装与配置 MySQL 服务器，能使用 MySQL 操作命令创建管理数据库，会配置访问数据库的用户权限。

【实训环境】

一人一台 Windows 10 物理机，1 台 RHEL 8/CentOS 8 虚拟机，rhel-8.4-x86_64-dvd.iso 或 CentOS-8.4.2105-x86_64-dvd1.iso 安装包，虚拟机网卡连接至 VMnet 8 虚拟交换机。

【实训拓扑】（图 12-1）

图12-1 实训拓扑图

【实训内容】

1.启动RHEL 8虚拟机，安装MySQL服务器和客户端软件。

2.在服务端启动MySQL服务并设置在开机时自动启动。使用mysql_secure_installation命令进行安全初始化设置。

3.修改MySQL的配置文件/etc/my.cnf文件，设定服务器仅侦听本地客户端。

4.使用MySQL的root用户登录MySQL服务器，完成MySQL数据库系统的初始化。退出MySQL系统，修改MySQL的root的密码，然后再次用root登录MySQL系统。

5.配置MySQL支持汉字数据处理。

6.在"mysql＞"提示符下，完成对数据库的以下操作：

（1）查看服务器中可用的数据库。

（2）选择 user 数据库，查询该数据库中有哪些表，然后查看 user 表的结构。

（3）新建一个名为 jxlt 的教学论坛数据库，并选择该数据库为当前数据库。

（4）在 jxlt 数据库中创建一个名为 users 的用户表。users 用户表的结构见表 12-7。

表12-7 users用户表的结构

字段名称	是否为关键索引字段	是否允许为空	数据类型	字段含义
user_id	是	否	int	用户编号
username	否	否	varchar（10）	用户名
password	否	否	varchar（14）	密码
email	否	否	varchar（16）	邮箱地址
regtime	否	是	datetime	注册时间

（5）向 users 表中录入两条记录，并对有关记录进行显示、修改和删除的操作。

7.MySQL用户的创建与权限的设置

（1）创建一个名为 webadmin 的用户，用户密码为"anyone"。

（2）允许 webadmin 用户可从任意地方登录 MySQL 服务器。

（3）设置 webadmin 用户只能访问 jxlt 数据库，并赋予查看、添加、删除和更新权限。

（4）使用 webadmin 用户登录 MySQL 服务器，测试能否访问 mysql 数据库？然后再访问 jxlt 数据库，并测试 select、insert、delete 和 update 等操作能否成功。

8.数据库的备份与恢复

（1）备份整个 jxlt 数据库，备份 jxlt 数据库中的 usres 表，备份服务器中的所有数据库内容。

（2）在服务器中删除 jxlt 数据库所对应的目录（默认存储目录为 /var/lib/mysql）。

（3）恢复整个 jxlt 数据库，恢复 jxlt 数据库中的 usres 表，恢复服务器中的所有数据库内容。

项目习作12

一、选择题

1.MySQL 属于以下的（　　　）。

A.DB　　　　　　　B.DBMS　　　　　　C.DBS　　　　　　　　D. 数据库应用程序

2. 在数据库系统中，组织数据的数据单位包括（　　　）。

A. 数据库　　　　　B. 表　　　　　　　C. 记录　　　　　　　D. 字段

3. 利用 rpm 软件包安装的 MySQL 数据库服务器，其数据库默认存放位置为（　　　）。

A./var/lib/mysql　　　　　　　　　　B./usr/local/mysql

C./usr/local/mysql/data　　　　　　　D./usr/local/mysql/share/mysql

4. 若要设置 MySQL 的 root 用户的密码为 "1234.com"，以下命令中正确的是（　　　）。

A.mysql -u root -p "xyz, 1234"

B.mysql -u root -h localhost password "1234.com"

C.mysqladmin -u root -p "1234.com"

D.mysqladmin -u root password "1234.com"

5. 在 MySQL 中，若要选择使用名为 mysql 的数据库，则实现命令为（　　　）。

A.show databases;　　　　　　　　B.use database mysql;

C.use mysql;　　　　　　　　　　　D.select * from mysql;

6. 在 MySQL 中，通常使用（　　　）语句来进行数据的检索、输出操作。

A.select　　　　　　B.insert　　　　　　C.delete　　　　　　　D.update

7. 在 MySQL 系统中，要创建帐号并同时给帐号设置权限，正确方法有（　　　）。

A. 联合使用 insert into、update 和 flush privileges 命令来实现

B. 可使用 grant 命令来实现

C. 可使用 revoke 命令来实现

D. 直接使用 update 语句来实现

8. 若要备份名为 mysql 的数据库，可使用（　　　）命令来实现，若要从备份文件中恢复数据，则应使用（　　　）命令。

A.mysqladmin

B.mysqldump -u root -p -opt mysql>/mysqlbak.sql

C.mysqladmin -u root -p < /mysqlbak.sql

D.mysql -u root -p mysql< /mysqlbak.sql

二、简答题

1. 简述 MySQL 数据库管理系统的主要特点。

2. 简述登录连接 MySQL 数据库的一般步骤。

3. 通过上网搜索了解 "LAMP" 所代表的含义及功能。

项目13
使用vsftpd传输文件资源

13.1 项目描述

德雅职业学校架设了自己的 Web 服务器和存放师生共享资料的文件服务器。Web 服务器需要经常更新页面和随时增加新的消息条目；而文件服务器是学校及师生个人的多媒体教学资源的集中存放地，师生员工，特别是有时在家办公的教师经常需要通过互联网从文件服务器下载资料到本地计算机，也需要从各自的计算机上上传资料到文件服务器。这里更新、下载和上传文档资料的功能要求，均可通过搭建 FTP 服务器来获得圆满解决，不仅如此，FTP 服务器还可通过访问权限的设置确保数据来源的正确性和数据存取的安全性。

13.2 项目知识准备

13.2.1 FTP服务的作用与系统组成

FTP 概述及工作工程

FTP（File Transfer Protocol，文件传输协议）是使网络中的计算机之间实现文件传送的标准协议。FTP 的主要作用是让用户通过网络连接上一个远程计算机（这些计算机上运行着 FTP 服务器程序），查看远程计算机有哪些文件，然后把需要的文件从远程计算机上复制到本地计算机（FTP 的下载），或者把本地计算机的文件传送到远程计算机（FTP 的上传）。

FTP 服务与大多数 Internet 服务一样，也是采用客户机 / 服务器的模式。FTP 服务系统由服务器软件、客户端软件和 FTP 通信协议三部分组成。一个完整的 FTP 文件传输，在 FTP 客户机与远程的 FTP 服务器之间会建立两条 TCP 连接：一条是用于传输指令的控制连接；另一条是用于传输文件的数据连接，如图 13-1 所示。

图13-1 FTP服务系统的组成

常见的 FTP 服务器程序有：

●基于 Linux 平台的 vsftpd、Proftpd 和 wu-ftpd 等。

●基于 Windows 系统的 IIS、FTP 和 Serv-U 等。

常见的 FTP 客户端程序有：

●基于 Linux 客户端的 ftp 命令、gftp（GNOME 桌面环境中运行）软件、KuFtp（KDE 桌面环境下运行的国产软件）软件、运行在 Linux 系统上的大多数网页浏览器软件以及一些专用于下载的工具软件（如：FlashGet、wget、proz）等。

●基于 Windows 客户端的 ftp 命令、Windows 资源管理器、CuteFTP、FlashFXP、LeapFTP、Filezilla、迅雷（只支持下载）、大多数网页浏览器软件等。

13.2.2　FTP服务的工作过程

FTP 的连接包括命令连接和数据连接，其中，数据连接又细分为主动和被动两种模式。FTP 服务器一般都支持主动和被动模式，连接采用何种模式是由 FTP 客户端软件决定。

1.主动模式（PORT/standard）的工作过程

主动模式是由 FTP 服务器主动向客户端发起建立数据连接的，其工作过程如下：

FTP 客户端从任意的一个非特权端口 N（＞1024）连接到服务器的 21 端口，并发送用户名和密码进行登录，建立起二者之间的命令连接。当需要传输数据时，客户端通过命令连接发出 PORT 命令告诉服务器"我开放的数据端口是 N+1，你来连接我"；服务器收到 PORT 命令后，通过自己的 20 端口主动地发起与客户端的 N+1 端口建立数据连接；在数据连接通道上，开始传输数据直至传输结束而终止数据连接。如图 13-2 所示。

2.被动模式（PASV）的工作过程

被动模式是 FTP 服务端在指定范围内的某个端口上被动等待客户端发起数据连接。其工作过程如下：

FTP 客户端从任意的一个非特权端口 N（＞1024）连接到服务器的 21 端口，发送用户名和密码进行登录；当需要传输数据时，客户端发送 PASV 命令到服务器，让服务器进入被动模式；服务器收到 PASV 命令后，会向客户端返回一个具有 6 个字段的字符串，其中，前四个字段是服务器的 IP 地址，后两个字段则是能计算出服务器端数据端口号的两个参数，然后服务器和客户端均会按照"第 5 个字段 *256+ 第 6 个字段"的算式计算其值（记为 P），服务器开启 P 端口，客户端则从 N+1 号端口主动向服务器的 P 号端口发起连接，从而建立起一条数据连接通道；在数据连接通道上，开始传输数据直至传输结束而终止数据连接。如图 13-3 所示。

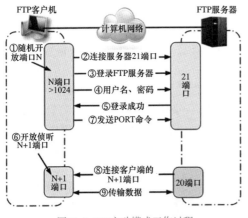

图13-2 FTP主动模式工作过程

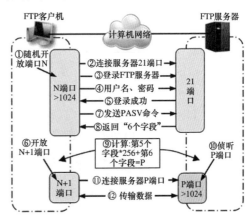

图13-3 FTP被动模式工作过程

　　由上可知，两种模式的命令连接的建立方法相同，而数据连接的建立方向则相反。 主动模式是客户端随机打开一个端口等待服务器来建立数据连接；被动模式则是服务端随机打开一个端口等待客户端去建立一个数据连接。 在实际应用中，主动 FTP 对服务器的管理有利，但对客户端的管理不利，因为 FTP 服务器企图与客户端的高位随机端口建立连接，而这个端口很有可能被客户端的防火墙阻止。 被动 FTP 对客户端的管理有利，但对服务器端的管理不利，因为客户端要主动与服务器端某个高位随机端口建立数据连接，而该端口很有可能被服务器端的防火墙阻止。 如果在客户端与 FTP 服务器之间存在路由器、防火墙或者 NAT 等设备的话，那么在部署 FTP 服务器时，最好采用被动模式。 否则，很可能只能够建立命令连接通道，而无法进行数据传输。

13.2.3　vsftpd服务简介

1.vsftpd软件的特点

　　vsftpd 是一个基于 GPL 发布的类 UNIX 系统上使用的 FTP 服务器软件，它的全称是"very secure FTP daemon"（非常安全的守护），安全、高速与高稳定性是 vsftpd 的重要特点。 其市场应用十分广泛，很多国际性的大公司和自由开源组织都在使用，如 RedHat、Suse、Debian、OenpBSD 等。 目前已经被许多大型站点所采用，如 ftp.redhat.com、ftp.kde.org、ftp.gnome.org 等。 官方下载地址：ftp://vsftpd.beasts.org。

2.vsftpd的传输模式

　　在传输文件时，根据文件类型的不同，分为文本传输模式和二进制传输模式。 很多 FTP 服务器和 FTP 客户端软件都能自动识别文件类型，并采用相应的传输模式。

　　●文本传输模式：该模式在传输文件时使用 ASCII 字符序列传输数据，只适合传输用 HTML 和文本编辑器编写的文件。

　　●二进制传输模式：该模式以二进制序列传输数据，适合传输程序、压缩包、图片等文件。

3.vsftpd的用户类型

　　要传输文件的用户需先经过认证以后才能登录 vsftpd 服务器，进而访问在远程服务器上的文件资源。vsftpd 支持匿名用户、本地用户、虚拟用户三种用户登录模式。

　　（1）匿名用户：匿名用户在登录 vsftpd 服务器时并不需要特别的密码就能访问服务器。 一般匿名用户的用户名为 ftp 或者 anonymous。

　　（2）本地用户（系统用户）：是指 FTP 服务器所安装的操作系统中实际存在的用户，其用户名、密码等信息保存在 passwd、shadow 文件中，以 /etc/passwd 中的用户名为认证方式，并具有本地登录权限，登录成功之后进入本地用户的家目录。

　　（3）虚拟用户：使用独立的帐号 / 密码登录 vsftpd 服务器，支持将用户名和密码保存在数据库文件或数据库服务器中。 相对于 vsftpd 的本地用户来说，虚拟用户只是 vsftpd 服务器的专有用户，其用户名和密码都是由用户密码库指定，一般采用 PAM 进行认证。 虚拟用户只能访问 vsftpd 服务器所提供的资源，这大大增强系统本身的安全性。 相对于匿名用户而言，虚拟用户需要用户名和密码才能获取 vsftpd 服务器中的文件，增加了对用户和下载功能的可管理性。 对于需要提供下载服务，但又不希望所有人都可以匿名下载的，以及既需要对下载用户进行管理，又考虑到主机安全和管理方便的 FTP 站点来说，虚拟用户是一种极好的解决方案。

13.3 项目实施

任务 13-1 安装与测试 vsftpd 服务

1. 检查是否安装vsftpd软件

[root@RHEL 8-1 ~]# **rpm -qa | grep vsftpd**

如果没有任何显示，说明没有安装。RHEL 8.4 系统自带了 vsftpd，默认情况下，vsftpd 未安装，可用下述命令安装：

[root@RHEL 8-1 ~]# **mount /dev/cdrom /mnt**

[root@RHEL 8-1 ~]# **rpm -ivh /mnt/AppStream/Packages/vsftpd-3.0.3-33.el8.x86_64.rpm**

2. vsftpd服务的运行管理

（1）vsftpd 服务的启动、停止、重启、重新载入和状态查询的命令格式如下：

systemctl start|stop|restart|reload|status vsftpd.service

（2）vsftpd 服务的自动启动，实现开机自动启动或不启动 vsftpd 服务的命令如下：

systemctl enable|disable [--now] vsftpd.service

（3）启动 vsftpd 服务并查看端口占用情况和 vsftpd 进程：

[root@RHEL 8-1 ~]# **systemctl start vsftpd**

[root@RHEL 8-1 ~]# **ss -nutap | grep ftp**

tcp LISTEN   0   32   : : : 21   : : : * users: (("vsftpd",pid=4434,fd=3))

[root@RHEL 8-1 ~]# **ps -ef | grep   vsftpd**

root   4434   1   0 17: 24 ?   00: 00: 00 /usr/sbin/vsftpd /etc/vsftpd/vsftpd.conf

root   4459 2464   0 17: 25 pts/0   00: 00: 00 grep --color=auto vsftpd

3. 在本机测试vsftpd服务器

测试步骤如下：

步骤 1：在默认情况下，RHEL 8 中的 vsftpd 不允许匿名用户（用户名为 ftp 或 anonymous，密码为 ftp 或任意符号）进行登录，为此需修改配置文件以便允许匿名登录。

[root@RHEL 8-1 ~]# **vim /etc/vsftpd/vsftpd.conf**

……

anonymous_enable=YES   //12 行：将其设置值由 "NO" 改为 "YES"，允许匿名用户登录

……

:wq   // 保存退出

[root@RHEL 8-1 ~]# **systemctl restart vsftpd**

步骤 2：安装 ftp 客户端软件包，其执行命令如下：

[root@RHEL 8-1 ~]# **rpm -ivh /mnt/AppStream/Packages/ftp-0.17-78.el8.x86_64.rpm**

步骤 3：在本机使用 ftp 命令登录 vsftpd 服务器，以检测 vsftpd 是否安装成功（其中粗体字部分为用户输入信息，其余为系统应答信息）。

[root@RHEL 8-1 ~]#**ftp 192.168.8.10**
Connected to 192.168.8.10 (192.168.8.10).
220 (vsFTPd 3.0.3)
Name (192.168.8.10: root)：**ftp**　　　　　// 输入用户名，此处为匿名用户
331 Please specify the password.
Password:　　　　　　　　// 输入用户密码，匿名用户的密码为空或任意字符
230 Login successful.
Remote system type is UNIX.
Using binary mode to transfer files.
ftp> **ls**　　　　　　　　　　// 显示用户登录后当前目录下的文件清单
227 Entering Passive Mode (192,168,8,10,91,4).
150 Here comes the directory listing.
drwxr-xr-x　2 0　　0　　6 May 14 2020 pub
226 Directory send OK.
ftp> **mkdir dir1**　　　　　　// 在服务器上的当前目录下创建一个文件夹
550 Permission denied.　　　　// 权限被拒绝，表明匿名用户在默认配置下不能上传信息
ftp> **bye**
221 Goodbye.

常用 ftp 命令见表 13-1。

表13-1　　　　　　　　常用ftp命令

命令格式	功能
cd remote-directory	更改远程计算机上的工作目录
pwd	显示远程计算机上的当前目录
ls|dir remote-directory	显示远程目录文件和子目录列表
delete remote-file	删除远程计算机上的文件
rm|get remote-file [local-file]	将远程计算机上的文件下载到本地计算机
put|mput local-file [remote-file]	将本地文件上传到远程计算机上
mkdir remote-directory	创建远程目录
rmdir remote-directory	删除远程目录
bye 或 quit	结束与远程计算机的 FTP 会话并退出 FTP

任务 13-2　认识 vsftpd 的配置文件

vsftpd 的配置文件及目录见表 13-2。

表13-2 vsftpd的配置文件及目录

设置项	说明
/etc/vsftpd/vsftpd.conf	主配置文件
/etc/vsftpd/ftpusers	禁止访问 vsftpd 的用户列表文件（黑名单文件）
/etc/vsftpd/user_list	禁止或允许访问 vsftpd 的用户列表文件，默认是禁止登录 vsftpd 服务（黑名单），但通过配置可以让只有在此文件里的用户才能访问 vsftpd 服务，这样新加入的用户就不会自动拥有 vsftpd 的访问权，从而使服务器更安全
/etc/pam.d/vsftpd	PAM 认证文件（此文件中 file=/etc/vsftpd/ftpusers 字段，指明阻止访问的用户来自 /etc/vsftpd/ftpusers 文件中的用户）
/var/ftp/、/var/ftp/pub/	匿名用户的主目录、下载目录

主配置文件 vsftpd.conf 中以"#"号开头是注释行或是被关掉的具有某功能的配置行。有效配置行的一般格式为"option=value"（等号两边不能加空格），配置文件的详细帮助信息可通过"man vsftpd.conf"命令进行查询。vsftpd.conf 文件中的常用配置项及功能说明见表 13-3。

表13-3 主配置文件vsftpd.conf常用配置项及功能说明

类别	配置项及默认配置	功能说明
匿名用户配置项	no_anon_password=NO	匿名用户登录时是否不用密码。默认值为 NO
	anonymous_enable=NO	设置是否允许匿名用户登录 FTP 服务器。默认值为 NO
	anon_world_readable_only=YES	设置是否只允许匿名用户下载可阅读文档。YES，只允许匿名用户下载可阅读文档；NO，允许匿名用户浏览整个服务器的文件系统。默认值为 YES
	#anon_upload_enable=YES	在 write_enable=YES 时，是否允许匿名用户上传文件，而且匿名用户对相应的目录必须有写权限，默认为 NO
	#anon_mkdir_write_enable=YES	在 write_enable=YES 时，是否允许匿名用户创建目录，且匿名用户对上层目录有写入的权限，默认为 NO
	anon_other_write_enable=NO	是否允许匿名用户有其他的写入权限，如对文件和文件夹的改名、覆盖及删除，默认值为 NO
	ftp_username=ftp	定义匿名用户的名称，默认值为 ftp，文件中默认无此项
	anon_root=/var/ftp	设置匿名用户的根目录，即匿名用户登录后所在的目录，默认值为 /var/ftp/，文件中默认无此项
	anon_umask=022	匿名用户所上传文件的默认权限掩码值，对应目录权限为 755（777-022 = 755），文件权限为 644（666-022=644）
	anon_max_rate=0	设置匿名用户的最大传输速率（0 表示不限制），单位为字节 / 秒

续表

类别	配置项及默认配置	功能说明
本地用户配置项	local_enable=YES	设置是否允许本地用户登录 FTP 服务器，默认为 YES
	local_umask=022	本地用户上传文件的默认权限掩码值
	local_root=/var/ftp	设置本地用户登录后所在目录（缺省为用户家目录，如：user1 用户为：/home/user1）
	local_max_rate=0	设置本地用户的最大传输速率（0 表示不限制），单位为字节 / 秒
	#chroot_local_user=YES	是否将本地用户锁定在宿主目录中
	#chroot_list_enable=YES	是否启用 chroot_list_file 配置项指定的用户列表文件
	#chroot_list_file=/etc/vsftpd/chroot_list	文件 /etc/vsftpd/chroot_list 需自己建立，当 chroot_list_enable=YES 时，列入其中的用户登录后，被锁定在宿主目录中
全局配置项	write_enable=YES	设置是否允许本地用户具有写权限
	listen=NO listen_ipv6=YES	设置 vsftpd 是否以独立运行方式启动，设置为 NO 时以 xinetd 方式启动（xinetd 是管理守护进程的，将服务集中管理，可以减少大量服务的资源消耗）
	connect_from_port_20=YES	控制以主动（PORT）模式进行数据传输时服务器端是否使用 20 端口
	pasv_enable=YES	是否开启被动（PASV）模式；若设置为 NO，使用主动（PORT）模式。默认为 YES，即使用 PASV 模式，如果客户机在防火墙后（外网用户访问），应设为 YES
	pasv_max_port=0	设置在 PASV 工作方式下，数据连接可以使用的端口范围的上界。默认值为 0，表示任意端口
	pasv_min_port=0	设置在 PASV 工作方式下，数据连接可以使用的端口范围的下界。默认值为 0，表示任意端口
	listen_port=21	设置控制连接的监听端口号，默认为 21
	max_clients= 数字	设置允许同时访问 vsftpd 服务的客户端最大连接数，默认为 0，表示不受限制
	max_per_ip= 数字	设置每个 IP 地址允许与 FTP 服务器同时建立连接的数目，防止同一个用户建立太多的连接，默认为 0，不受限制，只有在以 standalone（独立）模式运行时才有效
	userlist_enable=YES	设置 /etc/vsftpd/user_list 文件是否启用生效
	userlist_deny=YES	设置 /etc/vsftpd/user_list 文件中的用户是否允许访问 FTP 服务器。若为 YES，则 /etc/vsftpd/user_list 文件中的用户将不允许访问；若为 NO，则只有 vsftpd.user_list 文件中的用户，才能访问
	xferlog_enable=YES	是否启用日志文件
	#xferlog_file=/var/log/xferlog	设置日志文件的存储路径和文件名
	xferlog_std_format=YES	是否启用标准的 xferlog 格式存储日志
	listen_address=IP 地址	设置在指定的 IP 地址上侦听用户的 FTP 请求，若不设置，则对服务器所绑定的所有 IP 地址进行侦听，只在以 standalone（独立）模式运行时才有效

类别	配置项及默认配置	功能说明
全局配置项	#ascii_upload_enable=YES	是否使用 ASCII 码方式上传文件，默认为 NO
	#ascii_download_enable=YES	是否使用 ASCII 码方式下载文件，默认为 NO
	pam_service_name=vsftpd	设置 PAM 认证服务的配置文件名，该文件位于 /etc/pam.d 目录下
	#chown_uploads=YES	设置是否改变匿名用户上传的文档的属主，默认为 NO，若设置为 YES，则匿名用户上传的文档的属主将被设置为 chown_username 配置项所设置的用户名
	#chown_username=whoever	设置匿名用户上传的文档的属主名，当 chown_uploads=YES 时有效，默认为 root
	virtual_use_local_privs= NO	当为 YES 时，虚拟用户使用与本地用户相同的权限；当为 NO 时，虚拟用户使用与匿名用户相同的权限，默认为 NO

任务 13-3 配置匿名用户访问的 FTP 站点

【例 13-1】搭建一台 FTP 服务器，允许师生员工使用匿名用户下载公共资源。

配置步骤如下：

步骤 1：创建一个供下载资源的目录 /data/public，并在其中添加测试文件。

```
[root@RHEL 8-1 ~]# mkdir -p /data/public
[root@RHEL 8-1 ~]# echo my test file >/data/public/匿名用户测试文件.txt
```

步骤 2：编辑 vsftpd.conf，允许匿名用户访问→重启 vsftpd 服务，使修改后的配置生效。

```
[root@RHEL 8-1 ~]# vim /etc/vsftpd/vsftpd.conf
// 查找或添加以下行并修改之，其他配置行保持默认
anonymous_enable=YES            //12 行：允许匿名用户访问
anon_root=/data/public/         // 添加到 13 行：设置匿名用户登录后的根目录
: wq                            // 保存退出
[root@RHEL 8-1 ~]# systemctl restart vsftpd
```

提示：默认情况下，匿名用户的用户名为 ftp 或 anonymous，且登录后的根目录为 /var/ftp。

步骤 3：若防火墙开启则开放 ftp 服务。

```
[root@RHEL 8-1 ~]# firewall-cmd --permanent --add-service=ftp
[root@RHEL 8-1 ~]# firewall-cmd --reload
```

步骤 4：在 SELinux 开启的情况下，修改目录 /data/public 的安全上下文，使匿名用户能读取文件或目录（能浏览、下载文件或目录）。

```
[root@RHEL 8-1 ~]# semanage fcontext -a -t public_content_t 'data/public (/.*) ?'
[root@RHEL 8-1 ~]# restorecon -Rv /data/public
```

步骤 5：在 Windows 10 客户端的桌面上双击【此电脑】图标→在打开的【此电脑】窗口的地址栏中输入 "ftp://192.168.8.10" 后按【Enter】键，系统登录 FTP 服务器，如图 13-4 所示。

图13-4　登录FTP服务器

步骤 6：从 FTP 登录窗口内拖曳文件（夹）到本地硬盘（E:）窗口完成下载，如图 13-5 所示。

图13-5　下载文件（夹）

任务 13-4　配置本地用户访问的 FTP 站点

【例 13-2】扩展学校 FTP 服务器的功能，使其能维护学校的 Web 网站，包括上传文件、创建目录、更新网页等。学校指派了专人专号（user1）予以维护，user1 登录 FTP 服务器后直接进入 Web 网站的目录 /data/www/web1，且要求不能进入该目录以外的任何目录。

具体配置步骤如下：

步骤 1：建立用于维护网站的禁止登录的用户 user1→设置用户密码→创建存放网页文件的目录→创建用于测试的文件→设置网站目录访问权限→设置目录属主为用户 user1→设置目录访问权限。

```
[root@RHEL 8-1 ~]# useradd -s /sbin/nologin user1
[root@RHEL 8-1 ~]# passwd user1
[root@RHEL 8-1 ~]# mkdir -p /data/www/web1
[root@RHEL 8-1 ~]# echo "www.dyzx.edu 's web">/data/www/web1/ 本地用户访问 ftp.txt
[root@RHEL 8-1 ~]# chown -hR user1 /data/www/web1
[root@RHEL 8-1 ~]# chmod -R 755 /data/www/web1
```

提示：本地用户登录，默认进入的是该用户的家目录，如果想改变本地用户的登录后的目录，可以在 vsftpd.conf 文件里指定：local_root= 根目录。

步骤 2：编辑主配置文件 vsftpd.conf。

```
[root@RHEL 8-1 ~]# vim /etc/vsftpd/vsftpd.conf
// 查找以下各行并修改之，其他配置行保持默认
local_enable=YES                    //15 行：允许本地用户登录
```

local_root=/data/www/web1	//添加至 16 行：设置本地用户登录后的根目录
write_enable=YES	//18 行：允许写入
local_umask=022	//22 行：设定新上传文件 (夹) 的权限掩码
connect_from_port_20=YES	//42 行：以主动模式进行数据传输时是否使用 20 端口
chroot_local_user=NO	//100 行：是否将所有用户限制在登录根目录内
chroot_list_enable=YES	//101 行：开启锁定用户的 chroot 功能
chroot_list_file=/etc/vsftpd/chroot_list	//103 行：设置锁定用户的列表文件
allow_writeable_chroot=YES	// 添加至 104 行：允许用户具有主目录写权限
……// 省略其他若干行	

其中：chroot_local_user 与 chroot_list_enable 的组合效果见表 13-4。

表13-4   **chroot_local_user与chroot_list_enable的组合效果**

组合项	chroot_local_user=YES	chroot_local_user=NO
chroot_list_enable=YES	只有 chroot_list_file 中列入的本地用户不被锁定，其他本地用户被锁定在根目录内	只有 chroot_list_file 中列入的用户被锁定，其他本地用户不被锁定
chroot_list_enable=NO	所有本地用户都被锁定在根目录内；不使用 chroot_list_file 指定的用户列表，没有任何"例外"用户	所有本地用户都不被锁定；不使用 chroot_list_file 指定的用户列表，没有任何"例外"用户

步骤 3：由于使用 /sbin/nologin 用户登录，需要在 shells 文件中添加一行 /sbin/nologin

```
[root@RHEL 8-1 ~]# vim  /etc/shells
……// 省略其他若干行，在文件末尾添加下一行
/sbin/nologin
```

步骤 4：建立 /etc/vsftpd/chroot_list 文件，将被锁定的用户 user1 加入其中→重启 vsftpd 服务。

```
[root@RHEL 8-1 ~]# vim  /etc/vsftpd/chroot_list
user1
[root@RHEL 8-1 ~]# systemctl  restart  vsftpd
```

步骤 5：若防火墙开启，则开放 ftp 服务流量。

```
[root@RHEL 8-1 ~]# firewall-cmd --zone=public --permanent --add-service=ftp
[root@RHEL 8-1 ~]# firewall-cmd --reload
```

步骤 6：修改 SELinux 布尔值，允许本地用户登录。

```
[root@RHEL 8-1 ~]# getsebool -a | grep  ftp          // 查看与 ftp 有关的所有 SELinux 的布尔值
[root@RHEL 8-1 ~]# setsebool -P ftpd_full_access on // 开放 ftp 访问 (-P 写入磁盘，永久生效 )
```

步骤 7：在 Windows 10 客户端的桌面上双击【此电脑】图标→在打开的【此电脑】窗口的地址栏中输入 "ftp://192.168.8.10" 后按【Enter】键→若同时允许匿名访问则会先进入匿名访问的窗口，在窗口的空白处单击鼠标右键→在弹出的快捷菜单中选择【登录】菜单项→在打开的

【登录身份】对话框中输入用户名和密码→单击【登录】按钮，如图 13-6 所示。

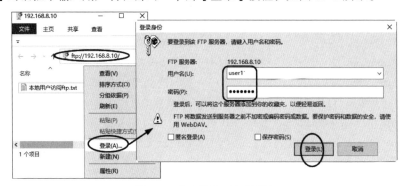

图13-6　用户登录ftp的对话框

步骤 8：在打开的 FTP 登录窗口内拖曳文件（夹）到本地硬盘（E:）的窗口完成下载→从本地硬盘（E:）窗口内将文件（夹）拖曳到 FTP 登录窗口完成上传，如图 13-7 所示。

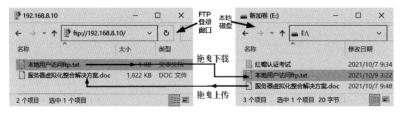

图13-7　上传、下载文件（夹）

当使用本地用户无法登录时，一个常用的排错方法是：在服务器端使用 "ftp IP 地址" 命令登录 FTP 服务器，输入用户名和密码后会提示详细的错误信息，如若出现 "500 OOPS：bad bool value in config file for：anon_world_readable_only Login failed"，通常原因是 /etc/vsftpd/vsftpd.conf 配置文件的配置行后面有空格，去掉空格便可。

任务 13-5　配置虚拟用户访问的 FTP 站点

【例 13-3】为了学校 FTP 服务器的安全，不直接使用本地用户登录，使用虚拟用户验证机制，并对不同虚拟用户设置不同的访问权限。同时，为了保证服务器的整体性能，需要对上传 / 下载流量进行控制，见表 13-5。

表13-5　　　　　　　　　　　　　　　**用户配置**

本地用户	对应虚拟用户	虚拟用户的登录目录	访问权限
user2	student2	/data/student	student2 只允许下载
	teacher2	/data/teacher	techer2 可以上传和下载

具体配置步骤如下：

步骤 1：创建系统内真实存在的本地用户→创建虚拟用户的登录目录→修改登录目录的所有者及访问权限。

```
[root@RHEL 8-1 ~]# useradd -s /sbin/nologin user2
[root@RHEL 8-1 ~]# mkdir -p /data/student /data/teacher
```

```
[root@RHEL 8-1 ~]# echo  my test file >/data/student/ 虚拟用户 1 测试文件 .txt
[root@RHEL 8-1 ~]# echo  my test file >/data/teacher/ 虚拟用户 2 测试文件 .txt
[root@RHEL 8-1 ~]# chown  user2  /data/student  /data/teacher
[root@RHEL 8-1 ~]# chmod  -R  755  /data/student  /data/teacher
```

提示：如果用户没有可执行权限，用户登录时会出现不能更改目录的错误。

步骤 2：创建存放虚拟用户的用户名和密码信息的文本文件 v_user.txt。

```
[root@RHEL 8-1 ~]# vim /etc/vsftpd/v_user.txt          // 此文件的名称可自行定义
student2                                                // 指定虚拟用户的名称
123                                                     // 指定上一行虚拟用户的密码
teacher2
456
```

步骤 3：检查、安装 db_load 转换工具（RHEL 8 中已默认安装）→将虚拟用户明文文件 v_user.txt 转化为数据库文件 v_user.db →修改数据库文件访问权限，以防止被非法用户盗取。

```
[root@RHEL 8-1 ~]#rpm  -qf  /usr/bin/db_load
libdb-utils-5.3.28-40.el8.x86_64
[root@RHEL 8-1 ~ ]# db_load -T -t hash -f /etc/vsftpd/v_user.txt /etc/vsftpd/v_user.db
[root@RHEL 8-1 ~ ]# file /etc/vsftpd/v_user.db          // 查看密码数据文件
/etc/vsftpd/v_user.db: ,created: Thu Jan  1 00: 34: 08 1970
[root@RHEL 8-1 ~]# chmod  600  /etc/vsftpd/v_user.*
```

db_load 命令参数说明：

-T——允许应用程序能够将文本文件转换并载入数据库文件。

-t hash——追加在 -T 选项后，用来指定转译载入的数据库类型，常用类型有 btree、hash、queue 和 recon 等。

-f——用于指定转换前后的包含用户名与密码信息的源文件和目标文件。

步骤 4：建立用户登录时进行身份验证的 PAM 认证文件。为了使服务器能够使用数据库文件对客户端进行身份验证，需要对 PAM（Plugable Authentication Module，可插拔认证模块）认证程序的位置、认证方式和认证对象等进行配置。存放 PAM 认证文件的目录为 "/etc/pam.d/"，此目录下保存了与认证有关的多个配置文件，其中 "/etc/pam.d/vsftpd" 为 vsftpd 服务使用的默认 PAM 认证文件，用户可复制该文件后建立自己的 PAM 认证配置文件。

```
[root@RHEL 8-1 ~]#cp  -p  /etc/pam.d/vsftpd /etc/pam.d/vuser.vu   // 复制模板认证配置文件
[root@RHEL 8-1 ~]# vim /etc/pam.d/vuser.vu
// 在原文件前两行添加用于控制虚拟用户的验证配置行：
auth         sufficient     /lib64/security/pam_userdb.so  db=/etc/vsftpd/v_user
account      sufficient     /lib64/security/pam_userdb.so  db=/etc/vsftpd/v_user
// 保留以下原文件中所有默认内容 ( 用于控制本地用户的验证配置行)
```

session	optional	pam_keyinit.so	force	revoke
auth	required	pam_listfile.so	item=user sense=deny	file=/etc/vsftpd/ftpusers onerr=succeed
auth	required	pam_shells.so		
auth	include	password-auth		
account	include	password-auth		
session	required	pam_loginuid.so		
session	include	password-auth		

在以上认证配置文件 vuser.vu 中，添加了两行，每行由 4 个字段组成，其中：

字段 1：指明程序所使用的 PAM 认证鉴别的接口类型。"auth"表示鉴别类接口模块类型，对用户帐号的用户名和密码进行验证，并分配权限；"account"是帐户类接口类型，主要负责帐户合法性检查，如：确认帐号是否过期，是否有权登录系统等。

字段 2：用于设置如何处理 PAM 模块鉴别认证的结果，即在认证成功或失败后如何进行后续控制。其中，"sufficient"表示审核成功是用户通过认证的充分条件，即一旦验证成功，那么 PAM 便立即向应用程序返回成功结果而不必经过下面剩下的验证。相反，若验证失败，用户还必须经历剩下来的验证审核；"required"表示审核成功是用户通过认证的必要条件，即当对应于应用程序的所有带"required"标记的模块出现了错误，PAM 并不马上将错误消息返回给应用程序，而是在所有模块都调用完毕后才将错误消息返回给调用他的程序。

字段 3：/lib 64/security/pam_userdb.so 表示该条审核将调用 pam_userdb.so 库函数进行（如果 RHEL/CentOS 系统为低版本中的 32 位系统，lib 64 应改为 lib，否则配置失败）。

字段 4：db=/etc/vsftpd/v_user——指定虚拟用户数据库文件的存放位置及名称，此处为步骤 2 中建立的文件 v_user（省略 .db 扩展名），系统将到该文件中调用数据进行身份验证。

步骤 5：修改 vsftpd.conf 主配置文件，添加对虚拟用户的支持，设置符合每个虚拟用户要求的共同配置。

```
[root@RHEL 8-1 ~]# vim /etc/vsftpd/vsftpd.conf
local_enable=YES                        //15 行：使用虚拟用户一定要启用本地用户
allow_writeable_chroot=YES              //104 行：修复对用户家目录因有写权限而使访问出错
pam_service_name=vuser.vu               //125 行：指定对虚拟用户进行 PAM 认证的文件名 vuser.vu
guest_enable=YES                        // 添加 127 行：启用虚拟用户功能，允许虚拟用户登录
guest_username=user2                    // 添加 128 行：指定虚拟用户对应的本地用户
user_config_dir=/etc/vsftpd/vconfig     // 添加 129 行：指定虚拟用户的配置文件的存放位置
virtual_use_local_privs=YES             // 添加 130 行：虚拟用户和本地用户有相同的权限
```

步骤 6：为虚拟用户分别建立满足各自要求的专用配置文件。由于多个虚拟用户有不同的访问权限，若使用同一个配置文件则无法实现，需要为每个虚拟用户建立专属的配置文件。为此，在 user_config_dir 指定路径下，建立与虚拟用户同名的配置文件，并根据需要添加相应的配置项。

```
[root@RHEL 8-1 ~]# mkdir /etc/vsftpd/vconfig/
[root@RHEL 8-1 ~]# vim /etc/vsftpd/vconfig/student2    // 确保配置文件名与虚拟用户名同名
local_root=/data/student                               // 指定登录以后的位置
anon_world_readable_only=YES                           // 允许浏览和下载
```

write_enable=NO	// 关闭写入开关(此处不能省)
anon_max_rate=500000	// 限定传输速率为 500 KB/s
: wq	// 保存退出
[root@RHEL 8-1 ~]# **vim /etc/vsftpd/vconfig/teacher2**	// 确保配置文件名与虚拟用户名同名
local_root=/data/teacher	// 指定登录以后的位置
write_enable=YES	// 允许写入
anon_upload_enable=YES	// 允许上传
anon_mkdir_write_enable=YES	// 允许创建目录
anon_other_write_enable=YES	// 允许删除和修改
anon_max_rate=1000000	// 限定传输速率为 1000 KB/s

提示：①在 vsftpd 服务器中，虚拟用户默认作为匿名用户处理以降低权限，因此对应的权限设置通常使用以 anon_ 开头的配置项作为虚拟用户的配置项（local_root 除外）。

②在创建上述两个文件时，每个配置行后面不能有多余空格，否则会导致用户登录失败。

步骤 7：修改 SELinux 布尔值，允许用户访问 FTP 服务→重启 vsftpd 服务，使配置生效，并设置 vsftpd 服务在系统开机时自动启动。

[root@RHEL 8-1 ~]# **setsebool -P ftpd_full_access on**	// 允许所有用户访问 ftp 服务器
[root@RHEL 8-1 ~]# **systemctl restart vsftpd**	
[root@RHEL 8-1 ~]# **systemctl enable vsftpd**	

步骤 8：使用虚拟用户访问 FTP 的测试。
● 虚拟用户 student2 登录 /data/student，可以浏览、下载文件（夹），但不能上传。
● 虚拟用户 teacher2 登录 /data/teacher，可以浏览、下载、上传、删除文件（夹）。

 项目实训13　安装与配置vsftpd服务器

【实训目的】

会安装 vsftpd 软件包，能配置匿名用户、本地用户和虚拟用户访问的 FTP 服务器，会使用 FTP 客户端软件访问 FTP 服务器。

【实训环境】

一人一台 Windows 10 物理机，1 台 RHEL 8/CentOS 8 虚拟机，1 台 Windows 10 虚拟机，rhel-8.4-x86_64-dvd.iso 或 CentOS-8.4.2105-x86_64-dvd1.iso 安装包，虚拟机网卡连接至 VMnet 8 虚拟交换机。

【实训拓扑】（图13-8）

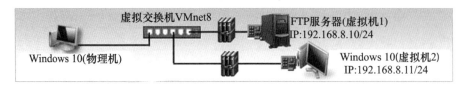

图13-8　实训拓扑图

【实训内容】

1.vsftpd服务软件包的安装与运行管理

（1）以管理员 root 登录服务器，按图 13-8 配置网络参数，安装 vsftpd 服务软件包。

（2）启动 vsftpd 服务并设置开机时自动启动 vsftpd 服务，启动防护墙，开放 FTP 服务流量。

2.搭建匿名用户可下载资源的FTP站点

（1）创建存放下载资源的目录 /var/ftp/course，并设置该目录的权限是为 755。

（2）编辑 vsftpd.conf 主配置文件，允许所有员工使用匿名用户登录并下载文件。

3.建立用于维护学校Web站点内容的FTP站点

（1）创建登录 FTP 服务器但不能登录 Linux 系统的本地用户 zhang3。

（2）创建 Web 站点的根目录 /var/www/dyzx_web，将该目录的所有者修改为 zhang3 用户且目录权限设置为 755。

（3）编辑 vsftpd.conf 主配置文件，使其具有如下功能：允许本地用户登录，对根目录（/var/www/dyzx_web）具有上传文件、创建目录、更新网页等权限，激活 chroot 功能并将本地用户锁定在根目录内。

（4）建立 /etc/vsftpd/chroot_list 文件，添加 zhang3 帐号。

（5）修改 SELinux 布尔值，允许本地用户登录。

4.搭建虚拟用户访问的FTP站点

（1）创建不可登录系统的名为 user 的本地用户。

（2）创建两个虚拟用户的登录目录（/data1、/data2），将登录目录的所有者修改为 user，设置登录目录的访问权限为 755。

（3）创建虚拟用户 li4、wang5 的文本文件，并使用 db_load 工具将该文本文件转化为数据库文件，修改数据库文件访问权限 600（只有 root 用户可读写）。

（4）建立支持虚拟用户登录时进行验证的 PAM 认证文件。

（5）修改 /etc/vsftpd/vsftpd.conf 主配置文件，添加虚拟用户支持。

（6）为虚拟用户 li4、wang5 分别建立满足各自要求的配置文件。其中，li4 用户可以浏览、下载文档资料，wang5 用户可以下载、上传、删除文件（夹）和创建目录。

（7）修改 SELinux 布尔值，允许用户访问 FTP 服务。

5.在客户端上，使用匿名用户、本地用户zhang3、虚拟用户li4和wang5分别登录FTP服务器进行访问，看是否能满足题目要求。

项目习作13

一、选择题

1. 在主动模式下，FTP 服务器利用（　　）端口建立与客户端的数据连接。

　　A.20　　　　　　　　B.21　　　　　　　　C.22　　　　　　　　D.23

2. 以下文件中，不属于 vsftpd 的配置文件的是（　　）。

　　A./etc/vsftpd/vsftp.conf　　　　　　B.etc/vsftpd/vsftpd.conf

　　C./etc/vsftpd/ftpusers　　　　　　　D./etc/vsftpd/user_list

3. 安装 vsftpd FTP 服务器后，若要启动该服务，则正确的命令是（　　）。

　　A.systemctl start vsftp　　　　　　B.systemctl vsftpd start

　　C.systemctl vsftp start　　　　　　D.systemctl start vsftpd

4. 若使用 vsftpd 的默认配置，使用匿名帐号登录 FTP 服务器，所处的目录是（　　）。

　　A./home/hp　　　　B./var/ftp　　　　C./home　　　　　　D./home/vsftpd

5.vsftpd 默认情况下的设置值有（　　）。

　　A. 匿名用户可以上传文件　　　　　　B. 本地用户可以上传文件

　　C.ftp 是匿名用户　　　　　　　　　　D. 本地用户可以浏览目录

6. 以下对 vsftpd 的描述，不正确的是（　　）。

　　A.Linux 系统组建 FTP 服务器可使用 vsftpd 或者 ProFTP

　　B. 在默认配置下，匿名登录 vsftpd 服务器后，在服务器端的位置是 /var/ftp

　　C. 客户端可使用 ftp 或 gftp 命令或 FTP 客户端软件来登录 FTP 服务器

　　D.vsftpd 服务器不能对用户的上传或下载速度进行控制

7. 若要禁止所有 ftp 用户登录 FTP 服务器后，切换到 FTP 站点根目录的上级目录，则相关的配置应是（　　）。

　　A.chroot_local_user=NO　　　　　　B.chroot_local_user=YES

　　　chroot_list_enable=NO　　　　　　　chroot_list_enable=NO

　　C.chroot_local_user=YES　　　　　　D.chroot_local_user=NO

　　　chroot_list_enable=YES　　　　　　　chroot_list_enable=YES

8. 在 RHEL 8 系统中，若要设置允许匿名 FTP 用户上传文件，应在 vsftpd.conf 文件中添加（　　）配置参数。

　　A.local_enable=YES　　　　　　　　B.write_enable=YES

　　C.anon_upload_enable=YES　　　　　D.upload_enable=YES

二、简答题

1. 简述 FTP 服务系统的组成。

2. 简述 vsftpd 特点及数据连接的类型。

3.vsftpd 搭建的 FTP 服务器提供的 3 种用户认证模式各自有什么特点？

项目14
使用Postfix与Dovecot收发电子邮件

14.1 项目描述

电子邮件（简称 E-mail）是 Internet 最早出现的服务之一，至今它仍然是人们进行信息传递的一种简便、迅速、廉价的现代通信方式，它不但可以传送文本，还传递图片、图像、声音和视频等多媒体信息。虽然电子邮箱的许多功能已被即时通信方式（如：QQ、MSN）所取代，但在商业环境下，由于附带电子证书的电子邮件可以作为司法凭据，依然是进行公务交流的主要方式。对一些企事业单位而言，拥有自己的邮件系统，是高效、安全业务运作与快速市场响应的标志，它不仅能够满足组织内部频繁的信件交流的需求，还能够提升组织形象并带来实际效益，据统计，Internet 上有 30% 的业务与电子邮件有关。截至 2021 年 8 月，国内注册的企业邮箱独立域名约为 527 万个，活跃的国内企业邮箱用户规模约为 1.6 亿，相比 2020 年用户规模增长了 12.5%，邮箱系统在企事业内外信息交流、商务往来、移动办公上发挥着不可替代的重大作用。

本项目的主要任务是使用 Postfix+Dovecot 等软件为德雅职业学校搭建电子邮件服务器，并在客户端使用 Outlook 收发邮件。

14.2 项目知识准备

14.2.1 电子邮件系统的组成

电子邮件系统是一种能够书写、发送、存储和接收信件的电子通信系统。该系统主要由以下四个部分组成，如图 14-1 所示。

电子邮件服务

图14-1 电子邮件系统的组成结构

1.邮件用户代理MUA (Mail User Agent)

MUA 是电子邮件系统的客户端程序，其功能是为用户提供邮件的撰写、发送、接收、阅读的界面，是用户与电子邮件系统的接口。目前主流的 MUA 软件有基于 Linux 平台的 Thunderbird、Kmail 和基于 Windows 平台的 Outlook 2013/2016/2019、Foxmail 等。

2.邮件传输代理MTA (Mail Transfer Agent)

MTA 运行在邮件服务器上，负责接收 MUA 发送的邮件，并将邮件由一个 MTA 服务器转发到另一个 MTA 服务器。常用的 MTA 软件有 Postfix、Sendmail、Exchange server 等。

3.邮件递交代理MDA (Mail Delivery Agent)

MDA 通常是挂在 MTA 下面的一个小程序，其主要功能是：分析由 MTA 所收到的信件表头或内容等数据，从而决定这封邮件的去向。MTA 把邮件投递到邮件接收者所在的邮件服务器，MDA 则负责把邮件按照接收者的用户名投递到邮箱中。此外，MDA 还可以有邮件过滤及其他相关的功能，如丢弃某些特定主题的广告或者垃圾邮件、自动回复邮件等。

4.电子邮件协议

以上三种角色相互之间的通信，通过以下主要协议实现：

（1）SMTP（Simple Mail Transfer Protocol，简单邮件传送协议）：是发送（从发件人客户机到服务器）和中转（从一台服务器到另一台服务器）邮件的协议。SMTP 在 TCP 25 号端口监听连接请求。对于支持发信身份验证和加密的邮件服务器，将会采用扩展的 SMTP（Extended SMTP）。

（2）POP 3（Post Office Protocol，邮局协议的第 3 版）和 POP 3S：是收取（从服务器的收件人邮箱到收件人客户机）邮件的协议，POP 3 需要将邮件内容全部下载后才能阅读，其默认监听的工作端口是 TCP 110。POP 3S 是使用 SSL 加密的 POS 3，其默认监听的工作端口是 TCP 995

（3）IMAP 4（Internet Message Access Protocol，网际消息访问协议第 4 版）和 IMAP 4S：用于收取、管理电子邮件，是 POP 的替代品，它除了具备 POP 协议的基本功能以外，还具备对邮箱同步的支持，即提供了如何远程维护服务器上邮件的功能。IMAP 4 监听的工作端口是 TCP 143。IMAP 4S 是使用 SSL 加密的 IMAP 4，其监听的工作端口是 TCP 993。

14.2.2　电子邮件传输过程

用户要收发电子邮件，首先要在各自的 POP 服务器注册一个 POP 邮箱，以获得 POP 和 SMTP 服务器的地址信息。如，zhang 3@163.com 和 li 4@sina.com 就是分别在域名为 163.com 和 sina.com 的 POP 服务器上注册的两个邮箱地址。E-mail 服务的工作过程如图 14- 2 所示。

图14-2　E-mail服务的工作过程

下面以 zhang 3@163.com 发给 li 4@sina.com 的邮件为例，其传递 E-mail 的过程如下：

①当 163.com 服务器上的用户 zhang 3 向 li 4@sina.com 发送 E-mail 时，zhang 3 使用 MUA 编辑要发送的邮件，然后发送至 163.com 域（本地域）的 SMTP 服务器。

②163.com 的 SMTP 服务器收到邮件后，将邮件放入缓冲区，等待发送。

③ 163.com 的 SMTP 服务器每隔一定时间处理一次缓冲区中的邮件队列，若是自己负责域（本地域）的邮件，则根据自身的规则决定接收或者拒绝此邮件，否则 163.com 的 SMTP 服务器根据目的 E-mail 地址，使用 DNS 服务器的 MX（邮件交换器资源记录）查询目的域 sina.com 的 POP 服务器地址，并通过网络将邮件传送给目标域的 POP 服务器。

④ sina.com 的 POP 服务器收到转发的 E-mail 后，根据邮件地址中用户名判断用户的邮箱，并通过 MDA 将邮件投递到 li4 用户的邮箱中保存，等待用户登录来读取或下载。

⑤ sina.com 的 li4 用户利用客户端的 MUA 软件登录 sina.com 的 POP 服务器，从其邮箱中下载并浏览 E-mail。

由以上邮件协议的功能和邮件的收发过程可以看出，邮件客户端和邮件服务器需要同时支持 SMTP 和 POP 3/IMAP 4 才能实现完整的邮件收发功能。

14.2.3　Linux平台上的主流E-mail软件

在 Linux 平台中，目前有多种可供选择的邮件服务器软件，使用较多的是：支持 STMP 协议的 Postfix、Sendmail 和 Qmail，支持 POP 3 和 IMAP 4 的 Dovecot 和 Cyrus-IMAP。这些软件的特点见表 14-1。

表14-1　　　　　　　　　　　　　　主流E-mail服务软件的特点

类型	名称	特点
发送 / 转发邮件服务器软件	Postfix	采用模块化设计，在投递效率、稳定性、性能及安全性方面表现优秀，与 Sendmail 保持足够的兼容性
	Sendmail	资格最古老，运行稳定，但安全性欠佳
	Qmail	采用模块化设计，速度快、执行效率高，配置稍微复杂点
接收邮件服务器软件	Dovecot	速度很快，扩展性好，安全性好，架设、操作与维护简便
	Cyrus-IMAP	速度快，基于非系统用户认证加带 SMTP 认证

14.3 项目实施

任务 14-1　安装与配置发送邮件服务器 Postfix

1.Postfix服务的安装

RHEL 8 自带了 Postfix 和 Sendmail 两种 STMP 邮件服务的 rpm 软件包，用户可以选择其一。查看 Postfix 是否安装的命令如下：

```
[root@RHEL 8-1~]# rpm  -qa | grep  postfix
```

如果没有任何显示，说明没有安装，可用下述命令安装：

```
[root@RHEL 8-1 ~]# mount  /dev/cdrom  /mnt
[root@RHEL 8-1 ~]# rpm  -ivh /mnt/BaseOS/Packages/postfix-3.5.8-1.el8.x86_64.rpm
Verifying...                    ############################### [100%]
准备中 ...                      ############################### [100%]
```

正在升级 / 安装 ...

　　1: postfix-2: 3.5.8-1.el8　　　###############################[100%]

2.Postfix的主要配置文件

Postfix 的主要配置文件见表 14-2。

表14-2　　　　　　　　　　　　　**Postfix的主要配置文件**

文件位置及名称	功能说明
/etc/postfix/main.cf	主配置文件
/etc/postfix/master.cf	运行参数配置文件, 其规定了 Postfix 每个子程序的运行参数, 默认已经配置好, 通常不需要更改
/etc/postfix/install.cf	包含了安装过程中安装程序产生的 Postfix 初始化设置
/etc/postfix/access	访问控制文件, 用来设置服务器为哪些主机进行转发邮件, 即用于实现中继代理。设置完毕后, 需要在 main.cf 中启用, 并使用 postmap 生成相应的数据库文件
/etc/postfix/header_checks	主要用于邮件头内容过滤, 通过正则匹配确认策略, 也可以将该文件复制设置 body 过滤
/etc/postfix/virtual	虚拟别名域库文件, 用来设置虚拟帐号和域的数据库文件, 需要在 main.cf 文件中启用
/etc/aliases	别名文件, 用来定义邮箱别名, 设置完毕后, 需要在 main.cf 中启用, 并使用 postalias 或 newaliases 生成相关数据库

3.main.cf文件配置行的语法格式

Postfix 绝大多数配置参数都在 main.cf 文件中, 且都设置了缺省值。用户只要调整几个基本的参数便可搭建起基本的发送邮件服务器。配置行的格式为:

　　参数 = 参数值 | $ 参数

●所有配置以类似变量的设置方法来处理, 如: myhostname = mail.hnwy.com, 请注意等号的两边要留空格符, 非续行的配置行第一个字符不可以是空白, 要从行首写起。

●可以使用 "$" 来扩展使用变量设置。例如, 当 myhostname = mail.hnwy.com, 而 myorigin=$myhostname 时, 则后者等价于 myorigin = mail.hnwy.com。

●如果参数支持两个以上的参数值, 则可使用空格符或逗号加空格符来分隔。如: "mydestination = $myhostname, $mydomain, www.hnwy.com"。

●如果一个参数的值有多个, 可以将它们放在不同的行中, 只要在第一行最后有逗号, 且在其后的每个行前多置一个空格即可, Postfix 会把第一个字符为空格或 Tab 的文本行视为上一行的延续。

●若重复设置了某一项, 则以较晚出现的设置值为准。

4.postfix相关指令

Postfix 的相关指令见表 14-3。

表14-3　　　　　　　　　　　　　**Postfix的相关指令**

命令格式	功能说明
postconf [-n|d]	查看 postfix 当前有效配置, -n 查看非默认配置, -d 查看默认配置

命令格式	功能说明
postfix　check	检查 postfix 相关的档案、权限等是否正确
postfix　start| stop |reload	开始执行或关闭 postfix 或重新读入配置文件 /etc/postfix/main.cf
postfix　flush	强制将目前正在邮件队列的邮件寄出
postalias　hash:/etc/aliases	别名数据库生成指令，执行后会依据 /etc/aliases 文件生成 /etc/aliases.db
postcat　/var/spool/postfix/maildrop/F36DDC08FF	用于查看邮件队列中的邮件内容
postmap　hash:/etc/postfix/access	用于生成 access 文件为数据库文件
postqueue　-p	其输出类似于 mailq

5. Postfix 服务器的基本配置

【例 14-1】Postfix 和 DNS 服务在 IP 地址为 192.168.8.10 的同一主机，主机名为 mail.dyzx.edu。配置服务器使得该服务器能为 192.168.0.0/16 网段的用户发送本地邮件域 dyzx.edu 中的邮件，以及中继转发远程邮件域的邮件。

配置步骤如下：

步骤 1：服务器所在主机的 IP 地址和 DNS 的地址均修改为 192.168.8.10→将主机名按如下命令进行修改。

```
[root@RHEL 8-1 ~]# hostnamectl --static set-hostname mail.dyzx.edu
[root@RHEL 8-1 ~]# bash              // 重启 Shell 使修改后的主机名生效
[root@mail ~]#
```

步骤 2：安装与配置 DNS 服务→设置 unbound 在开机时自动启动且立即启动。

```
[root@mail ~]# mount /dev/cdrom /mnt
[root@mail ~]# rpm -ivh /mnt/AppStream/Packages/unbound-1.7.3-15.el8.x86_64.rpm
[root@mail ~]# vim /etc/unbound/unbound.conf
interface: 192.168.8.10          //48 行 : 设置 DNS 服务监听的端口
do-ip4: yes                      //208 行 : 开启监听 IPv4 地址
access-control: 0.0.0.0/0 allow  //254 行 : 允许所有地址访问 ,allow 表示允许 ,refuse 表示拒绝
username: ""                     //305 行 : 改成空字符串 , 表示任何用户均可访问
local-zone: "dyzx.edu." static   //676 行 : 设置解析的区域名
// 添加以下 4 行 ,local-data 定义的是正向解析记录
local-data: "dyzx.edu. 86400 IN SOA ns.dyzx.edu. root.dyzx.edu 200 3600 1800 7200 86400"
local-data: "ns.dyzx.edu. IN A 192.168.8.10"
local-data: "dyzx.edu. IN MX 5 mail.dyzx.edu."
local-data: "mail.dyzx.edu. IN A 192.168.8.10"
:wq                              // 保存退出
[root@mail ~]# systemctl enable --now unbound
```

步骤 3：安装 Postfix 服务软件（参见任务 14-1）→编辑主配置文件 main.cf，调整基本配置项→检查配置文件的语法正确性→设置 Postfix 在系统开机时自动启动且立即启动。

```
[root@mail ~]# vim /etc/postfix/main.cf
myhostname = mail.dyzx.edu          //94 行 : 设置 Postfix 服务器使用的 FQDN ( 完全合格域名 )
mydomain = dyzx.edu                 //102 行 : 设置 Postfix 服务器的本地邮件域的域名
myorigin = $mydomain                //118 行 : 发件人所在的域名 ( 即发件人邮箱地址 @ 后的地址 )
inet_interfaces = all               //135 行 : 设置 Postfix 系统侦听传入和传出邮件的网络接口
mydestination = $myhostname,localhost.$mydomain,localhost,$mydomain
                                    //183 行 : 允许接收的邮件域的域名
mynetworks = 192.168.0.0/16         //283 行 : 允许发送邮件的客户端的 IP 地址
relay_domains = $mydestination      //315 行 : 允许中转的本地或远程邮件域的域名
home_mailbox = Maildir/             //438 行 : 设置邮件存储位置和格式
: wq                                // 保存退出
[root@mail ~]# postfix check         // 执行后若未出现任何信息 , 表示没有语法错误
[root@mail ~]# systemctl enable --now postfix
```

Postfix 支持以下 2 种最常见的邮件存储方式：

● Mailbox：将同一用户的所有邮件内容存储在同一个文件中，例如 "/var/spool/mail/username"，该方式在邮件数量较多时查询和管理的效率较低。

● Maildir：当指定的存储位置最后一个字符为 "/" 时，自动使用 Maildir 存储方式，该方式使用目录结构来存储用户的邮件内容，每一个用户对应有一个文件夹，每一封邮件作为一个独立的文件保存，例如：/home/username/Maildir/*。该方式存取速度和效率更好，而且对于邮件内容管理也更方便。

步骤 4：创建邮箱的用户帐号。Postfix 服务器使用 Linux 系统中的用户帐号作为邮箱的用户帐号，因此只要在 Linux 系统中直接建立 Linux 用户帐号便可。

```
[root@mail ~]# groupadd stu_mail                              // 建立邮箱的组帐号
[root@mail ~]# adduser -g stu_mail -s /sbin/nologin zhang3     // 建立邮箱的用户
[root@mail ~]# adduser -g stu_mail -s /sbin/nologin li4
[root@mail ~]# adduser -g stu_mail -s /sbin/nologin wang5
[root@mail ~]# passwd zhang3                                  // 设置用户密码
[root@mail ~]# passwd li4
[root@mail ~]# passwd wang5
```

提示：建立组帐号是为了便于统一管理邮箱用户帐号的访问权限。由于邮箱用户一般不需要登录 Linux 系统，因此在创建用户时选用了 -s 参数，使用户的 shell 为 /sbin/nologin，即不允许用户登录 Linux 系统，提高了 Linux 系统的安全性。

步骤 5：打开 SELinux 有关的布尔值→在防火墙中开放 DNS 和 SMTP 访问流量。

```
[root@mail ~]# setsebool -P allow_postfix_local_write_mail_spool on
```

[root@mail ~]# **firewall-cmd --permanent --add-service=dns**
[root@mail ~]# **firewall-cmd --permanent --add-service=smtp**
[root@mail ~]# **firewall-cmd --reload**

步骤 6：在 Linux 客户端修改 DNS 域名解析配置文件。

[root@mail ~]# **vim /etc/resolv.conf**
nameserver 192.168.8.10

步骤 7：为了使用 telnet 工具进行发信测试，安装 telnet 的服务器端和客户端软件包。

[root@mail ~]# **mount /dev/cdrom /mnt**
[root@mail ~]# **rpm -ivh /mnt/AppStream/Packages/telnet-server-0.17-76.el8.x86_64.rpm**
[root@mail ~]# **rpm -ivh /mnt/AppStream/Packages/telnet-0.17-76.el8.x86_64.rpm**

步骤 8：设置 telnet 服务在开机时自动启动且现在立即启动→开放 telnet 服务的端口。

[root@mail ~]# **systemctl enable --now telnet.socket**
[root@mail ~]# **firewall-cmd --permanent --add-port=23/tcp**
[root@mail ~]# **firewall-cmd --reload**

步骤 9：发信测试（下面粗体部分为用户输入，其余为系统应答信息）。

[root@mail ~]# **telnet mail.dyzx.edu 25**   // 使用 telnet 命令连接邮件服务器的 25 端口
Trying 192.168.8.10...   // 正在连接 IP 地址为 192.168.8.10 的服务器
Connected to mail.dyzx.edu.   // 连接服务器成功
Escape character is '^]'.
220 mail.dyzx.eduESMTP Postfix
HELO localhost   // 向服务器告知客户端地址 (主机名)
250 mail.dyzx.edu
MAIL FROM: **zhang3@dyzx.edu**   // 告知发件人地址
250 2.1.0 Ok
RCPT TO: **li4@dyzx.edu**   // 告知收件人地址
250 2.1.5 Ok
DATA   // 告知服务器要开始传送数据了
354 End data with <CR><LF>.<CR><LF>
Subject: the first Mail   // 告知邮件的主题 (标题)
hello,ervery body!   // 邮件正文
.   // 邮件内容以点 "." 结束
250 2.0.0 Ok: queued as 07F3030AAEB0
QUIT   // 退出 telnet 命令 , 结束本次会话
221 2.0.0 Bye
Connection closed by foreign host.

步骤 10：查看发送结果。 对于发送给本地邮件域的邮件，发送成功后，会在服务器的收件人用户（如：li4）的家目录（/home/li4/Maildir/new）下存放其邮件，通过 ls、cat 命令可以分别查看邮件文件的名称和内容。

```
[root@mai1 ~]# ls /home/li4/Maildir/new          //查看邮件存放的目录中产生的邮件文件清单
1634025704.Vfd00I211f6bcM706780.mail.dyzx.edu
[root@mai1 ~]# cat /home/li4/Maildir/new/1634025704.Vfd00I211f6bcM706780.mail.dyzx.edu
Return-Path: <zhang3@dyzx.edu>                    //退信地址
X-Original-To: li4@dyzx.edu                        //来源地址
Delivered-To: li4@dyzx.edu                         //提交目标地址
Received: from localhost (mail.dyzx.edu [IPv6: fe80::20c:29ff:fea3: d6f7])
          by mail.dyzx.edu (Postfix) with SMTP id 07F3030AAEB0
          for <li4@dyzx.edu>; Tue,12 Oct 2021 15: 59: 50 +0800 (CST)
Subject: the first Mail
Message-Id: <20211012080010.07F3030AAEB0@mail.dyzx.edu>
Date: Tue,12 Oct 2021 15: 59: 50 +0800 (CST)
From: zhang3@dyzx.edu                              //发件人地址
hello,ervery body!                                 //邮件的正文
```

任务 14-2　安装与配置接收邮件服务器 Dovecot

Postfix 只提供 SMTP 服务，即只提供从客户端发送邮件，以及在服务器端转发和本地分发到各收件人邮箱的功能。 要实现从收件人邮箱中接收邮件到收件人客户机，还必须安装支持 POP 或 IMAP 协议的接收邮件服务器软件。 在 RHEL 8 中自带的 Dovecot 和 Cyrus-IMAP 两种软件均可提供 POP 或 IMAP 服务，在此介绍 Dovecot 的安装和基本配置。

1.Dovecot服务的安装

RHEL 8 安装程序默认未安装 Dovecot，在配置好本地光盘 yum 源的基础上（参见任务 6-2），安装 Dovecot 软件包的命令如下：

```
[root@mail ~]# yum -y install dovecot
```

上述安装过程中会同时安装依赖的 clucene-core 软件包。

2.Dovecot服务的基本配置

配置步骤如下：

步骤 1：要启用最基本的 Devocot 服务，需对文件 /etc/dovecot/dovecot.conf 作如下修改：

```
[root@mail ~]# vim /etc/dovecot/dovecot.conf
// 查找以下配置行并将其修改为：
protocols = imap pop3 lmtp                //24 行：指定本邮件主机所运行的协议
listen = *                                 //30 行：监听本机的所有网络接口
login_trusted_networks = 192.168.0.0/16    //48 行：指定允许登录的网段地址
```

步骤 2：修改 /etc/dovecot/conf.d/10-mail.conf 子配置文件，指定邮件存储格式。

[root@mail ~]# **vim /etc/dovecot/conf.d/10-mail.conf**
mail_location = maildir: ~/Maildir　　　　　　　　　//24 行：指定邮件存储格式

步骤 3：开启 Firewalld 防火墙允许 POP/IMAP 服务流量，POP 使用 110/TCP，IMAP 使用 143/TCP →设置 Dovecot 服务在开机时自动启动且立即启动。

[root@mail ~]# **firewall-cmd --permanent --zone=public --add-port={110/tcp,143/tcp}**
[root@mail ~]# **firewall-cmd --reload**
[root@mail ~]# **systemctl enable --now dovecot**

任务 14-3　使用 Outlook 2016 收发邮件

能收发电子邮件的客户端软件有很多，在 Linux 或 Windows 平台上运行的此类软件其配置步骤基本相同，下面以 Windows 平台上 Outlook 2016 为例介绍其使用方法。

1.在客户端建立电子邮件帐户

在 Windows 10 客户端使用 Outlook 2016 建立电子邮件帐户的步骤如下：

步骤 1：若在服务器端开启防火墙，则要在服务器端使用以下命令开启 25 和 110 端口。

[root@mail ~]# **firewall-cmd --permanent --zone=public --add-port={25/tcp,110/tcp}**
[root@mail ~]# **firewall-cmd --reload**

步骤 2：配置客户端 DNS 地址，使其指向网络中 DNS 服务器的 IP 地址（如 192.168.8.10）。

步骤 3：在桌面上单击【开始】→【Outlook 2016】，打开 Outlook 2016 主窗口→单击【文件】→在打开的窗口中依次单击【信息】→【添加帐户】→在打开的【添加帐户】对话框中单击【手动设置或其他服务器类型】单选按钮→单击【下一页】按钮，如图 14-3 所示。

图14-3　Outlook 2016主窗口、【帐户信息】【自动帐户设置】对话框

步骤 4：单击【POP 或 IMAP】单选按钮，打开【POP 和 IMAP 帐户设置】对话框→填写用户、服务器和登录等信息→单击【其他设置】按钮，如图 14-4 所示。

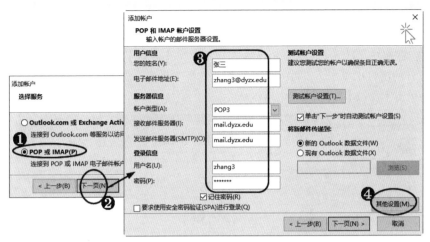

图14-4 【选择服务】和【Internet电子邮件设置】对话框

步骤5：打开【Internet 电子邮件设置】对话框，在【常规】选项卡中填入帐户使用的中文名称→单击【发送服务器】选项卡→取消勾选【我的发送服务器（SMTP）要求验证】复选框→单击【高级】选项卡→勾选【在服务器上保留邮件的副本】复选框，以便使邮件不仅在客户机上保存，还在邮件服务器上保存→单击【确定】按钮，如图 14-5 所示。

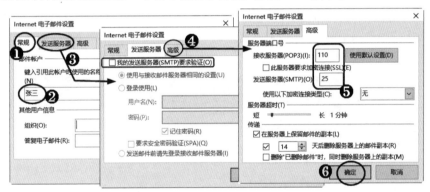

图14-5 【常规】【发送服务器】【高级】选项卡

步骤6：系统返回【POP 和 IMAP 帐户设置】对话框，单击【测试帐户设置】按钮→弹出【测试帐户设置】对话框开始测试，若测试任务的状态均显示"已完成"，则表明设置正确→单击【关闭】按钮，如图 14-6 所示。

步骤7：系统返回【POP 和 IMAP 帐户设置】对话框→单击【下一页】按钮系统再次测试后进入【设置全部完成】对话框，单击【添加其他帐户】可继续添加帐户，若添加完毕则单击【完成】按钮，结束帐户的添加，如图 14-7 所示。

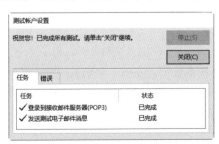

图14-6 【测试帐户设置】对话框

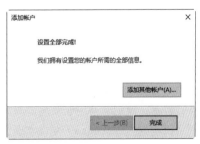

图14-7 【设置全部完成】对话框

2.在客户端收发电子邮件

在客户端使用 Outlook 2016 收发邮件的过程如下：

步骤 1：在客户端进入 Outlook 2016 主窗口→单击【开始】选项卡→单击【新建电子邮件】按钮→在打开的窗口中单击【发件人】下拉按钮选择发件人→输入收件人的邮箱地址、主题和邮件内容→单击【发送】按钮，如图 14-8 所示。

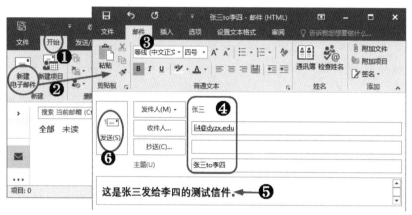

图14-8　填写并发送邮件

步骤 2：若能成功发送邮件则说明 SMTP 服务器运行正常。在 Outlook 2016 主窗口上点击【发送 / 接收】选项卡→【发送 / 接收所有文件夹】，若成功接收，说明 POP3 服务运行也正常，如图 14-9 所示。

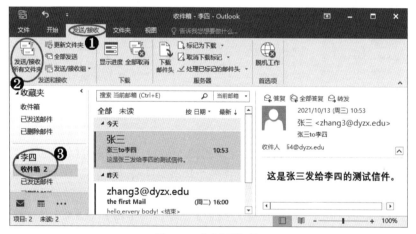

图14-9　成功收到邮件

任务 14-4　使用用户别名实现邮件群发

用户别名不是 Linux 系统中已有的真正用户，它只是在别名文件（/etc/aliases）中给一个或多个真实用户所起的另外一个名字。在 Postfix 邮件系统中，发给一个别名用户的邮件实际会投递到相对应的一个或多个真实用户的邮箱中，从而实现邮件一发多收的群发效果。另外，当真实用户采取实名制，而别名使用非实名制时，又起到了隐藏真实邮件地址的效果。

用户别名机制通过 /etc/aliases 文件实现，其配置步骤如下：

步骤 1：编辑 main.cf 文件，确认其中包含如下两条语句（默认已存在）：

[root@mail ~]# **vim /etc/postfix/main.cf**

……

alias_maps = hash:/etc/aliases   //405 行：指定含有用户别名定义的文件的路径及名称

alias_database = hash:/etc/aliases   //416 行：指定别名数据库文件的路径及名称

步骤 2：编辑 /etc/aliases 文件，在文件尾添加别名用户与真实用户的映射关系。

[root@mail ~]# **vim /etc/aliases**

……// 省略若干行

// 添加以下两行：

admin: zhang3@dyzx.edu   // 为 zhang3 邮件用户起一个别名 admin

my_stu: zhang3,li4,wang5   //将 zhang3、li4、wang5 三个真实用户映射为 my_stu

以上设置表明：当发信给 admin@dyzx.edu 时，该封邮件实际会发给 zhang3@dyzx.edu；当发信给 my_stu@dyzx.edu 时，该邮件会同时发给 zhang3@dyzx.edu、li4@dyzx.edu 和 wang5@dyzx.edu。

aliases 文件中配置行的一般格式为：

用户别名：真实用户名 1 [, 真实用户名 2, …]

提示：aliases 文件中，可以分行同时定义多个用户别名，但是在定义别名时，要避免循环定义。例如：user1 映射为 user，user 映射为 user1，…，如此循环。

步骤 3：执行如下命令，使修改后的配置文件 aliases 和 main.cf 立即生效。

[root@mail ~]# **postalias /etc/aliases**   // 生成可以读取的别名数据库文件 aliases.db

[root@mail ~]# **newaliases**   // 重建别名数据库

[root@mail ~]# **systemctl reload postfix**

步骤 4：给用户别名 my_stu@dyzx.edu 发邮件，验证邮件群发效果，如图 14-10 所示。

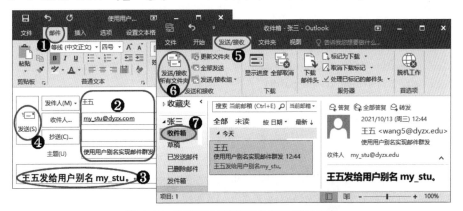

图14-10　给用户别名发送邮件并成功接收邮件

提示：除了使用用户别名实现邮件群发，还可以使用虚拟别名域实现邮件群发。

任务 14-5　进行基于邮件地址的过滤控制

目前，互联网上几乎 99% 以上的垃圾邮件是通过邮件发送器等软件自动发送的，对每一封垃圾邮件都进行人工确认，对邮件接收者来说是不可能。因而在邮件服务器端进行邮件的过滤成为处理垃圾邮件的有效方法。过滤非正常的电子邮件通常有基于邮件地址和邮件内容两类方式。本任务介绍基于邮件地址过滤邮件的几种方法。

1.基于客户端主机名/地址的限制规则

Postfix 在接受客户端的 SMTP 连接请求时，可使用 smtpd_client_restrictions 参数对客户端使用的 IP 地址、网络地址、主机名、域名等进行过滤检查。其配置步骤如下：

步骤 1：在 main.cf 文件末尾，添加基于客户端地址的过滤规则。

```
[root@mail ~]# vim  /etc/postfix/main.cf
………
smtpd_client_restrictions =                         // 基于客户端地址的过滤，以下定义了 2 条过滤规则
    check_client_access hash: /etc/postfix/access,  // 指定验证访问表的名称及位置
    reject_unknown_client                           // 拒绝其 IP 地址在 DNS 中无 PTR 记录的客户端
```

提示：参数 smtpd_client_restrictions 的值除上述 2 个外，还有其他一些，请参考有关资料。由于限制规则是按照参数值书写的顺序进行查询比对的，首条符合条件的参数值将被执行，后面即使还有符合条件的参数值也将不被执行，所以要根据实际情况排列参数值的书写顺序，从而实现合理的过滤。

步骤 2：编辑 access 文件，在其中添加客户端地址的具体对象和处理动作。

由于在步骤 1 中出现了要求通过 access 文件内容进行验证过滤，则需要对 access 文件的内容进行具体的设置。若规则中没有对 access 文件的验证要求，则此步骤可省。

```
[root@mail ~]# vim  /etc/postfix/access
…………// 省略若干行
192.168.8              OK
192.168.8.18           REJECT
hndd.com               REJECT
:wq                                      // 保存退出
[root@mail ~]# postmap  /etc/postfix/access      // 将 access 文件转换为 hash 数据库文件 access.db
[root@mail ~]# systemctl  reload  postfix
```

access 文件中每一行的格式是：

客户端地址 动作

其中：客户端地址可以是 IP 地址、网络地址、主机名、域名等形式；常见的"动作"有REJECT（拒绝）、OK（允许）、DISCARD（丢弃）、DUNNO（跳过该对象，继续处理下面的对象）。

步骤 3：验证。当发件人所在客户机的 IP 地址为被拒绝的 192.168.8.18 时，系统管理员会通过信件告知"邮件没有到达某些或全部的预定收件人。"，如图 14-11 所示。

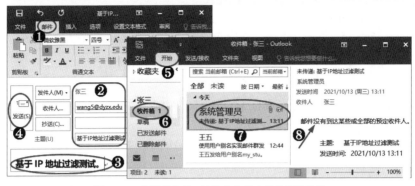

图14-11　从被拒绝的IP地址的主机上发送邮件失败

2.基于发件人地址的限制规则

使用 smtpd_sender_restrictions 参数可以针对发件人的地址设置多项限制。其配置步骤如下：
步骤1：修改 main.cf 文件，添加基于发件人地址的过滤规则。

```
[root@mail ~]# vim  /etc/postfix/main.cf
…………
smtpd_sender_restrictions =                  // 基于发件人的过滤，以下定义了 5 条规则
 permit_mynetworks,                          // 允许其 IP 地址在 $mynetworks 范围的发件人的连接
 reject_sender_login_mismatch,               // 拒绝发件人与登录用户不匹配时的连接
 reject_non_fqdn_sender,                     // 拒绝发件人地址域不是 FQDN 格式的连接
 reject_unknown_sender_domain,               // 拒绝其 IP 在 DNS 中无 A 或 MX 记录的发件人
 check_sender_access hash: /etc/postfix/sender_access          // 指定发件人访问表的位置
[root@mail ~]# postfix  reload
```

步骤2：创建 sender_access 文件，在其中添加发件人的地址对象和处理动作。

```
[root@mail ~]# vim  /etc/postfix/sender_access
li4@dyzx.edu        REJECT               // 拒绝 li4@dyzx.edu 用户从外部登录发送邮件
liu2@               REJECT               // 拒绝任何域的 liu2 用户发送邮件
@sub.dyzx.edu       REJECT               // 拒绝 sub.dyzx.edu 的子域用户发送邮件
[root@mail ~]# postmap  /etc/postfix/sender_access  // 生成 hash 格式的库文件
```

li4@dyzx.edu 本是实例中的合法用户，但不能从 192.168.0.0/16 以外发信，这样可防止其他人的身份冒用。在内部（192.168.8.0/24 网络内）则不受影响，因为第一条规则 permit_mynetworks 允许 192.168.0.0/16 网段内的用户发送邮件。

3.基于收件人地址的限制规则

通过 smtpd_recipient_restrictions 参数可以对收件人进行过滤检查。其配置如下：

```
[root@mail ~]# vim  /etc/postfix/main.cf
…………
smtpd_recipient_restrictions =               // 基于收件人的过滤，以下定义了 4 条规则
 permit_mynetworks,                          // 允许本邮件系统发出的邮件
```

```
      reject_unauth_destination,           // 拒绝不是发往默认转发和默认接收的连接
      reject_non_fqdn_recipient,           // 拒绝其地址域不属于合法 FQDN 的收件人
      reject_unknown_recipient_domain      // 拒绝其 IP 在 DNS 中无 A 或 MX 记录的收件人
[root@mail ~]# postfix reload
```

● Postfix 默认转发的邮件是：来自 $mynetworks 中发送的邮件，发往 $relay_domains 中的域或其子域的邮件，但是不能包含邮件路由。

● Postfix 默认接收的邮件是：发送目标在 $inet_interfaces、$mydestinations、$virtual_alias_domains、$virtual_mailbox_domains 中的邮件。

提示：在制定基于收件人地址的过滤规则时，可创建收件人访问表文件 /etc/postfix/recipient_access 来拒绝或接收特定的主机名、域名、网络地址和邮箱地址。

任务 14-6 使用 Cyrus-SASL 实现 SMTP 认证

无论是本地域内的不同用户，还是本地域与远程域的用户，要实现邮件通信都要求邮件服务器开启邮件的转发功能。为了避免邮件服务器成为各类广告与垃圾信件的中转站和集结地，对转发邮件的客户端进行身份认证（用户名和密码验证）是非常必要的。

目前，常用的 SMTP 认证机制是通过 Cyrus-SASL 包来实现的，其安装配置步骤如下：

步骤 1：RHEL 8 默认已经安装了用于认证的 Cyrus-SASL 软件包，可使用 rpm 命令检查系统是否安装，若未安装则使用 rpm 命令实施安装。

```
[root@mail1 ~]# rpm -qa | grep sasl
cyrus-sasl-gssapi-2.1.27-5.el8.x86_64
cyrus-sasl-plain-2.1.27-5.el8.x86_64
cyrus-sasl-2.1.27-5.el8.x86_64
cyrus-sasl-lib-2.1.27-5.el8.x86_64
```

步骤 2：查看、选择、启动和测试 Cyrus-SASL 所选的密码验证方式。

```
[root@mail ~]# saslauthd -v      // 查看 Cyrus-SASL 的版本及所支持的密码验证方式
saslauthd 2.1.27
authentication mechanisms: getpwent kerberos5 pam rimap shadow ldap httpform
```

由上可见，Cyrus-SASL 支持的密码验证方法有多种，这里介绍其中的 shadow 验证方法（直接用 /etc/shadow 文件中的用户帐号及密码进行验证）。为此，要在配置文件 /etc/sysconfig/saslauthd 中，将系统当前所采用的密码认证方式修改为 shadow（默认为 pam 方式）。

```
[root@mail ~]# vim /etc/sysconfig/saslauthd
……
MECH=shadow                        // 第 7 行：指定对用户及密码的验证方式
……
```

由于 Cyrus-SASL v2 版默认使用 saslauthd 这个守护进程进行密码认证，因此，需要使用下

面的命令来查看 saslauthd 进程是否已经运行：

```
[root@ mail ~]# ps  aux | grep  saslauthd
root      7127 0.0 0.0 12348 1056 pts/0   S+  13: 30  0: 00 grep --color=auto saslauthd
```

若未发现 saslauthd 进程，则可用下面的命令启动该进程并设置其开机自动启动：

```
[root@mail ~]# systemctl  start  saslauthd
[root@mail ~]# systemctl  enable  saslauthd
```

如果 RHEL 8 开启了 SELinux 强制保护功能，则不允许 saslauthd 验证程序读取 /etc/shadow 文件，而使得 testsaslauthd 测试命令显示 "0：NO "authentication failed"" 失败信息，此时可使用以下命令开启允许 saslauthd 程序读取 /etc/shadow 文件：

```
[root@mail ~]# setsebool  -P  allow_saslauthd_read_shadow  on
```

然后，可用下面的命令测试 saslauthd 进程的认证功能：

```
[root@mail ~]# testsaslauthd -u li4 -p '123.com'      // 测试 saslauthd 的认证功能
0: OK "Success."                                       // 表示 saslauthd 的认证功能已起作用
```

步骤 3：编辑 smtpd.conf 文件，使 Cyrus-SASL 支持 SMTP 认证。

```
[root@mail ~]# vim  /etc/sasl2/smtpd.conf
pwcheck_method: saslauthd
mech_list: plain  login
log_level: 3                          // 记录 log 的模式
saslauthd_path: /run/saslauthd/mux            // 设置 smtp 寻找 cyrus-sasl 的路径
```

步骤 4：编辑 main.cf 文件，使 Postfix 支持 SMTP 认证。默认情况下，Postfix 并没有启用 SMTP 认证机制。要让 Postfix 启用 SMTP 认证，就必须在 main.cf 文件中添加如下配置行：

```
[root@mail ~]# vim  /etc/postfix/main.cf
smtpd_sasl_auth_enable = yes                  // 启用 SASL 作为 SMTP 认证
smtpd_sasl_security_options = noanonymous     // 禁止采用匿名登录方式
broken_sasl_auth_clients = yes                // 兼容早期非标准的 SMTP 认证协议 ( 如 OE4.x)
smtpd_recipient_restrictions =                // 设置基于收件人地址的过滤规则
  permit_sasl_authenticated,                  // 允许通过了 SASL 认证的用户向外发送邮件
  reject_unauth_destination                   // 拒绝不是发往默认转发和默认接收的连接
```

步骤 5：重新载入 Postfix 服务，使修改后的配置行生效。

```
[root@mail ~]# postfix  reload
```

步骤 6：测试 Postfix 的 SMTP 认证。由于前面采用的用户身份认证方式不是明文方式，所以首先要通过 printf 命令计算出用户名和密码的相应编码。

[root@mail ~]# **printf "zhang3" | openssl base64**

emhhbmcz　　　　　　　// 用户名 zhang3 的 BASE64 编码

[root@mail ~]# **printf "123.com" | openssl base64**

MTIzLmNvbQ==　　　　　// 密码 123.com 的 BASE64 编码

　　下面是未进行认证和经过认证两次不同的发信过程测试（其中粗体部分为用户输入，其余为系统应答信息）：

[root@mail ~]# **telnet mail.dyzx.edu 25**

Trying 192.168.8.10...

Connected to mail.dyzx.edu.

Escape character is '^]'.

220 mail.dyzx.edu ESMTP Postfix

EHLO localhost　　　　　　　// 告知客户端地址

250-mail.dyzx.edu

250-PIPELINING

250-SIZE 10240000

250-VRFY

250-ETRN

250-STARTTLS

250-AUTH PLAIN LOGIN　　// 表明已启用了认证功能并对密码符有密文和明文两种认证方式

250-AUTH=PLAIN LOGIN

250-ENHANCEDSTATUSCODES

250-8BITMIME

250-DSN

250 SMTPUTF8

MAIL FROM: zhang3@dyzx.edu

250 2.1.0 Ok

RCPT TO:hnxlq@163.com

554 5.7.1<hnxlq@163.com>: Relay access denied // 未经过用户认证的发信失败

EHLO localhost　　　　　　　　　　　// 重新告知客户端地址

……　　　　　　　　　　　　　　　// 省略若干显示行

AUTH LOGIN　　　　　　　　　　　// 声明开始进行 SMTP 认证登录

334 VXNlcm5hbWU6　　　　　　　// "Username:" 的 BASE64 编码

emhhbmcz　　　　　　　　　　　// 输入 zhang3 用户名对应的 BASE64 编码

334 UGFzc3dvcmQ6　　　　　　　// "Password:" 的 BASE64 编码

MTIzLmNvbQ==　　　　　　　　　// 输入 zhang3 用户密码对应的 BASE64 编码

235 2.0.0 Authentication successful　　// 通过了身份认证

MAIL FROM: zhang3@dyzx.edu

250 2.1.0 Ok

RCPT TO: hnxlq@163.com

250 2.1.5 Ok

DATA

354 End data with <CR><LF>.<CR><LF>

how are you!!

.

250 2.0.0 Ok: queued as 297E930B58FE   // 经过身份认证后的发信成功

QUIT

221 2.0.0 Bye

Connection closed by foreign host.

步骤 7：在客户端启用认证支持。

当服务器启用认证机制后，客户端也需要启用认证支持。 以 Outlook 2016 为例，在图 14-5 的【发送服务器】选项卡中一定要勾选 "我的发送服务器（SMTP）要求验证"，否则，不能向其他邮件域的用户发送邮件，而只能够给本域内的其他用户发送邮件。

项目实训14   配置与管理E-mail服务

【实训目的】

会使用 Postfix+Dovecot+Cyrus-SASL 搭建和配置具备验证功能的收发邮件服务器，能在客户端使用 Outlook 2016 进行邮件的收发。

【实训环境】

一人一台 Windows 10 物理机，1 台 RHEL 8/CentOS 8 虚拟机，1 台 Windows 10 虚拟机，rhel- 8.4-x 86_64-dvd.iso 或 CentOS-8.4.2105-x 86_64-dvd1.iso 安装包，Outlook 2016/2019 客户端邮件收发软件，虚拟机网卡连接至 VMnet 8 虚拟交换机。

【实训拓扑】（图 14-12）

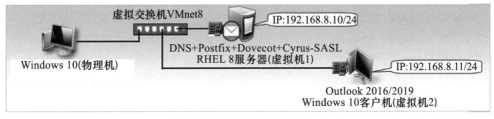

图14-12　实训拓扑图

【实训内容】

1.以管理员root登录服务器，设置其主机名（mail.dyzx.com）及IP地址（192.168.8.10）。

2.安装Unbound DNS服务器，配置好邮件域 "dyzx.com" 和邮件服务器的名称解析，即设置指向邮件服务器主机名和IP地址（192.168.8.10）的MX记录和A记录，在防火墙中开放DNS访问流量。

3.安装与配置Postfix

（1）安装能发送邮件的 Postfix 软件包（默认已安装）。

（2）编辑 Postfix 服务的主配置文件 /etc/postfix/main.cf。

（3）启动 Postfix 服务并设置在系统开机时自动启动。

（4）在 Linux 系统中创建 gstu 组及不能登录系统的用户 stu1、stu2、stu3。

（5）打开 SELinux 有关的布尔值，并在防火墙中开放 SMTP 访问流量。

4.安装与配置Dovecot

（1）安装能接收邮件的 Dovecot 软件包（默认未安装）。

（2）编辑 Dovecot 服务的主配置文件 /etc/dovecot/dovecot.conf，指定本邮件主机所运行的协议、监听的网络接口和允许登录的客户端的网段地址。

（3）编辑 /etc/dovecot/conf.d/10-mail.conf 子配置文件，指定邮件存储格式。

（4）开启 Firewalld 防火墙允许 POP/IMAP 服务流量，POP 使用 110/TCP，IMAP 使用 143/TCP，启动 Dovecot 服务并设置为开机自动启动。

5.设置邮件群发功能

（1）编辑 /etc/postfix/main.cf 文件，以指定用户别名文件和别名数据库文件的路径及名称（默认已存在）。

（2）编辑 /etc/aliases 文件，在文件尾添加别名用户 student 与真实用户 stu1、stu2、stu3 的映射关系，使用 postalias 生成可以读取的别名库文件 aliases.db，使用 newaliases 命令使别名库文件生效。

6.基于邮件地址的过滤控制

（1）编辑 /etc/postfix/main.cf 和 /etc/postfix/access 文件，限制在 IP 地址为 192.168.8.11 的客户机上发邮件。

（2）编辑 /etc/postfix/main.cf 和 /etc/postfix/sender_access 文件，拒绝任何域的 zhangsan 用户发送邮件。

（3）编辑 /etc/postfix/main.cf 文件，拒绝其 IP 在 DNS 中无 A 或 MX 记录的收件人的邮件。

7.SMTP认证的配置

（1）安装了用于认证的 Cyrus-SASL 软件包（默认已安装）。

（2）编辑 /etc/postfix/main.cf 文件，添加实现 shadow 验证的 SMTP 认证的配置参数。

（3）编辑 /etc/sysconfig/saslauthd 文件，将系统密码认证方式修改为 shadow（默认为 pam 方式）。

（4）修改 SELinux 布尔值，允许 saslauthd 程序读取 /etc/shadow 文件。

（5）编辑 /etc/sasl2/smtpd.conf 文件，使 Cyrus-SASL 支持 SMTP 认证。

（6）编辑 main.cf 文件，使 Postfix 支持 SMTP 认证。

8.在客户端收发邮件

（1）在 Windows 10 客户端安装、启动 Outlook 2016/2019 软件。

（2）建立 stu1@dyzx.com、stu2@dyzx.com 和 stu3@dyzx.com 三个电子邮件帐户。

（3）让 stu1@dyzx.com 给 stu2@dyzx.com 发送一份邮件。

（4）让 stu2@dyzx.com 接收 stu1@dyzx.com 发来的邮件。

（5）给用户别名 student@dyzx.com 帐户发送邮件，验证邮件群发效果。

（6）在客户端修改有关参数，使其符合基于邮件地址的限制条件，验证收发邮件是否成功。

（7）在客户端启用认证支持，以发送认证邮件。

项目习作14

一、选择题

1. 电子邮件系统通常包括（　　）。

   A.MUA　　　　　　　B.MDA　　　　　　　C.MSA　　　　　　　D.MTA

2. 从邮件服务器中收取电子邮件的协议是（　　）。

   A.POP3　　　　　　　B.SMTP　　　　　　　C.IMAP4　　　　　　　D.HTTP

3. Postfix 是 MAT 类的软件，提供的服务主要基于（　　）协议。

   A.POP3　　　　　　　B.SMTP　　　　　　　C.IMAP4　　　　　　　D.HTTP

4. Dovecot 是提供收取电子邮件服务的软件，其默认的 TCP 端口号是（　　）。

   A.25　　　　　　　B.80　　　　　　　C.143　　　　　　　D.110

5. 下列电子邮件有关软件中，（　　）属于 MUA 类的软件。

   A.Office Outlook　　　　　　　　　　B. 国产软件"飞狐信使"Foxmail

   C.Postfix　　　　　　　　　　　　　D.Qmail

6. 在以下的文件中，哪个是 Postfix 的主配置文件（　　）。

   A.main.cf　　　　　　　B.aliase　　　　　　　C.masiter.cf　　　　　　　D./etc/sendmail.ca

7. 以下（　　）机制可以实现邮件群发功能。

   A. 用户别名　　　　　B. 虚拟别名　　　　　C. 虚拟别名域　　　　　D. 用户名

8. 在 RHEL 8 中，默认的邮件别名数据库文件是（　　）。

   A.etc/postfix/aliases.db　　　　　　　B./etc/aliases.db

   C./etc/postfix/aliases　　　　　　　　D./etc/ aliases

二、简答题

1. 简述电子邮件系统的组成。

2. 在 Internet 上传输电子邮件是通过哪些协议来完成的？

3. 举例说明电子邮件传递邮件的过程。

教学情境 4
综合实训项目

国产操作系统展台

适用度和易用性俱佳的两款操作系统——Deepin和UOS

深度操作系统（Deepin）：是由武汉深之度科技有限公司于 2004 年 2 月 28 日推出的一款基于 Linux 内核，以桌面应用为主，致力于提供美观易用和安全稳定服务的 Linux 发行版；支持笔记本、台式机和一体机；包含深度桌面环境（DDE）和近 30 款深度原创应用及数款来自开源社区的应用软件。

统一操作系统（UOS）：是由包括中国电子集团（CEC）、武汉深之度科技有限公司、南京诚迈科技、中兴新支点在内的多家国内操作系统核心企业自愿发起的"UOS（Unity Operating System）统一操作系统筹备组"共同打造的中文国产操作系统。2020 年 1 月 5 日，UOS 官方发布正式版本，包括桌面版和支持 x86、ARM、龙芯等不同 CPU 的多个服务器镜像版本。UOS 目前产品生态有大幅突破，适配的软硬件达到 2436 款，涵盖从打印机、扫描仪、整机等硬件外设到办公、企业级应用、开源软件等，日常办公乃至部分专业领域都可以适用。此外，UOS 界面虽然与 Windows 不同，但操作习惯并不相左，习惯 Windows 的用户在使用 UOS 时也可以很快上手。UOS 拥有家庭版、专业版、服务器版三个分支。UOS 提供了丰富的应用生态，用户可以通过应用商店下载数百款应用软件，覆盖日常办公、通信交流、影音娱乐、设计开发等各种场景需求。

UOS 是一款年轻的操作系统，但其技术背景深厚，以发展多年的 Deepin 为基础开发而来。UOS 是商业化运行的 Deepin，Deepin 是 UOS 的免费社区版。

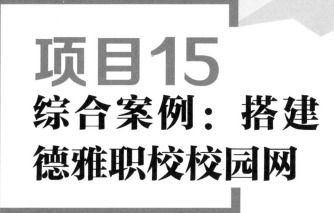

项目15
综合案例：搭建德雅职校校园网

15.1 项目背景与需求分析

德雅职业学校是一所中等职业学校，在校学生 2000 余人。从规模上，学校拥有 100 台教师办公用 PC 机和 400 多台学生实验实训用 PC 机，校园网划分为四个不同的物理网段。客户端主要操作系统为 Windows 10。内网带宽是 1000 MB，并申请了一条 400 MB 光纤接入 Internet。基于信息系统的稳定与健壮性考虑，学校决定重新部署校园网络，拟将各主要的应用服务器更换为 RHRL 8 操作系统。并在以下诸多功能上得到补充完善。

●为了教学工作的方便，需要将一些常用软件、有关资料文档等实现跨平台的网上共享。考虑到信息资料的安全，对共享资源不同帐号其访问权限要有所不同。在共享存储区内对存储容量要有所限制。

●搭建 DHCP 服务器，为校园网内 3 个子网的计算机自动分配 IP 地址等网络参数。

●为方便内、外网用户能通过域名访问学校的 Web 网站、FTP 站点以及邮件服务器，学校注册了域名 dyzx.edu，并通过搭建授权 DNS 和缓存 DNS 服务器，以提高域名解析的可靠性。

●搭建具有论坛服务功能的动态 Web 网站，在宣传学校形象的同时，实现师生的网上互动。

●搭建 FTP 站点，为每个教师提供一个可上传下载资料的通道和空间，为每个学生提供能提交作业的空间，同时网络管理员通过它对 Web 服务器进行维护更新。

●搭建电子邮件服务器，为全校师生员工提供免费的电子邮箱，以便相互交流。

●搭建 NAT 服务，使校园网内的所有计算机能够共享接入 Internet，同时，Internet 中的用户能够访问学校内部的网站和邮件服务器。

15.2 项目规划与设计

本项目既涉及网络设备和服务器的采购、综合布线等硬件平台的搭建，也涉及系统软件和应用软件等软件平台的构建。这里重点介绍通过 RHEL 8 来构建系统管理和网络服务平台的主要步骤及注意事项。

15.2.1 整体设计校园网

通过收集客户的需求并进行分析之后，本项目总体规划如图 15-1 所示。

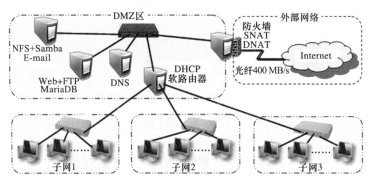

图15-1 校园网总体规划示意图

整个校园网结构包括：3 个内部物理网段（子网）、一个 DMZ（DeMilitarized Zone，非军事化区）缓冲区网络（服务器区域）、一台外网网关服务器（防火墙）直接接入 Internet。DMZ 通常指的是位于内部网络和外部网络之间的特殊网络区域，用来提供内、外网之间额外的安全缓冲区域。DMZ 内通常放置一些不含机密信息的允许外部有限制的访问的公用服务器，比如 Web、FTP、Mail 等，而内网中的主机是禁止从外网中直接访问的。

使用的服务器包括 5 台，其中外网与内网交界处的网关服务器一台，其余 4 台用于提供防火墙、NAT、DHCP、DNS、Web、FTP、MySQL、NFS、Samba 和 E-mail 等服务。

根据项目规划，本项目 5 台服务器均安装 RHEL 8，500 多台客户机可以采用 Sysprep 命令和 Ghost 工具进行批量安装 Windows 10 和常用软件。

15.2.2 规划IP地址、DHCP、软路由器和DNS服务

为了满足易管理、易扩展的 IP 地址规划的要求，将校园网所有计算机的 IP 地址划分为四个网段，其中师生使用的个人计算机的 IP 地址采用 DHCP 服务器动态分配，而所有服务器的 IP 地址则采用手工静态指定。其分配方案见表 15-1。

表15-1 IP地址分配表

网络区域	IP 地址 / 子网掩码	分配方式
DMZ 区 / 服务器区	192.168.1.0/24	手工静态指定
教师办公区	192.168.2.0/24	DHCP 动态分配
学生实验区	192.168.3.0/24 192.168.4.0/24 ……	
学生宿舍区	192.168.10.0/24 ……	

为了实现四个网络区域及外网的互联互通，需要在校园网内部署路由器（实际应用中通常是通过三层交换机划分 VLAN 及添加路由信息）。

本项目规划授权 DNS、缓存 DNS 两台 DNS 服务器。授权 DNS 服务器，为学校的 dyzx.edu 域提供域名解析，使校园网内、外的用户能解析出 www.dyzx.edu、ftp.dyzx.edu 和 mail.dyzx.edu，从而使内网用户通过完全合格域名访问内部的 Web 站点、ftp 站点和邮件服务器。此外，在授权 DNS 上要设置转发功能，转发的 IP 地址是互联网上的 DNS 服务器的 IP 地址（由 ISP 提供），此设置的目的是使内网用户能够解析互联网上的域名。为了提高 DNS 服务安全，加快访问速度和节约校园网出口带宽，搭建缓存 DNS 服务器。

15.2.3　规划Web、FTP和MySQL服务

根据学校的要求，要分别建立 Web 站点、FTP 站点和 E-mail 服务，为了节约成本，将 Web 站点、FTP 站点和 MySQL 运行在一台服务器上，并使用 RHEL 8 自带的 Apache、vsftpd 和 MySQL 分别搭建。主要配置参数见表 15-2，其余参数取默认值。

表15-2　　　　　　　　　　Web、FTP、MySQL服务的主要配置参数

站点	Web 网站	FTP 站点	MySQL
IP 地址	192.168.1.4	192.168.1.4	192.168.1.4
TCP 端口	80	80	3306
域名	www.dyzx.edu	ftp.dyzx.edu	dbase.dyzx.edu
存储位置	/var/www/myweb		/data

15.2.4　规划接入Internet方式和NAT服务

学校租用 400 MB 光纤专线，通过连接内、外网的网关服务器接入 Internet。在该服务器上需要安装两块网卡：一块连接内网的 DMZ 区，配置的 IP 地址为 192.168.1.3；另一块网卡连接公网，其 IP 地址由 ISP（Internet Service Provider，互联网服务提供商）提供。为了实现内网的用户自由地访问外网，需要通过网关服务器上的防火墙进行源地址转换（设置 SNAT 策略或"伪装"），而外网用户要访问内网 DMZ 区中的网站、邮件、DNS 等服务，则可通过在网关服务器的防火墙上设置"端口转发"（设置 DNAT 策略）来实现。

15.2.5　规划NFS、Samba文件共享和E-mail邮件服务

在保障每个用户都有自己的网络磁盘（只读共享资料库）的前提下，为了保障网络资料的安全，将所有用户按其身份的不同归为 system、teacher 和 student 等 3 个组帐号，system 组具有管理所有 Samba 空间的权限，共享目录结构及访问权限见表 15-3。

表15-3　　　　　　　　　　共享目录结构及权限分配表

共享空间	目录	访问权限
公共目录	/data/share/public	所有师生员工只读
教师资料库	/data/share/teacher	所有教师可读可写，但不许删除其他人的资料
学生作业库	/data/share/student	所有教师可读、所有学生可读可写，不许删除其他人的资料

在共享空间中，每位教师的最大使用空间为 500 MB，每位学生使用空间为 200 MB。
E-mail 邮件服务器采用 Postfix+Dovecot 套件搭建。

15.3　项目施工任务书

一、项目实训目的

通过一个以学校为背景的校园网建设项目的综合实训，使学生在 RHEL 8 操作系统平台上，掌握服务器的管理与配置技术，学会搭建一个中小型校园网的设计细节和施工流程，为今后架设综合网络平台以及云计算数据中心打下基础。

二、项目实训方式与基本要求

1. 项目实训前必须仔细阅读《项目施工任务书》，明确实训的目的、要求和任务，制订好上机步骤。

2. 每人备用一台笔记本（至少 16 GB 内存容量），独立完成全部项目任务。

3. 上机时必须携带本项目实训任务书以及相关的教材资料，以备查阅。

三、项目施工时间和进度安排

本项目实训安排在该课程学习的最后两周，每次 4 小时，共计 32 学时，进度见表 15-4。

表 15-4　　　　　　　　　　　　　　　　项目实施进度表

实施进度	实施内容
1	阅读本任务书，把握任务要求、明确实训内容
2	搭建实训环境（准备好 6 台虚拟机及其所需数量的网卡，调试好 4 台虚拟机交换机）
3	部署软路由器，配置所有主机的网络参数，实现 4 个内部子网及外网的互联互通
4	逐台配置其他的功能服务器、完成本地客户机对服务器的访问测试
5	进行综合调试和测试
6	项目验收及成绩评定
7	整理技术文档，并通过网络空间提交《综合项目实训报告书》

四、项目规划及施工环境

本项目通过 1 台物理机和 VMware Workstation 软件，构建了一个具有 4 个内部子网、一个外部模拟公网、4 台虚拟交换机和 6 台虚拟机的网络，网络拓扑如图 15-2 所示。

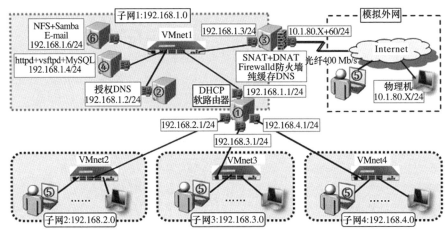

图15-2　校园网网络拓扑

设备及 IP 地址分配见表 15-5。

表 15-5　　　　　　　　　　　　　　　　设备及IP地址配置参考表

物理机	虚拟机	服务器	网卡及 IP 地址	网卡连接的虚拟交换机
Win7/10 内存≥ 16 GB 10.1.80.X 能上互联网	虚拟机①	DHCP 软路由器	ens160: 192.168.1.1/24 ens192: 192.168.2.1/24 ens224: 192.168.3.1/24 ens256: 192.168.4.1/24	VMnet1 VMnet2 VMnet3 VMnet4
	虚拟机②	授权 Unbound DNS	ens160: 192.168.1.2/24	VMnet1
	虚拟机③	Firewalld 防火墙 SNAT 内网用户共享上网 DNAT 发布内网应用服务 纯缓存 Unbound DNS	内网卡 ens160: 192.168.1.3/24 外网卡 ens192: 10.1.80.X+60	VMnet1 VMnet0
	虚拟机④	httpd+vsftpd+MySQL	ens160: 192.168.1.4/24	VMnet1

续表

物理机	虚拟机	服务器	网卡及 IP 地址	网卡连接的虚拟交换机
Win7/10 内存 ≥ 16 GB 10.1.80.X 能上互联网	虚拟机⑤	用于测试的流动客户机，在外网测试时，其网卡应连接至 VMnet0 虚拟交换机，在内网测试时，其网卡先后连接至 VMnet1、VMnet2、VMnet3、VMnet4 虚拟交换机，以作为不同子网内客户机角色对搭建的服务器进行验证		
	虚拟机⑥ （选做题）	NFS+Samba 共享服务 Postfix+Dovecot 服务	ens160: 192.168.1.6/24	VMnet1

五、项目实训内容

任务 1：配置各虚拟机的网络参数和 NAT 服务，实现内部 4 个子网和外网的互联互通

（1）为虚拟机①和虚拟机③添加所需数量的网卡，并根据表 15-5 的规划将各网卡连接至相应的虚拟交换机，配置所有虚拟机上各网卡的 IP 地址等网络参数。

（2）在虚拟机①和虚拟机③上分别编辑各自的 /etc/sysctl.conf 文件，以开启 IP 转发功能。

（3）在虚拟机①上添加永久生效的静态路由，使得子网 2、子网 3 和子网 4 中的客户机的数据包能到达外网。

（4）将虚拟机②、虚拟机④和虚拟机⑥的默认网关均设置为 192.168.1.3，并在三台虚拟机上分别添加永久生效的静态路由，使其数据包能到达子网 2、子网 3 和子网 4 中的客户机。

（5）在虚拟机①上关闭所有防火墙。

（6）在虚拟机③上配置 SNAT 策略，使校园网内的所有计算机能访问外部的互联网。

（7）在虚拟机③外网卡上配置 DNAT 策略（端口转发），将内网中的 Web 网站、FTP 站点、DNS 服务（端口为 53）和邮件服务器对外发布，使得互联网上的用户能访问内网中的 Web 网站、FTP 站点、DNS 服务和邮件服务器。

（8）使用"ping"命令测试网络的连通性。

任务 2：在局域网中实现 DHCP 功能

（1）在虚拟机①上安装 DHCP 软件包，配置 DHCP 服务，为子网 2、子网 3 和子网 4 分别创建一个对应的 subnet 作用域，且分配给子网 2、子网 3 和子网 4 中的客户机的默认网关分别为 192.168.2.1、192.168.3.1、192.168.4.1，分配的 DNS 的 IP 地址均为 192.168.1.3。

（2）设置将校长使用的计算机的网卡绑定到 192.168.3.58 地址。

（3）启动 DHCP 服务并设置开机自动启动。

（4）测试在子网 2、子网 3 和子网 4 的客户机上能否自动获取 IP 地址等网络参数。

任务 3：搭建 Unbound DNS 服务器

（1）在虚拟机②和虚拟机③上分别安装 Unbound DNS 的软件包。

（2）在虚拟机②上编辑 /etc/unbound/unbound.conf 文件，将本主机配置为能解析域 dyzx.edu 的授权 DNS 服务器，并添加表 15-6 中的资源记录。

表15-6 资源记录表

资源记录类型	域名 /IP 地址	IP 地址 / 域名	备注
A 记录	www.dyzx.edu	192.168.1.4 10.1.80.X+60	10.1.80.X+60 地址是虚拟机③的外网卡的 IP 地址。外网用户通过域名解析到 10.1.80.X+60 地址后，再通过端口映射转交给虚拟机④的 192.168.1.4 地址）
	ftp.dyzx.edu	192.168.1.4 10.1.80.X+60	
PRI 反向记录	192.168.1.4 10.1.80.X+60	www.dyzx.edu	
	192.168.1.4 10.1.80.X+60	ftp.dyzx.edu	

（3）在授权 DNS 上设置转发器，转发的 IP 地址是 ISP 提供的 DNS 服务器的 IP 地址（8.8.8.8）。

（4）在虚拟机③上，通过配置文件 /etc/unbound/unbound.conf 将其配置为纯缓存 DNS 服务器，并设置转发地址为授权 DNS 服务器的 IP 地址。

（5）在虚拟机②和虚拟机③上，分别启动 DNS 服务并设置开机自动启动，开放防火墙 DNS 服务流量。

任务 4：架设 Apache Web 站点

（1）在虚拟机④上安装 httpd 服务软件包及相关依赖包。

（2）使用 mkdir 创建站点的根目录 /var/www/myweb，使用 echo 创建默认首页文件。

（3）编辑 httpd.conf 配置文件，设置站点的侦听端口、IP 地址、域名等信息。

（4）启动 httpd 服务并设置开机自动启动，开放防火墙的 http 服务流量。

（5）测试能否在任意子网中的客户机上通过域名访问 Web 网站。

任务 5：搭建 vsftpd FTP 服务器

（1）在虚拟机④上安装 vsftpd 服务软件包。

（2）编辑 vsftpd.conf 主配置文件，允许所有员工使用匿名用户登录 /var/ftp/dyzx_data 目录后下载资源。

（3）建立用于维护（包括上传文件、创建目录、更新网页等权限）Web 站点内容的只允许本地 zhang3 用户访问的 FTP 站点，要求将 zhang3 用户锁定在目录 /var/www/myweb 中，不能进入其他任何目录。

（4）设置 SELinux，允许本地用户登录 FTP 站点后具有写入权限。

（5）修改本地权限使其他用户对 /var/www/myweb 目录具有读写权限。

（6）启动 vsftpd 服务并设置开机自动启动，开放防火墙 ftp 服务。

（7）在任意子网的客户机上检测能否访问 ftp 站点并实施文件地上传和下载。

任务 6：部署 MySQL 数据库服务器（选做题）

（1）在虚拟机④上安装 MySQL 软件包及相关依赖包。

（2）使用 MySQL 的 root 用户登录 MySQL 服务器，完成 MySQL 数据库系统的安全初始化和汉化。

（3）新建一个 student 的学生库，在其中创建一个名为 course 课程表。course 表包括两个字段 stu_id（学号）、stu_name（姓名），均为非空字符串值，初始学号值设为 "20210000"，其中，stu_id 字段被设为主键（PRIMARY KEY）。

（4）向 student 学生库中 course 表中插入两个学生的记录。并对有关记录进行显示、修改和删除操作。

任务 7：配置 NFS 和 Samba 共享服务（选做题）

（1）在虚拟机⑥上按照表 15-7 规划存储共享资源的目录结构，使用 mkdir 建立共享目录结构中的各个目录。

表15-7 　　　　　　　　　　　共享资源目录结构及权限分配表

共享工具	部门	目录	访问权限
NFS	学校数据	/data/share/tools	所有师生员工只读
Samba	公共目录	/data/share/public	所有师生员工只读
	教师资料库	/data/share/teacher	所有教师可读可写，但不许删除其他人的资料
	学生作业库	/data/share/student	所有教师、学生可读可写，不许删除其他人的资料

（2）在虚拟机⑥上安装 NFS 服务的相关软件包（RHEL 8 默认已安装）。

（3）将共享目录 /data/share/tools 的所有者修改为 nobody。

（4）编辑、加载、查看 NFS 服务的配置文件 /etc/exports，使得所有用户可读 /data_doc 目录。

（5）启动 NFS 服务并设置开机自动启动。开放防火墙的 nfs、rpc-bind、mountd 服务流量，允许外部主机访问。

（6）在虚拟机⑥上确保 /etc/hosts 和 /etc/hostname 两个文件中的主机名相同。

（7）在虚拟机⑥上安装有关 Samba 服务的软件包。

（8）编辑 Samba 服务的主配置文件 smb.conf。使得匿名用户可读取 /data/share/public 目录，重新启动 SMB 使配置生效，并设置开机自动启动。

（9）开启防火墙的 Samba 服务，允许 Samba 流量通过，将 /data/share/public 目录下所有内容的安全上下文修改为 Samba 服务默认策略的安全上下文。

（10）使用 groupadd 建立学生组 gxs、教师组 gjs，然后使用 useradd 命令添加各个师生员工的帐号并加入相应的组。

（11）使用 chmod 设置目录及子目录和文件访问权限。

（12）使用 pdbedit 命令添加与 Linux 系统用户同名的 Samba 用户。

（13）开启 SELinux，为共享目录及其所有文件添加 samba_share_t 标签类型，并使新的安全上下文立即生效。

（14）编辑 Samba 主配置文件 smb.conf，按照表 15-7 规划的权限，分别对目录 /data/share/student、/data/share/teacher 设置访问属性。

（15）在 Windows/Linux 客户端访问共享目录。

任务 8：搭建邮件服务器（选做题）

（1）在虚拟机⑥上安装 Postfix、Dovecot 软件包及相关依赖包。

（2）在 Linux 系统中创建 stu1、stu2 用户作为邮件服务器的用户。

（3）修改 main.cf 文件，使服务器具有基本的发信、收信功能。

（4）编辑 Dovecot 服务的主配置文件 /etc/dovecot/dovecot.conf，指定本邮件主机所运行的协议、监听的网络接口和允许登录的客户端的网段地址。

（5）编辑 /etc/dovecot/conf.d/10-mail.conf 子配置文件，指定邮件存储格式。

（6）打开 SELinux 有关的布尔值。

（7）开启 Firewalld 防火墙允许 SMTP、POP/IMAP 服务流量。

（8）启动 Postfix、Dovecot 服务并设置为开机自动启动。

（9）在客户端使用 Outlook 2016/2019 创建用户帐号并进行邮件收发。

六、项目实训的检查、验收与报告

1. 项目实训指导老师应对学生的设计过程进行指导，督促和检查项目实训的进度和质量，及时发现和解决问题。学生须在规定的时间内完成设计，每次实训必须点名，一次缺席就不能够获得"优"，三次缺席成绩为"不及格"。

2. 项目实训任务完成后，要组织现场验收，验收演示的内容如下：

（1）将客户机接入任意的内部子网，测试能否自动分配到 IP 地址等参数及保留地址。

（2）在任意内部子网的客户机上，测试能否通过域名访问内网中的 Web 网站和 FTP 站点以及公网上的 Web 站点，访问内网的 FTP 站点时，其访问权限符合设计要求。

（3）将客户机接入（模拟的）外网，测试能否使用域名访问内网的 Web 网站和 FTP 站点。

3. 填写提交《综合项目实训报告书》，其要求如下：

（1）每个学生必须独立完成填写。

（2）书写规范、文字通顺、图表清晰、数据完整、结论明确。

（3）填写的主要内容包括：项目实训的目的、拓扑结构、完成每个实训任务的主要步骤、收获和体会。

（4）填写完成后通过网络空间或其他网络工具提交。

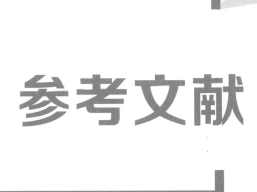

参考文献

[1] 夏笠芹，谢树新 .Linux 网络操作系统配置与管理 [M]. 大连：大连理工大学出版社，2013

[2] 夏笠芹，谢树新 .Linux 网络操作系统配置与管理 [M].2 版 . 大连：大连理工大学出版社，2014

[3] 夏笠芹 .Linux 网络操作系统配置与管理 [M].3 版 . 大连：大连理工大学出版社，2018

[4]（美）威廉·肖特斯（William Shotts）.Linux 命令行大全 [M].2 版 . 门佳，李伟，译 . 北京：人民邮电出版社，2021

[5]（美）布兰登·格雷格（Brendan Gregg）. 洞悉 Linux 系统和应用性能 [M]. 孙宇聪，吕宏利，刘晓舟，译 . 北京：电子工业出版社，2020

[6] 夏栋梁，宁菲菲 .Red Hat Enterprise Linux 8 系统管理实战 [M]. 北京：清华大学出版社，2020

[7] 曹江华，郝自强 .Red Hat Enterprise Linux 8.0 系统运维管理 [M]. 北京：电子工业出版社，2020

[8] 张同光等 .Linux 操作系统（RHEL 8/CentOS 8）[M].2 版 . 北京：清华大学出版社，2020

[9] 储成友 .Linux 系统运维指南：从入门到企业实战 [M]. 北京：人民邮电出版社，2020

[10] 曾德生 .Linux 应用基础项目化教程（RHEL 8.2/CentOS 8.2）[M]. 北京：电子工业出版社，2020

[11] 张恒杰，张彦 .Linux 系统管理与服务配置（CentOS 8）[M]. 北京：清华大学出版社，2020

[12] 阮晓龙，冯顺磊 .Linux 服务器构建与运维管理从基础到实战（基于 CentOS 8 实现）[M]. 北京：水利水电出版社，2020